ちくま学芸文庫

甘さと権力

砂糖が語る近代史

シドニー・W・ミンツ
川北 稔 和田光弘 訳

筑摩書房

Sweetness and Power
The Place of Sugar in Modern History
by Sidney W. Mintz

This edition published by arrangement with
Viking, an imprint of Penguin Publishing Group, a division of Penguin Random House LLC., through Tuttle-Mori Agency, Inc., Tokyo

謝辞

本書がこのようなかたちで完成するまでには、かなり長い歳月を要した。史料蒐集に要した年月だけでもかなりのもので、はっきりとは覚えていないくらいである。それに執筆にもずいぶん時間を食った。素稿を書きはじめたのは一九七八年のことで、たまたま人文学部門の政府奨学金を得て、流動研究員をしていた頃である。ペンシルヴェニア大学人類学科は、この一年間、私に客員研究員の身分を与えてくれ、ウィリアム・H・ダヴェンポート教授は、御親切にも、研究室のスペイスを半分使わせて下さった。

一九七八年春には、プリンストン大学人類学科とクリスティアン・ガウス記念講演実行委員会とその委員長ジェイムズ・フェルナンデス教授、およびジョーゼフ・フランク教授らの御好意により、思慮深い聴衆のまえで、私見を披瀝する機会をもつことができた。ナタリ・Z・デイヴィス、スタンリ・ステイン、ヴィクター・ブロムバートらの諸教授から、洞察力豊かな御批評・御批判を得たことはまことに有益であった。

一九八〇年と八一年の夏は、研究者のメッカ、大英図書館で過ごすことができた。八〇年の夏は、ウェンナー・グレン基金とその研究部長リタ・オスムンゼンのおかげで渡英できたものである。翌年は、ジョンズ・ホプキンズ大学の敬愛すべき学長、故ジョージ・オーウェンの御好意によって研究費を与えられた結果、それが可能になった。史料探索やコピー取り、引用文の整理・記録、タイプ、原稿の校正などでも、多くの人びとのお世話になった。とりわけ、エリス・レコントは、大学院に進むまでのあいだ、私自身にもひけを取らないほどの熱心さで、仕事を手伝ってくれた。マージ・コリニョンも、最終原稿をあざやかにタイプしてくれた。スーザン・ロゼイルズ・ネルソン博士は、索引づくりというやっかいな仕事を、ごく短時日に手際よく片づけてくれた。

各図書館の館員の方々の心からの御親切にも、感謝の言葉がみつからないくらいである。すなわち、ペンシルヴェニア大学ヴァン・ペルト図書館、大英図書館、ボルティモア・イノック・プラット公共図書館およびとくに、ジョンズ・ホプキンズ大学、ミルトン・S・アイゼンハワー図書館の相互貸し出し部門のスタッフの方々にも、謝意を表しておきたい。かれらの勤勉さ、献身ぶり、有能さなどは、他に比肩すべきものとてないほどであった。

本書の素稿は、いくつかの段階で、いろいろな友人に読んでもらい、批評もしてもらった。なかでも、わが同僚であるリチャード・プライス、アシュラーフ・ガーニ両教授、シドニー・カンター博士、フレデリック・デイモン、スタンリ・エンガーマン両教授、スコット・グッゲンハイム、ハンス・メディク・リッチ両博士の名をあげるべきであろう。それに、ジェラルド・ヘイゲルバーグ氏、キャロル・ヘイム博士、キース・マクリーランド氏、レベッカ・J・スコット教授、ケネス・シャープ教授およびウィリアム・C・スターティヴァント博士らには、素稿の全文に目を通していただき、貴重な御助言をいただいた。皆さんの御指摘、御助言を十分に生かしきれなかったうらみは残るが、それでもおかげで本書は大いに改善された。この人たちの御助言は、御当人たちの想像される以上に役に立ったといわなければならない。私の所属する学部の方々——教官・事務職員・学生——にも、心から謝意を表しておきたい。この一〇年間にかれらから与えられた励ましと支援は、「カレッジ」というものの意味をあらためて考えさせられるほどのものであった。編集者エリザベス・シフトンは、そのすぐれた編集技術を発揮し、熱心に激励もしてくれた。彼女にも、大いに感謝しなければならない。

本書の完成のために、私自身以上に苦労をした者があるとすれば、それはわが妻ジャクリーンである。彼女には、心からの愛と感謝をこめて、本書を捧げたい。遅ればせながら、二〇回目の結婚記念日の贈り物として。

シドニー・W・ミンツ

目次

凡例

一、本書は Sidney W. Mintz, *Sweetness and Power: The Place of Sugar in Modern History*, Elisabeth Sifton Books, Viking, 1985 の全訳である。

一、原注は本文中に＊1、＊2、…で示し、巻末に各章ごとにまとめた。

一、原著の［　］はそのまま訳書に使用した。

一、〔　〕内は訳者による補足である。

一、原著では図版が二箇所にまとめられているが、訳書では適宜分散させて掲載した。

一、各章内の中見出しは原著にはなく、訳出にあたって適宜設けた。

本書は平凡社から一九八八年に刊行された。

甘さと権力——砂糖が語る近代史

コーヒーと砂糖がヨーロッパ人の幸福にとって不可欠か否かは知らない。しかし、この二つの生産物が世界の二つの広大な地域に不幸をもたらしたことだけは確実。すなわち、アメリカでは、これらの植物を栽培する土地を求めて、人びとが追い払われ、アフリカでは、それらの栽培にあたるべき労働力を求めて、人びとが連行されたのである。

J・H・ベルナルダン・ド・サン＝ピエール

『イール・ド・フランス、イール・ド・ブルボン、喜望峰……航海記、国王の官僚による自然と人類の新観察付き』第一巻（一七七三年）より

「アフリカとアメリカに支えられるヨーロッパ」
ウィリアム・ブレイク作。この版画は，J. G. ステッドマンがかれの著書『スリナムの奴隷反乱鎮圧のための五年にわたる遠征の記録』（ロンドン，J. ジョンソン＆J. エドワーズ社，1796 年）の最終ページに掲載するために依頼した。

はじめに

本書は、完成に至るまでに、いささか奇妙な歴史を辿った。執筆そのものは、もとよりここ数年間に集中的に行なったのだが、その多くは、長期にわたる史料や文献の渉猟、研究の成果、およびそこから得られたいくつかの印象を素材としている。主題が主題だけに、いわば一種の「里帰り」的な手法が必要であった。というのは、これまでの研究歴のほとんどを、私はカリブ海域史と、ヨーロッパ人による征服以来のこの地の「開発」と結びついた熱帯性産物——主としては農産物——の研究にかけてきたからである。これらの産物は、必ずしもすべてが新世界原産のものだったわけではないし、原産地が新世界であったものにしたところで、もとより、一五世紀末以前の世界商業で重要な役割を果たしていたものなどは、ひとつとして存在しない。それらはいずれも、一五世紀末以降に、ヨーロッパ人や北米人のために生産されるようになったのだとすれば、欧米人はどのようにしてそれらの消費者になったのか。これが、まず私の興味を惹かれた点である。先に「里帰り」だと言ったのは、消費がいつどこで、どのようにして成立したかに従って、生産の問題を考えるやり方をさしてのことである。

カリブ海域の住民といえば、原住民であったインディオとヨーロッパ、アフリカ、アジアの三大陸から来た人びとの子孫とであるが、これまでのところ、かれらはほとんど農村に住む農業従事者であったから、かれらにとって働くということは、すなわち農村で働くことを意味するのがふつうであった。それゆえ、かれらに関心をもつということは、すなわちかれらがその労働によって生産するものに関心をもつ、ということでもあった。かれらに混じって働いた経験から、私はかれらがどういう人びとであり、いかなる生活条件が、かれらをしてこのような生活に追い込んでいるのかを、身をもって知っている。だからこそ、砂糖やラム酒やコーヒーやチョコレートについて、もっと詳しく知りたいという気持ちが、抑えがたかったのである。カリブ海域の人びとは、これまでつねにより広い世界の動きに翻弄されてきた。というのは、一四九二年〔のコロンブスの第一次航海〕以来、この地域はずっと、アムステルダム、ロンドン、パリ、マドリード、その他のヨーロッパや北米の諸都市に中心をおく世界強国の、帝国主義的支配のもつれあった網の目に捉えられてきたからである。この小さな島々からなる社会の、それも農村部で働いたことのあるひとなら誰でも、こうした支配と従属のネットワークを、カリブ海域の人びとの立場に立って眺めてみたい気にもなろうというものだ。いわば、地域の社会を上から見下ろすのではなく、逆にそこから世界を見上げようというのである。むろん、地域の内部から世界をみようというこの立場にも、それなりの欠陥があることは、あらためて指摘するまでもない。

というのは、たしかに、従来の極度にヨーロッパ中心的な見方では、従属地域、つまりヨーロッパ外ないし非ヨーロッパ世界は、ただ影の薄い、あまりよくわかっていない地域とされがちで、ヨーロッパそのものの不出来な延長物とみなされがちであったが、〔逆の立場で〕似たような結果に陥るおそれもあるからだ。どちらか一方からの見方を採用して、反対側の社会を視野の外におくことで、中心部《メトロポリス》と植民地を結ぶ紐帯そのものを無視するようでは、決して十分とはいえないからである。

カリブ海域の社会の底辺で働いていると、ひとはヨーロッパ外世界とヨーロッパとが正確にはどんな仕方で結ばれているのか、相互に制約しあっているのか、を問題にせざるをえなくなる。表面的なことはもとより見やすいのだが、もっと深いところでの両者のつながりが知りたくなるのである。むきだしの軍事力・経済力は別にして、ほかにどんな力が作用して、これほど緊密な相互依存関係をつくり出しているのか。また、権力が利益の流れをどのように変えてきたかも、是非とも知っておきたいところである。植民地が本国に供給する物産の歴史を知るためには、これらの問題が特別の意味をもってくる。カリブ海域にかんしていえば、その長い歴史を通じて、ここにいうような物産とは、すなわち熱帯性食品や香料――ジンジャー、オールスパイス、ナツメグ、メイス――や飲料――コーヒーとチョコレート――、それにとりわけ砂糖とラム酒のことであったし、いまもそうである。このほか、ときには、インディゴ、アナトー、ファスティックなどの染料も重要であったし、各種の糊、食用デンプン、根菜――タピオカの原料キャッサバ、アロールート、サゴ米、各種のザミア――も輸出されたことがある。その他、工業用原材料――ロープ用のサイザル麻のような――やベチベル油〔香料〕など植物根から採取する油もあったし、ボーキサイト、石油などはいまも重要である。バナナやパイナップル、ココナッツなどの果実も、時代によっては、世界市場むけの輸出品であったこともある。

しかし、カリブ海域全体にとって、そのほとんど全史を通じて着実な需要に恵まれたのは砂糖であったし、他の甘味料からの深刻な競争に晒されているとはいえ、いまでも砂糖はその地位を保っている、ともいえる。世界の砂糖消費は、ヨーロッパの砂糖消費史は、もとよりカリブ海域のみに結びついてきたわけではない。世界の砂糖消費は、それがどこで生産されたものかなどということには関係なく、ひたすら拡大し続けてきたのだが、実際問題として、カリブ海域こそが何世紀にもわたって、圧倒的に重要な中心となってきたことはまちがいない。

ところで、こうした熱帯性物産は、どこへ流れていったのか。誰が、どんな目的で、それを消費したのか。それを獲得するために、人びとは何を犠牲にし、いくらくらいなら支払う用意があったのか。こういうことを問うことは、すなわち、市場を問題にすることである。そのことはまた同時に、権力がふるわれる対象であり、目標であった従属地域ではなく、中心部にあって、自ら権力をふるっていた本国《メトロポリス》の状況を問題にすることでもある。

しかし、消費と生産を一括して眺めようとすると――つまり、植民地と本国を同時に見ようとすると――、途端に、例の同心円の「中心部《ハブ》」かその「外縁部《リム》」のいずれかが焦点からズレてしまうという傾向が生じる。生産者としての植民地なり、消費者としてのヨーロッパなりをよく理解しようとして、たとえばヨーロッパをより詳細に見ようとすると、反対側の植民地の事情は判然としなくなり、その逆もまた同じということになるのだ。植民地と本国の関係は、もっとも直接的な意味では、誰の目にも明白なのだが、別の意味では、なお神秘のヴェイルに包まれている、というべきであろう。

本書における中心－辺境関係の理解には、筆者自身のフィールドワークの経験が、かなり影響しているはずである。一九四八年一月、私はプエルト・リコに行って、人類学のフィールドワークをはじめたのだが、その際、私が選んだ南部沿岸地域というのは、北米市場むけの製糖業のためのサトウキビ栽培に、ほとんど完全に特化した地域であった。この地域の土地は、その大半が北米のたったひとつの企業、およびその子会社にあたる不動産会社によって所有ないし保有されていた。しばらく都市部で準備を整えたのち、私は農村バリオ（地区）に移り、そこで一年余り、小さな丸太小屋で若いサトウキビ労働者といっしょに暮らしたのである。

バリオ・ハウカにかんして――というより、当時のサンタ・イサベル地方全体についても――もっとも際立った特徴のひとつが、サトウキビへの全面的依存であったことは、いうまでもない。バリオ・ハウカというのは、丘陵部からプエルト・リコの南海岸――カリブ海沿岸――に扇状にひろがる、肥沃で、広大な沖積平野で、かつては大河であった何筋かの河川によって洗い流されて、現在の形になったものである。北方、つまり海岸とは逆の山地のほうにむかっては、前山にあたる丘陵が続いているが、海岸に近いところは、まったくの平地である。いまでは、近くを高速道路が北東から南西へ抜けているが、一九四八年当時には、東西に走るタール舗装の道路が一本あっただけで、それがアローヨ、グアヤマ、サリーナス、サンタ・イサベルなどの町村を結びつけていた。これらの集落は、当時としては、巨大な、高度に開発されたサトウキビ生産地をなしており、一八九八年以前のプエルト・リコで、人びとの生活の核心に、これほど北米人の影がさしているところもめずらしかった。町といえるところでなければ、住宅といっても、ほとんどは路肩にへばりつくような丸太小屋でしかなかったが、それらが寄り添うようにして小さな村を形成していることが多かった。こうした村には、小さな店が一、二軒、飲み屋が一軒あるくらいで、ほかにはこれというものもないのがふつうであった。ときには、未耕作の土地も目についたが、それというのも、塩分濃度が高い土地であるために耕作不能だったまでで、みじめたらしい山羊が数頭、飼われていたりしたものである。こうして、山から海までのあいだで、視界をさえぎるものといえば、道路と道路沿いの村落、それにときとして見られるこうした不毛の地くらいしかなかった。つまり、それら以外は、すべてがこれサトウキビ畑だったのである。サトウキビは、道路のすぐそばから住宅の玄関口までを埋め尽くしていたうえ、伸び切ると一五フィート〔約四・六メートル〕にも達した。収穫時ともなれば、それはこの平野を灼熱の、まるで人跡未踏のジャングルのようなものに変えてしまった。このジャングルをよぎるものといえば、専用通路（カリェホーネス）と灌漑用水路（サンハス・デ・リエゴ）ばかりであった。

バリオ・ハウカ滞在中、私はずっと、まるでサトウキビの大海原に浮かぶ小島に立っているような気がしてならなかった。この地で、私は毎日、畑に出るのを日課とした。サフラと呼ばれた収穫の際はなおさらだが、それ以外のときにも、そのように努めた。当時、仕事の大部分はなお、機械化されておらず、人力に頼っていた。採種、播種、移植、育成、施肥、溝づくり、灌漑、伐採、積み上げ――サトウキビは、破砕するまえに、二度にわたって積み上げ、積み下ろしをする必要があった――などが、すべて人の手で行なわれていたのである。伐採労働のティームに混じって、その手助けをすることが多かったのだが、かれらの仕事は、灼熱とたいへんな威圧感のもとで行なわれていたものである。というのも、現場監督がすぐうしろに立っており、（総監督《マヨルドーモ》は馬に乗って巡回していた）からである。おおよそ、プエルト・リコと砂糖にかんする歴史書を読んだことのあるひとなら誰でも、動物の鳴き声やマヨルドーモの怒声、蛮刀をふるう男たちの叫び、汗と埃と特有の騒音を目にし耳にするだけで、かつてのこの島の様子を十分想像することができた。なぜなら、〔奴隷制時代と比べて〕、失われたものとては、笞《むち》のうなりだけだったのだから。

しかし、砂糖が、プエルト・リコ人自身のためにつくられていたわけではないことは、あらためて多言を要しない。生産された砂糖のうち、プエルト・リコ人が消費したのは、ほんの一握りにすぎない。プエルト・リコは、四世紀にわたって、サトウキビ――および、ある種の粗糖――を、ほとんどつねに、どこか他の地域にいる消費者のために、生産し続けたのである。すなわち、あるときはセビーリャの市民のために、またあるときは、ボストンとその周辺の人びとのために、そうしてきたのである。他の地域に、掌を受けて待つ消費者がいなければ、これほど膨大な土地や労働や資本が、この奇妙なひとつの作物――ニューギニアで最初に栽培され、インドで加工がはじまり、コロンブスによって新世界にもたらされた――に集中されはしなかったはずである。

とはいえ、むろん、当時の私のまわりでも、いたるところで砂糖は消費されていた。人びとは、サトウキビを嚙んでいたし、どの品種が嚙んでうまいか、どういう風に嚙めばよいか――サトウキビを嚙むのは、想像以上に難しい技なのだ――などという問題では、それぞれ一家言あったりもした。サトウキビの皮をむき、嚙みやすい大きさに芯を切るのが、正統派の嚙み方である。そうすると、そこから粘り気のある、甘い、少々灰色がかった液体が、じくじくと出てくる（機械で搾るような場合で、量が多いと、この液体はグリーンにみえる。無数のサトウキビの微粒子が浮くからである）。会社としては、人びとがサトウキビをとって食べないように、あらゆる予防策を講じていたようだが、じっさいには、みんながいつでも、適当にとって、いちばんうまい伐採直後のものを噛んでいたものだ。要するに、サトウキビは多すぎて、とても盗採を防ぐことなどできなかったのである。サトウキビはまた、子供たちの日常の栄養源ともなっていた。かれらにとっては、ふつう牛車かトラックからこぼれ落ちた一茎を拾うことで、結構な御馳走となったのである。それに、たいていのプエルト・リコ人は、コーヒーを常飲していたが、それには白ないし茶色のグラニュ糖を入れるのがふつうでもあった（砂糖なしのコーヒーはカフェ・プヤ、つまり「牛追い棒のコーヒー」と呼ばれた）。

サトウキビからとれた液体とグラニュ糖とのあいだには、どちらも甘いという一点をのぞいては、ほとんど何の関係もないように思えた。サトウキビの繊維から搾った緑色がかった灰色の汁（グアラーポ）と、台所にあって、コーヒーに入れたり、グアバやパパイアや酸っぱいオレンジの砂糖漬けや、当時のプエルト・リコの労働者階級の台所にはたいていあったゴマとタマリンドの飲料などをつくるのに用いられたグラニュ糖とを結びつけるものは、甘いということのほかには何もなかったのである。何千エーカーにもわたって生え繁っている、この繊維だらけの葦の化け物のようなものから、砂糖と呼ばれるあの繊細、上品で、純白な顆粒状の食品ないし調味料を連想する者は、滅多にあるまい。もっとも、ことの次第を自分の眼でたしかめることも――少なくとも、主として本土で行なわれる最後の、一番利益の多い工程以外は――できないわけでもなかった。グアニカ、コルターダ、アギーレ、メルセディータといった南岸の巨大な工場群、いわゆる集中工場《セントラーレス》のどれかひとつに行ってみれば、繊維質から液状の糖分をとりだすための破砕、浄化、濃縮、余分な水分を蒸発させるための加熱、結晶を促進するための冷却などに用いられている近代技術の数々を、目のあたりにすることもできた。そうして取り出された褐色の分蜜糖——さらに精白するため、北へ輸出される——を確認することも可能であった。しかし、〔当時のプエルト・リコの労働者のあいだでは〕砂糖の精製過程を話題にする者などいなかったように思うし、こんなに大量の砂糖をいったい誰が食べるのだろうなどといぶかる声も、まったく聞いたことがない。そのかわり、この地域の人びとの最大の関心事となっていたのは、砂糖の市況のことであった。わからないことでもないが、大半の人びとが文盲であったにもかかわらず、かれらは世界の砂糖価格には、強い関心をもっていた。とりわけ、一九一九年から二〇年にかけての、有名な「百万ドルの乱舞」——このとき、世界市場の砂糖価格は、目がくらむほどの急騰ぶりを示したが、まもなくほとんどゼロの水準に急落するという、長期的には欠乏状態にありながら、短期的には世界市場での過剰供給や投機が起こりうるという古典的事例となった——を記憶しているくらいの年齢のひとなら、自分の運命が、いかに外部勢力に握られているか、しかも、その外部勢力なるものがいかに強力で、不可解なものであるかを十分に心得ていた。

二年後、プエルト・リコに戻るまでのあいだ、私はカリブ海域とそのプランテーション作物にかんする史書を、相当数読みあさった。サトウキビのほかにも、コーヒー、カカオ（チョコレート）、インディゴ、煙草その他の作物がつくられはしたが、サトウキビこそが、そのいずれよりも量的にも圧倒的に多く、時間的にも断然長期的に栽培されてきたこともわかった。じっさい、世界の砂糖生産は、一〇年くらいのあいだ落ち込んだことはあるにしても、五世紀間にわたって、長期的に低下したことはなかった。おそらく、一七九一年から一八〇三年にかけてのハイチ革命と、それに伴って世界最大の砂糖植民地が消滅した結果起こった生産量の激減が、もっとも深刻なものだっただろう。しかし、この劇的な不均衡でさえ、あっというまに解消されてしまったのである。それにしても、例のヨーロッパ人の新世界進出についての物語、とりわけスペイン人の冒険談を繰り返したがる歴史家たちの常套句――金と伝道――とは、何と迂遠に思えたことか。サトウキビ、その他のプランテーション作物とともにカリブ海に導入されたアフリカ人奴隷や白人年季奉公人の教化にしたところで、誰ひとりとして関心を示す者などいなかった。もっとも、ありきたりの歴史書では、キリスト教の伝道、インディオの教化こそがスペインの帝国政策のすべてであったことになっているのだが、そんなことにも、関心のある者はいなかったのである。ただし、私も当時は、砂糖の需要がなぜこんなに急速に、しかも何世紀にもわたってたえず増加し続けてきたのか、という問題をあまり真剣に考えはしなかったし、なぜ「甘み」が人びとにこれほど好まれるのかという問題をさえ、本気では考えなかったのである。

おそらく、そんなことは自明で、どこの世界に甘いものが嫌いだなどという人間がいるものか、といった程度に、当時の私は考えていたのだろう。いまにして思えば、何とも好奇心に欠けた、センスのないことであった。つまり、当時の私は、需要というものはあって当然、と勝手に決め込んでいたのである。抽象的な意味での「需要」だけではない。じじつ、砂糖生産量は、主要な世界商品となった食品のなかでも、際立った上昇カーヴを描き続けてきたし、いまだに上昇し続けてもいる。私が、次のような問題を真剣に考えはじめたのは、ようやくカリブ海域史をより深く勉強し、植民地のプランターと本国の銀行や会社、各種消費者集団との特殊な関係について、認識を深めてからのことであった。すなわち、「需要」とは本当のところいったい何なのか。どの程度までそれは「自然」なものといえるのか。そもそも「味覚」とか「好み」とかいった言葉は、何を示しているのか。いやそれどころか、「うまい」とはどういうことなのか。はじめのうち、こういうことが問題だとは、まったく気付かなかったのである。

プエルト・リコでのフィールドワークを済ませた直後に、私はまたジャマイカで一夏、研究生活を送る機会に恵まれた。奴隷解放の前夜に、新たに解放され、教会メンバーとなる人びとの居住地として、バプティスト伝道協会が開拓した高地の一小村に住んだのだが、この村にはいまも——ほぼ一二五年後のいまも——、そのときの解放奴隷の子孫たちが住んでいた。高地の農業は、大半が小土地保有制をとっており、プランテーション作物をつくってはいなかったが、ちょっと小高い丘にのぼりさえすれば、うっそうとした北部海岸やまるで〔賭博場の〕チェッカー・ボードのように緑なすサトウキビ・プランテーションを見はるかすこともできた。プエルト・リコ南岸のプランテーションと同じで、あの白い、粒状の「砂糖」の原料、すなわちサトウキビが大量に栽培されていた。ここでもまた、最終の精糖工程はどこか別のところで――植民地ではなく、本国《メトロポリス》で――行なわれるのであった。

しかし、近くの町の、賑やかな市《いち》の開かれている広場に行って、細々とした小売りの様子をみる機会があって、はじめて私は、あまり精白されていない何世紀もまえにあったような粗糖に出くわした。いまはアメリカの大企業にすっかり侵食されて、吸収されてしまったのだが、プエルト・リコ南岸の大農場《アシェンダ》も、かつてはこのような粗糖を生産していたものである。ジャマイカのセント・アン教区のブラウンにあるタウン・マーケットには、市の開催日ごとにロバに引かせた一、二台の荷馬車が着く。この荷馬車には、古びたひき臼や煮詰め用の器具を用いて、伝統的なやり方で製造された褐色の、「かたまり」ないし「かしら《ヘッド》」と呼ばれる固型粗糖が、うず高く積まれていたものである。こういう砂糖には、なお糖蜜（や若干の不純物）が含まれており、瀬戸物か貝殻に挟んで搾ると、かなりの蜜液が採れ、あとにはダーク・ブラウンの小さい結晶体のかたまりが残る。これを消費するのは、貧民、それも大半は農村部のジャマイカ人だけであった。比較的開発の遅れた社会では、極貧層が多くの点でもっとも「伝統的」であるというのは、むしろごくふつうのことである。ひとつには慣れているからという理由で、いまひとつには、かれらにはほかに選択の余地がなかったために、やむなく貧民が身につけていた食生活の習慣が、自らはそんなものをまず口にしない富裕な階層の人びとによって称賛されるということも、別に珍しいことではない。

つぎに私がこの種の砂糖を目撃したのは、数年後、ハイチにおいてであった。ここでも、それは小保有地で栽培され、古くさい器具でひかれ、手を加えられて、結局、貧民によって消費されていた。ハイチでは、ほとんどすべてのひとが貧しかったといえるだけに、たいていのひとがこの種の砂糖を口にしていた。ハイチの「かたまり」は、ジャマイカでみたものとは、いささか形が違っていた。それは、小さな丸太のようなもので、バナナの皮で包まれており、クリオージョ〔ラテンアメリカなまりのスペイン語〕でラパドゥ——スペイン語ではラスパドゥーラ——という。以来、いろいろ調べてみると、この種の砂糖は世界中、いたるところに存在していることがわかった。インドもその例外ではなく、むしろインドこそがその発祥地で、おそらく二〇〇〇年以上まえのことではないかと推測される。古びた木製の器具と鉄製の大釜で製糖し、絵に描いたように美しい「かたまり」を近隣の人びとに売り捌いている家族と、近代的なプランテーションで、近代的な機械を用いて何千トンというサトウキビ——粗糖というべきか——を生産し、どこか他の地域へ輸出する大企業に雇われている大衆とのあいだには、際立った差があった。このように、対照的とさえいえるほどの格差こそは、カリブ海域史の不可避な特徴となっている。こうした格差は、ひとつの島と別の島のあいだや、ひとつの時代と別の時代とのあいだに見られるだけでなく、(ジャマイカやハイチの例のように)同じ時代の、ひとつの社会の内部においてさえ、認められた。小規模な赤砂糖生産は、技術的にも社会的にも、かなり以前の時代の生き残りといってよいものであり、その経済的意味はしだいに小さくなってきているとはいえ、永久になくならないだろうことも明らかである。というのは、そこには消費者にとっても、生産者にとっても、それぞれ独得の文化的・感情的な含意がある、と思われるからである。[*1] カリブ海域の砂糖産業は、時代とともに変化してきており、近代社会の発展の諸段階が、そこに見事に反映されている。

私が最初にフィールドワークを実施したのが、プエルト・リコのサトウキビ労働者の村であったことは、すでにふれた。それが、私にとって大陸部の合衆国の外で暮らす最初の経験であった。私自身、田舎育ちではあったが、ほとんどすべての住民が畑仕事で生計を立てている社会を、長期にわたって観察できたのも、これが最初であった。この人びとは、ビジネスとして農産物を生産する農業企業家などではなかったし、自ら所有地ないし所有地同然に扱える土地を耕す、独得の生活様式をもつ農民というわけでもなかった。土地もなければ、他の生産手段をもたない、食うためにはただ自らの労働を売る以外にない農業労働者だったのである。かれらは、工場労働者とほとんど同じ生活をする賃金労働者であった。いわば、畑という名の工場で働き、自分で使うものは何でも店で買うというのが、かれらの生活だったのである。かれらの使うものはほとんどすべて、どこか別のところからもち込まれたものであった。布や衣服がそうなら、靴も便箋も、米やオリーヴ油、建築資材、薬などもそうであった。かれらの消費するものは、ほとんどひとつの例外もなく、誰かほかのひとが生産したものであった。

原材料に化学的・物理的な手を加えて、人間の必要に応じて変形し、元の原材料は見慣れている者にも、それが何であったかわからないほどにしてしまうというのは、人類の歴史とともに古くから見られた現象である。じっさい、それこそ、われわれが人間であることの証拠だというひとさえある。しかし、このような変形が分業によってなされる場合には、その過程はいっそう神秘性をおびることになる。生産と消費の場所が、時間的にも空間的にも離れている場合には、神秘性がいっそう深まる。生産者と消費者が相互にほとんど顔を知らないとすれば、なおさらである。事情をより明確にするために、ひとつのエピソードを紹介しよう。

私の親しい研究仲間で、フィールドワークの先生でもあった故チャールズ・ロザーリオは、大学受験の予備教育を合衆国でうけたが、同級生たちはかれがプエルト・リコ出身と知るや、たちまちかれの父はアセンダード、すなわち見渡す限りの熱帯の土地を所有する

現代のドミニカ共和国における製糖工場。数世紀まえのものと比べても，そっくりであるが，カリブ海域には，こうした工場が現存する。このような工場でできるのは，褐色の粗糖（赤砂糖）で，各地の伝統的な料理でたいへん人気がある。

大金持ちに違いない、と決め込んだものである。じっさいには、かれの父はプエルト・リコ大学で教鞭をとる社会学者だったのだが。その結果われらがチャーリーは、夏休みの終わりに島から戻ってくるときには、何かプランテーションでなければないようなお土産をもってきてほしい、と級友たちからせがまれるハメに陥った。とくにマチェテと呼ばれる蛮刀が、かれらの所望であった。新しい友人たちを喜ばせたかったチャーリーは、プエルト・リコのいくつかの店で無数のマチェテを吟味してみたのだが、どれもこれもが〔合衆国の〕コネティカット製であることに気付いて、仰天した。これは、チャーリー自身から聞いた話である。じっさい、それらはすべて、かれとその級友たちが通っているニューイングランドの学校から、車でほんの数時間のところにある工場でつくられていたのである。

　とまれ、カリブ海域とその物産についての歴史に関心を持てば持つほど、その経済構造のもっとも目立った特徴であるプランテーションについても、研究をはじめざるをえなかったのは、当然のことであった。新世界ではじめてプランテーションがつくられたのは、一六世紀初頭のことで、ほとんどがアフリカ人奴隷を労働力とするものであった。よほど変化もしていたものの、それらは、私がはじめてプエルト・リコに行った三〇年まえには、なおそこに厳として存在していたものでもある。そこには、アフリカ人奴隷の子孫もおれば、あとで知ったことで、じっさいに見たのは別の場所においてであったが、ポルトガル人、ジャワ人、中国人、それにインド人などの契約労働者の子孫もいた。もっとほかにも、サトウキビの栽培や伐採、破砕などの労働力として、かつてこの地域に連れてこられた人びとを祖先とする、じつに多様な人びとがいた。

　こうした知見を、私は乏しいながら自分のもっているヨーロッパ自体についての知識と重ね合わせはじめた。なぜヨーロッパが主体となったのか。それが問題であった。カリブ海域諸島のプランテーションは、いわばヨーロッパによって発明されたものであり、ヨーロッパによる海外での実験でもあったわけで、その多くは、ヨーロッパ人の観点からすれば、成功であった。事情がこうだったから、ヨーロッパ諸社会の歴史は、ある意味ではプランテーションのそれと併行して進行したのである。

カリブ海域では、目をあげればサトウキビ・プランテーションやコーヒー、カカオ、煙草などの大農場《アシエンダ》を見ることができる。同様にそこに立てば、こういうプランテーションやアシエンダをつくれば儲かるだろうと思いつき、資本を投下して、別の場所から鎖につないだ大勢の人間を輸入して働かせようとしたヨーロッパ人の姿を思い浮かべることも、さして困難ではない。そこで働かされた労働者は、すべてが奴隷であったわけではないにしても、少なくともほかに売るものとてないために、自らの労働を売る以外に方法のなかった人びとではあった。それはまた、おそらく自らが主要な消費者にはなりえないモノをつくっていた人びとでもあった。こうした過程を通じて、かれらはどこか別の場所にいる他人のために、利潤を稼ぎ出す人びとでもあったはずである。

プランテーションに植えられたサトウキビと、カップのなかの白砂糖とを同時に見たときに感じた不思議な感じは、溶解中の鉱石や鉄鉱石そのものと、完成した鉄製の手かせや足かせを同時に目のあたりにしたときにも感じるはずのものであった。もちろん、その神秘性は、たんに技術を駆使してなされた「変形」の過程にばかり原因があったのではない。たしかにその変形ぶりはめざましいものではあったが、この神秘性には、時間的にも空間的にも遠く離れていて、相互に顔も知らない人びとが、政治や一般的な経済関係によってのみならず、この商品の生産によって維持される特殊な連鎖によっても結合させられていることからくるものがあることも、まちがいない。

プエルト・リコで私がその生産過程を目のあたりにした熱帯性物産は、一種奇妙な食品であった。その大半は興奮剤であり、なかには麻酔性のものもあった。煙草は空腹を抑え、砂糖は異常に吸収しやすいカロリー源だが、糖分以外の栄養素はほとんど含まれていない。これらの食品のなかでは、つねに砂糖が圧倒的に重要であった。それは、ヨーロッパ人が新しい土地を求めて非ヨーロッパ世界に進出しはじめたのと、ほぼ時を同じくしてはじまったひとつの歴史過程の象徴である。したがって、砂糖を通じてより広い世界の動向を明らかにすること、これが本書の狙いである。すなわち、砂糖の歴史に随伴して起こった、人間・社会・物質それぞれの相互関係の長期にわたる変化、それを扱いたいのである。

砂糖の研究をするとなれば、ヨーロッパ史にかんしてさえ、よほど古い時代にまでさかのぼらなければならない。[*2] しかも、まだよくわからないことも多く、どうにも不可解というほかないようなこともある。たとえば、かつてはヨーロッパ人のあいだではまるで知られてもいなかった砂糖というものが、なぜこれほどひろく普及し、重要視されるようになったのかという点も、いまだにはっきりはしていない。甘みに対する嗜好《しこう》性は、ほとんど人類全体に普遍的なものとさえいえようが、その欲求を満たすのに、たまたまこのひとつの物質——サトウキビから抽出された糖分——が用いられたのであり、それはまた、ヨーロッパの政治権力、軍事力、経済的イニシアティヴなどが世界を変容させつつあった時代の動向に、うまくマッチしたのである。甘みの素としてのこの物質こそは、一五世紀以来、ヨーロッパと各植民地とを結びつけてきたものであり、世紀が進行して政治情勢は一変しても、それ自体の重要性には何の変わりもなかった。これとは逆に、本国が生産するものが、それによって植民地人に消費されるようにもなった。甘いものへの欲求は着実にひろがり、増大していったので、その欲求を満たすためには、むろん、いろいろなものが利用されたし、それだけに、サトウキビ糖の相対的意味は時代によって微妙に変化はしたのだが。

砂糖は、〔甘みへの欲求という〕ひとつの欲求を満足させる――そうすることで、さらにいっそうの欲求をかきたてる一面もあるようだが――ように見えるだけに、何がそうした欲求をもたらすのか、という点にも一考を与えておく必要がある。つまり、いかなる条件の下で、どのようにして、またなぜ、その欲求はふくれあがるのか。快楽一般とか、富とか、権力などというものについてもそうだが、ひとは誰でも甘みに対する無限の欲求をもっているのだ、などと単純に仮定することはできまい。具体的な歴史の文脈においてこうした問題を検討するために、イギリスにおける砂糖消費史――とくにそれがかなり普及しはじめた一六五〇年頃から、すべての労働者階級の食卓に完全に定着した一九〇〇年までのあいだの消費の歴史――を見ることにしたい。しかし、そのためには、結局、イギリス人の紅茶やジャム、ビスケット、ケーキ、食後の甘いもの《スウィート》などとなって終わる砂糖の生産そのものに、予備的な検討を加える必要もあろう。イギリス国民の諸階層に、砂糖がどのようにして――どれくらいの比率で、どんな手段で、正確にはどんな条件の下で――普及していったかはよくわかっていないだけに、多少は想像を巡らさざるをえない部分もあるのは、当然のことである。しかし、にもかかわらず、砂糖（その他の新たに輸入された食品）を知らなかった人びと、ないし集団が、しだいに消費者になってゆく――ときには、あっという間に、日常的に消費するほどになってゆく――例は、枚挙にいとまがない。じっさい、多くの消費者は、時の経過につれて砂糖の消費量を喜々として、できるだけふやしていったし、すでにそれを日常的に使っている人びとは、その摂取量をへらしたり、まったく使わないでおくことには、たいへん苦痛を感じたりもしてきた。ひとは、よほど困難な状況におかれても、過去の習慣をかたくなに守ろうとする傾向があるものだが、その一方では、新たなタイプの行動に出るために、他のすべてのやり方をあっさり拒否してしまうこともあるものだ、というのが人類学の常識である。そうだとすれば、こうした人類学的な素材は、歴史学とはかなり違ったパースペクティヴから、歴史的事実に光をなげかけることになろう。つまり、本書は、それらのデータを提示された場合、歴史家がもち出しそうな問題にはあまり答えることができないが、人類学者ならそれとは違う、こういう問題を提出し、それに答えようとするはずだ、ということを示したいのである。

文化人類学ないし社会人類学というものは、非西洋世界の研究をこととする学問として、名声をえてきた。すなわち、人口からいえばごく小さな社会を形成している人びとの研究であり、いわゆる大宗教をもってはいない人びとの研究である。それはまた、技術の適用される範囲がごく狭い人びとの研究でもある。要するにそれは、「未開」社会といわれるものについて研究をする学問であった。いまでは、われわれ人類学者の大半はこのような研究をしているわけではないのだが、だからといって、次のような一般的通念はいささかも揺らぐことはなかった。すなわち、人類学がひとつの学問として持っている強みは、われわれとはまったく違う人びとによって構成されていながら、われわれの社会とよく似た原理によって基礎づけられた社会を熟知していることにある、という信念がそれである。その結果、人類学は、人類の何ものにも揺るがぬ、本質的な同一性を証明しながら、人間の慣習の驚くべき多様性をも実証できるというわけである。この信念には、大いに評価すべき点も少なくはない。とにかく、私自身もこのような信念をいだいていることは、事実なのである。しかし、こうした信念のゆえに、残念ながらこれまでの人類学者は、あれこれの点で「未開」とは言いにくい点のある社会は、意識的に研究対象からはずして通り過ごしてしまったり、ときには、対象となった社会が人類学者が望むほど完璧には未開——ないし孤立的——ではないことを明瞭に示す情報があっても、これをまったく無視してしまうようなことになった。後者のケースは、データそのものを直接握りつぶすというよりは、こういうデータを理論的にとり入れる能力や意欲がない、ということなのである。先人を批判するのはやさしいことだが、それにしても、フィールドでは他のヨーロッパ人を避けることによって、現地人のものの見方を学ぶべきだというマリノフスキーの学問的な教訓を、[*3]同じ人物の手になるいささかいい加減な次のような観察と対置してみたくなる気持ちは抑えようもない。すなわち、その同じ現地人が、かれがフィールドワークをはじめる何年もまえに、ミッション・スクールでクリケットを習っていたという観察がそれである。マリノフスキーが他のヨーロッパ人の存在やヨーロッパの影響の存在を否定はしなかったことは事実である。じっさいかれは、最後には、ヨーロッパ人の存在を故意に無視しすぎてきたことを反省し、このことを自分の最大の欠陥であるとさえ認めた。しかし、たいていいのかれの作品では、いかなる形にもせよ西洋的なものは軽視され、ときには無視さえされて、そのあとには主人公としての人類学者が冷静に観察した、穢れを知らぬ未開性なるものだけが残されたのである。この奇妙な対照——一方での穢れを知らぬ原住民と、他方での賛美歌を口ずさむミッション〔・スクール〕の子供たち——は、唯一の例ではない。何か不思議な手品のように、人類学の論文というものはどれもこれも、現存するもののしるしや、それがどうしてこうなったのかを示す兆候を、すっかり視界から消してしまうところがある。こうした消去行為は、それを実践する義務があると思っている者にとっては負担となるし、そうは思わない人びとは、人類学者が学ぶべきものについて、もっと真面目に考えるべきであったということになってしまうのだ。

現在の優秀な人類学者のなかには、いわゆる近・現代社会を研究対象としている人びとも、決して少なくはない。しかし、そういう立派な研究者であれ、私のような非才な者であれ、わが同僚のひとりがいみじくも名付けた「無垢のマッコイ」とでもいうべきものに、そこはかとない幻想を抱き続けてきたようにも思われる。未開とはいえない社会を研究してきた私自身、文化変容だとか、「近代化」だとかの研究から得られたものよりは、未開社会の研究から得られた知見のほうが、学問としての人類学の武器なのだ、という固定観念にとらわれてきたように思われる。その結果、人類学にあっては、近代社会の研究はいまだに遅れたままで、それがなされる場合にも、近代社会のなかで何か周縁的なもの、尋常でないものばかりが対象になりがちであった。少数派の民族集団、珍奇な職業、犯罪、最下層民の生活、等々というしだいである。むろん、そうした研究にも、積極的な意味がないわけではない。しかし、かりにも、こうした事象こそが、人類学の想定する未開社会の現象に似通っているはずだという推論が前提になっているとすれば、歓迎すべきことではない。

その種のテーマに比べれば、本書がとりあげる主題は、いたって平凡なものである。あらゆる民衆の食卓を賑わせている食品の歴史ほど、非「人類学的」なテーマがほかにあろうか。とはいえ、まさにこのようにありふれた、日常的な対象を俎上にのせてこそ、人類学は過去から未来に至る世界の変化を明らかにし、逆に何が変化しなかったかをも明らかにすることができるのではないか。

現在を対象とする人類学の試みにも、多少とも意味があるとすれば、どうか。また、そうした人類学を樹立するためには、型どおり「未開」なるものを何か想起させるような特徴をまったくもたない社会を研究すべきだ、と仮定すればどうか。その場合でも、これまで人類学者が好んで分析してきた諸制度――親族・家族・結婚・通過儀礼など――にはむろん注意を払わなければならないし、集団形成の基礎をなしている基本的な分類・区分をも考慮しなければならない。広く浅い人間観察よりも、狭くても深い観察が必要なことにも、変わりはない。なお、フィールドワークは重視されなければならないし、情報提供者《インフォーマント》の行動パターンやその欲求については、かれらが語ってくれる話そのものと同じくらいに重視しなければなるまい。とはいえ、もはやこれは、従来のそれとはかなり違った人類学である。考古学者ロバート・アダムズが言っているように、人類学者は、その対象とする人びとが自分より貧しく、社会的に力のない人びとであるとなれば、それだけで、もはやその人たちの話す事柄には必ず政治的含意があるものと思わなければならない。科学的「客観性」などというものは、その際、なんの役にも立たない[*4]。しかも、ここでいう「新しい人類学」は、まだ確立したものでもない。ましてや、主として歴史的な分析に終始している本書は、その確立のために一歩を踏み出そうとしたものであるにすぎない。西ヨーロッパ諸国への新しい食品の導入を扱う社会史は、近代社会を対象とする人類学の確立にも寄与しうるというのが、私の言いたいことである。もとより、三〇年間にわたって砂糖のことを考え続けてきた結果であってみれば、何かきちんとした整理がついて、謎が解け、矛盾が解決されたばかりか、新しい知見もいくつか得られた、と言えれば、これにまさる喜びはない。しかし、いまのところ、そこまで主張するつもりはない。本書は、いわば筆の流れに従って書いた。むしろ、それが書きあげられて行く過程を、第三者として観察したような気分である。そこに何か、私自身さえ気付かなかった新しいことが出ておれば、と願うばかりである。

本書の構成は、いたって単純である。第一章では、近代社会を対象とする人類学の一部としての、食品と食生活の人類学という主題について説明しようとした。そうなると、どうしても、甘味料ならぬ「甘み」そのものについて議論せざるをえなくなった。「甘み」とは、味覚――ホップズのいう「質《クオリティ》」――の一部で、砂糖や蔗糖《しょとう》――主としてサトウキビかテンサイから採取される――は、「甘み」の感覚を刺激する物質である。正常な人なら誰でも、甘さの感覚をもっていることは確かなようだし、およそ甘さを知らない社会もなさそうだから、甘さの感覚は、どこかヒトという生物の本質にかかわるところがあるのかもしれない。もっとも、社会によって、甘いものとの結びつきの程度にはかなり差もある。したがって、なぜある社会は甘い食品を大量に消費し、他の民族はそうでないのかは、種としてのヒトの特徴というばかりでは説明にならない。とすれば、それぞれの民族は、いかにして大規模で定期的な、信頼のできる甘味料の供給源を確保しえたのか。

一六五〇年頃までは、イギリス人にとって主要な甘味料といえば果物と蜂蜜くらいであったが、イギリス人の食事のなかで、この二つの食品が大きなウェイトを占めていた形跡はない。サトウキビのジュースからつくられた砂糖も、少量ながら紀元一一〇〇年以前にはイギリスにもち込まれていた。それ以後の五世紀間には、サトウキビ糖の供給は、ゆっくりではあるが着実にふえていった。第二章では、西洋人がしだいに消費をふやしていった時代の砂糖生産を扱った。砂糖が珍奇な奢侈品から日常的な必需品になった国は無数にあり、イギリスはそのひとつにすぎない。若干の重要な例外はあるが、一六五〇年以後のこの砂糖消費の激増は、たいてい西半球の「開発」と結びついていたものである。

こうして、砂糖こそは、いわゆる奢侈品が必需品になった――おそらく煙草が最初であろう――商品であり、当面オランダとイギリスに中心をおいた世界資本主義の生産力の増強をすすめる力と意志の象徴となった。したがって本書は、イギリスへの砂糖や糖蜜、ラム酒の供給過程にも焦点をあわせることになったし、植民地物産の生産システムについても、またその生産に使われる強制労働の諸形態についても、論及せざるをえなかった。砂糖のような植民地物産が、世界資本主義の成長にとくに重要な意味をもっていたことを示したい、というのが本章の狙いである。

ついで、第三章では、砂糖の消費を問題にする。そこでの第一の狙いは、生産と消費がいかに密接に結びついているか、そのためにある程度は一方が他方を規定しうるようになっていることを示すことである。第二の目的は、消費の分析は人びとが何を考え、何をしたかという観点からなされるべきだ、と主張することである。砂糖は、人びとの社会的行動のなかに浸透し、消費の拡大につれて新たな意味をもつようにもなっていった。その結果、かつての珍奇な奢侈品は、ありふれた必需品へと転化したのである。生産と消費の関係は、消費とその意味づけとの関係に照応しているともいえる。砂糖という物質そのものに、自然に、かつ必然的にある意味が内在しているとは考えにくい。むしろ、あるモノの意味は、そのモノを使うことによってはじめて生じるのである。なぜなら、ひとがモノを使うのは、それぞれの社会的関係のなかにおいてのことなのだから。

新たに意味づけされるべきモノが何であるかは、しばしば外的な諸力によって決まる。消費者自身は、何が使えるかを決めるのではなく、すでに使える状態にあるものに、新たな意味を与えるのだと考えれば、意味づけの過程についても何か新たな視野がひらけるのではないか。意味づけの権限は、どの時点で消費者から販売者に移るのか。また、あるモノに意味を与える権限をもつ者は、つねにそのモノの入手可能性をも決める権限をもちうるのだろうか。こうした諸問題とそれへの解答は、われわれが現代社会の動向を理解し、ひいては自由と個人主義を理解するうえで、何らかの役には立とう。

第四章では、歴史の展開について、環境条件、状況、原因などを明らかにしたい。最後に第五章では、砂糖はどこへ行くのか、現代の社会生活における砂糖の問題は、どのようにして研究すればよいかなどについて、若干の見通しを述べた。そこでは、人類学の将来について、いくらかはっきりしない点があることを示したつもりである。たとえば、現代の社会生活、とくに食品や食事を対象とする人類学は、フィールドワークを無視しえない。というより、それなしには済まされない。むしろ私としては、将来フィールドワークを行なったひとが、ミンツは理論的にも政策的にも有益な、いい問題を提起していた、と言ってくれるようなら本望なのである。

本書が人類学というよりは、歴史学のほうに傾いていることは、一見して明白である。人類学は歴史学にならない限り、何の意味もないと主張するひともある。そうした極論に無批判にくみするつもりは毛頭ないのだが、かといって、歴史抜きの人類学では、いささか説得力に欠けることも事実である。すべての社会現象は、本質的に歴史的なものである。つまり、ある「時点」の状況は、過去や未来の状況から切り離された抽象的な存在などではありえない。人間が何かしら生来の特徴をもっているとか、特有の構造をもつ世界をつくりあげる能力を、はじめから内蔵させられているとかいった議論も、必ずしもまちがいとはいえない。しかし、こうした議論が歴史的な説明にとって代わろうとしたり、後者を拒否したりするものだとすれば、不十分なばかりか、誤解を招きやすいことになろう。たしかに、人間は社会構造をつくりあげるし、そのなかで事物に意味づけをしようともする。

しかし、そうした社会構造や意味には、それなりの歴史的起源があり、人間の社会構造形成力とその限界は、ともに歴史的制約のもとにあることも事実なのだ。

第一章　食物・社会性・砂糖

食品と食事こそが、人間の慣習、好み、深層心理などの焦点であるというくらいのことなら、他の集団に属する人びとが何か見慣れない食品を口にしているのを見た瞬間に、すぐに気付くことである。言語をはじめ、社会的に獲得される集団的慣習はいずれもそうなのだが、食物のシステムには、人種どころか、もっと小さい集団のあいだでも、決定的な差がある。多言を弄するまでもないことだが、ひとはありとあらゆるものを食物としてきた。集団によって食べるものも違えば、食べ方も違っていた。ひとは皆、自分の食べるものと食べないもの、食べるにしてもどのようにして食べるかについては、断乎とした考えをもっているものである。もとより、何を食べるかということは、何が得られるかにかかっていた一面もあるのだが、さりとて、ひとは身辺にあって食べられるものは何でも食物にしてきたわけではない。というより、食品選択は、自己規定の核心にふれる問題なのだ。まったく違った種類の食べ物を食べている人びとや、似たような食品でも、まったく別の食べ方をする人びとは、全然別の人間のように見られがちだし、ときには人間らしくないとさえ見られてしまう。

栄養源を確保しようとする気持ちは、人間の相互交渉のあらゆる局面に表われている。食品選択や食習慣は、年齢・性別・ステイタス・文化などの違いを表わしており、職業の区別をさえ示している。こうした差異は、絶対不可欠な栄養源としての食品にかぶせられた、きわめて重要な装飾というべきである。食物と食事の人類学では大家といってよいオードリ・リチャーズにいわせると、「生物学的な過程としての栄養摂取は、性以上に基本的な過程である。個々の生物の生涯においては、それは断然重要で、たえず生じる欲求であるが、より広汎な人間社会にあっても、自らの所属する社会集団の性格やその集団の行動様式を決定するうえで、他のいかなる心理的要因よりもはるかに大きな役割を果たす[*1]」のである。

新生児は、まずまっさきに空腹感を表明し、それが満足させられることによって、外的な世界との関係を取り結ぶ。空腹感こそは、個人の独立性と個人がその一部とならざるをえない全体社会《ソシアル・ユニヴァース》との関係の縮図である。嬰児・幼児期には、食物を与えることと養育とは密接に結びついている。もっとのちになると、両者の関係はそれほど密接ではなくなるとしても、である。幼い頃に身についた食物の好みというのは、養育者のはめた枠のなかにある。したがって、それはまた、そのひとの属する社会や文化の規範のもとにある、といえよう。とすれば、食物選択と味覚の背後には、深い愛情の重みがかかっているというべきなのである。何を好み、何を食べるか、どのようにしてそれを食べるか、それを食べてどう感じるか、といった問題は、明らかに相互に関連した問題である。それらは全体として、われわれ自身の自己認識――他人との関係で自らをどのように意識するかという問題――を明確に示すものである。

人類学は、その成立の当初から、食物と食事には関心を示してきた。たとえば、この学問の祖ともいうべきロバートソン・スミスは、特定の意味をもつ社会的行動としての、食事をともにする習慣に関心をもった（かれが興味を抱いたのは、いわゆる犠牲の宴についてであった。これとの関連で、神と人間の関係を表わすために、かれは「食事仲間《コメンサル》」という言葉を用いたのである）。つまり、かれにいわせれば、神々が人間とともにパンをちぎるのは、互いに仲間であることとまた互いに相手に対し社会的責任があることを象徴しており、それらを確認する行為でもある、という。「食事をともにするものは誰でも、社会的な意味で完全に結合させられる。これに対して、逆に食事をともにしないひと同士は、宗教的にも同胞とはいえず、相互に社会的責任も生じない、まったくのよそ者である」[*2]。しかし、ロバートソン・スミスは次のようにもいう。すなわち、「ことの本質は、食事をともにするという物理的行為そのものにあるのだ」[*3]、と。つまり、たんに食物を分かち合うという行為そのものから生じるきずなが、ひとを互いに結びつける、というのである。

ローナ・マーシャルもその初期の論文で、食物を分かちあうことで、個人間ないし集団間の緊張が大いに緩和される、と熱心に主張した。すなわち、彼女の報告によると、クング・ブッシュマンは新鮮な獣肉が手に入ると、いつでもその場で食べてしまう。「こうして飢餓の恐怖は和らげられ、お相伴にあずかった者は、次に自分が肉を手に入れたときには、相手にふるまわなければならない。かくして、人びとは相互責任のネットワークに支えられることになる。飢餓に襲われた場合は、それもみんなで等しく耐え忍ぶのである。持てる者と持たざる者の区別はない。……ひとは孤独でもないのだ。ひとりで食事をし、食物を分かちあわないなどということは、クング族にとっては夢想だにしえないことである。そんな話を聞くと、かれらは不快感もあらわに苦笑する。ライオンならそんなこともするだろうが、まさか人間がね、というわけだ」[*4]。エランド（羚羊）一頭を一〇日がかりで狩りし、この傷ついた獲物を三日間も追跡したあげくに殺すことに成功した四人のハンターの様子を、マーシャルは詳細に記述している。かれらがその肉を他の人びとと――他のハンターたち、最初にこの獲物に傷を負わせることになった矢の持ち主、その親類など――にどのように分けたか、が問題なのである。彼女によれば、その肉は六三人に贈られたことまではわかっているが、じっさいにはもっと多くの人びとにふるまわれただろうという。このわずかばかりの獣肉が、あっという間に広く分散させられ、限りなく小さな肉片になってしまうまで分与されてゆくのである。これほど迅速になされる分与ではあるが、決してでたらめになされたわけでも、英雄気取りの「良い恰好」のためになされたわけでもなかった。それは、じっさいに、クング族の内部構成を如実に反映していたのである。すなわち、親族の分布状況や性別、年齢、役割などによる差異を示していた、といえる。したがって、かれらは肉を食べるたびに、あるひとがどんなひとなのか、そのひとと別のあるひととの関係はどうなっているのか、その結果、互いにどういう義務が生じるのかといったことを、自然に知らされることになったのである。

食糧と親族の関係や食糧と社会集団との関係は、現代社会ではまったく異なった形態をとっている。しかし、たしかに既存の社会関係を確証する手段としては、いまではその意義は薄れ、その形態もとてつもなく変化してしまったとはいえ、今日でも食品と食事には、なお情緒的な意味がなくなったわけではない。したがって、現代西洋の食品と食事にかんする人類学は、ロバーツ、ロバートソン・スミス、マーシャルなどこの分野の先人たちと同様の問題を提起はするが、それを解くために用いるデータや方法はまるで違う。本書では、ただひとつの——ないし一種の——食品を、それも近代西洋のこれもただひとつの国民の食生活史において見ようと思う。しかし、その際、ほんらいの意味でのフィールドワークは、まったくやらなかった。それをやっておればもっとよくわかっただろうに、と思うことがなかったわけでもないのだが。それに、食事の社会的諸局面にも触れはしたが、食事そのものよりは、食事の時間に重点をおいた。食事はいかにして近代工業社会に適合させられたか、工業社会の到来で食事の社会的意味はどう変わったのか、新しい食品や新しい食べ方がどのようにして旧来の食事に加えられたのか、逆に、古いものが消えてゆくのはなぜか、といった問題に主として関心を覚えるのである。

本書は、蔗糖《しょとう》と呼ばれる物質とその加工物にとくに注意を集中した。蔗糖というのは、砂糖の一種で主としてサトウキビからとれるものである。砂糖の歴史は、ほんの数行に要約できる。紀元一〇〇〇年頃までは、ヨーロッパ人は蔗糖、ないしサトウキビ糖の存在はほとんど知らなかった。しかし、まもなくかれらはそれを知り、一六五〇年までには、イギリスでも貴族や富裕者は日常的に砂糖を用いはじめていた。薬品として用いられた記録もあり、文学作品にも現われて、上流階級のステイタス・シンボルとなっていた。一八〇〇年までには、砂糖はすべてのイギリス人の食事の——なお高価でわずかなものではあったが——必需品となった。一九〇〇年ともなると、それはイギリス人のカロリー摂取の五分の一近くを占めるに至った。

こうした変化はどのようにして起こったのか。またその原因は何だったのか。いったい何が、このエキゾティックで高価な船来品を、最下層の貧民に至るまでの日用必需品に変えたのか。砂糖は、なにゆえにこんなに急に、こんなに重要なものになったのか。イギリスの支配者にとって、砂糖はどんな意味をもっていたのか。砂糖の大量消費者となった一般民衆にとっては、それはいったい何を意味したのか。むろん、こうした問いへの答えは自明のようにも思える。砂糖は甘いし、人間は甘みを好むものだ、というわけだ。何か新しい物質が新たな消費者に使われるようになる場合、それらは既存の社会的・心理的文脈に組み込まれ、その消費者によってそうした文脈に合った意味を与えられるのである。それがどのようにして起こるのかは、決して自明なことなどではない。人間は甘いものが好きだなどといってみても、ある人びとが大量に甘いものを食べ、別の人びとはほとんどそれを使わないことの説明にはならない。しかも、そうした差異は、個人間ばかりか集団間にも存在しているのである。

ひとがあるものを消費するのは、そのことに一定の意味を与えるということでもある。だから、砂糖の人類学を学ぶためには、その消費にはどんな意味が与えられているのかを探ることが必要である。そのためには、初期の、もっと限定された消費がなされていた時代のことを検討し、砂糖がもともとどこで、何のために生産されたのかをも研究する必要もあろう。言いかえれば、供給源、消費の歴史、それに、新たな食事パターンの形成に際して砂糖と他の食品——蜂蜜などの甘いものとの関係および茶、コーヒー、チョコレートなどの苦い食品との関係——との組み合わせなどの研究が必要だということである。砂糖の供給源は、イギリス領の植民地だったところが多いのだから、それらの植民地と本国の関係も研究しなければならないし、砂糖とともに使われた茶の生産地——そこでは砂糖はとれないが——についても、また、砂糖生産のために使役された人びとにも注意を注ぐ必要がある。

これらの問題を提起すると、さらにその先にもっと多くの問題が生じる。イギリス人は、ただ他国民より甘いものが好きだったから、より多くの砂糖を用いるようになったのだろうか。かれらは、ほかにあまり食品がなかったから、砂糖を好んだのだろうか。それとも、かれらがこの高価な食品を好んだのには、ほかにもいろいろ要因があったのだろうか。労働者階級が紅茶や砂糖を求めるようになったのは、ひどく浪費的なことだとして厳しく批判した、ジョナス・ハンウェイのような社会改良家たちの見解も検討に値しようし、逆に、砂糖はすべてのイギリス人に利益をもたらすと主張して社会改良家たちを論破したうえ、市場の性格を自分たちに有利なように変えようとしたジョージ・ポーターなど、つまり、砂糖ブローカー、精糖業者、海運業者などの見解も調べてみなければならない。このことはまた、労働形態の変化に伴って、民衆の食事の場所・仕方・時刻がどのように変わっていったか、新たな価値をもった新たな食品がどのようにしてつくりだされてゆくか、などという問いに答えることにもなる。おそらく、何よりも重要なことは、まったく新しい経済システムがつくり出される際に、見知らぬ海外産の奢侈品——ほんの数世紀前までのヨーロッパでは、貴族でさえ知らなかったもの——が、これほど急速にイギリス労働者の日常生活にとって、決定的な社会的意味をもつ、中心的食物のひとつとなった経緯を知ることである。じっさい、世界史上最大の帝国にとって、それは社会的関係の普遍的実体をなすことにもなったのである。ついで、研究はわれらが友人クング族に戻る——といっても、説明の水準はかなり違うことになるが——べきであろう。エランドの肉を分かち合い、再分配するクング族こそは、かれらを相互に結びつけている紐帯の社会的価値を如実に示してくれているからである。

砂糖のような単一の食品がどのように消費されているかを見ることは、特定の社会環境にリトマス試験紙を使うようなものである。特定の環境の何かひとつの特徴がトレースできれば、それと他の諸特徴との結びつきを照らしだし、その強さを測り、さらにおそらくそれを他の分野にひろげてゆくことも可能になる。なぜなら、最初の特徴は他の特徴とのあいだに、多少の変化がないわけではないが経常的といってよい関係を保っており、ときには後者の指標の役割を果たすことも可能だからである。こうした結びつきは、たとえばネズミと疾病、干ばつと飢饉、栄養状態と出生率のように、広汎で重要なものでもありうるし、砂糖と香料のようにとるに足りないように見える場合もある。こうした現象の結びつきは、たとえばネズミと疾病の関係のように、本質的で説明可能な場合もある。しかし、もちろん、まったく恣意的で、「因果関係」でもなければ、「関数関係」でもないケースもある。砂糖と香料はその好例で、それらはともにヨーロッパにはほんらいなかったモノで、遠隔地からもち込まれ、はじめて食味したヨーロッパ人の食卓に徐々に浸透したものである。それらは、主としては、たまたま消費の局面で結びつくことになったといえるが、多少はその起源の点でも結びついている。しかし、両者はまた、いっしょに使われたり別々に使われたりしたうえ、それぞれの需要も変動したので、互いに重なりあったり、離れたりした。砂糖は、その歴史的過程において、植民地では奴隷制と結びつき、味付けないし味隠しとして肉類と、保存用としては果物と、代用物ないし競合物として蜂蜜と結びついてきた。そのうえ、砂糖はまた、紅茶やコーヒー、チョコレートとも関連していたわけで、一七世紀後半・一八世紀の砂糖史は、むしろほとんどこの関連で展開したとさえいえよう。砂糖には、金持ちや貴族階級との結びつきもあり、じじつそれは、何世紀にもわたって、非特権階級には手の届かないものであった。

もっぱら砂糖をとりあげるからといって、もとより他の食品を軽視しようなどというのではない。ただ、砂糖そのものの使われ方やその意味づけが、歴史的にどのように変化したかを明確にしたいだけである。使用法が変わり、新たな使用法が付け加わるにつれ、また、その消費が深まったり、ひろがったりするにつれ、意味づけもまた変化する。こうした過程には、「自然なもの」も、「必然的なもの」もない。そこには、何か自律的なダイナミックスが備わっていたりするわけでは毛頭ない。砂糖の生産と消費の関係は、時の流れに沿って変化したし、その変化に応じて、その効用も変われば、その意味づけも変化した。砂糖そのものに焦点をあわせ続けることで、それと他の食品の関係がどう変わったのか、すなわち砂糖と、砂糖とともに供された食品や、砂糖が結局とって代わることになった食品との関係の変遷を知ることができるのである。

主食＝中心と薬味＝周辺

栄養学者なら、最良の科学知識をもとにして、人間に最適と称する献立をつくることもできよう。しかし、人類にとって生来最適な食事についての、絶対に正しいガイドなどそもそもありうるのだろうか。ひとは、直接有毒でさえなければ、何であれ食品とし、結構好物としてきたように思える。食品嗜好の文化圏対比をしてみると、人間集団が当然のこととして「自然環境」とみなしている宇宙が、じつはきわめて社会的なもので、象徴的に構成されたものであることが一目瞭然となる。「立派な食物」というのは、良い天気とか、理想的な配偶者とか、満足な人生というのと同じ社会的な事象で、決して生物学の問題ではないのだ。良い食物とは、食べて味が良いというまえに、良いものだと思えるものでなければならない、とはレヴィ＝ストロースがずっと以前に言った言葉である。

人類の文化史全体を見渡し、家畜飼育や植物栽培がはじまった、地質学からいえば最後の「瞬間」ともいうべき時代だけに注意を集中するとすれば、この時期に生きた人間はほとんどすべて、何か特定のひとつの植物性食品が「良い」食物とされるような社会に属していたことがわかる。意識的な植物栽培がはじまると、食糧供給がかなり安定した結果、人間——過去一万年ないし一万二〇〇〇年間に生をうけたわれわれとわれわれの祖先たち——は、基本的に何か単一の植物性食品に依存してきた。[*5]

大きな定住文明はたいてい――多くの小文明もそうだが――トウモロコシ、ジャガイモ、米、粟《ミレット》・キビ、小麦など特定の複合炭水化物の栽培を基礎として成立した。こうしたデンプンを基礎とする社会――それらはつねに園芸《ホーティカルチュラル》的ないし農業的とは限らないが――では、人びとは穀物かイモ類の炭水化物を体内で糖分に転換することによって、栄養を摂取してきたのである。他の作物からとれる食品、油脂、獣肉、魚、家禽《かきん》、木の実、香辛料など――いずれも栄養学的には重要な要素を多く含んでいる――も消費されるだろうが、かれら自身、そんなものはかりに必要だとはしても、デンプン性の主食への添えものとみなしているのがふつうである。この中核＝複合炭水化物への添えものとしての薬味＝周辺の組み合わせこそが、人間の献立の基本的特徴である。すべての人間の、というわけではないにしても、歴史上の人間のおおかたの献立がそうなっており、そこから一般論を組み立てることも十分可能である。

南部バントゥー族に属するベンバ族にかんする研究でオードリ・リチャーズは、主食となったデンプン性食品がいかに文化全体を支える栄養摂取の最後の拠りどころとなっているかを、ものの見事に活写している。

食糧問題がこれほど多方面から、これほど深刻な問題になる社会のあり方を想起することは、われわれ〔欧米人〕にとっては、よほど努力を必要とする。しかし、献立にかんするベンバ族の考え方の背後にある感情を理解しようと思うのであれば、この努力は是非ともせざるをえない。

ベンバ族にとっては、まっとうな食事とは、つねに二つの要素から成り立っているものである。すなわち、ミレットでつくる濃いおかゆ《ポリッジ》（ウブワリ）と、それといっしょに食べる野菜、肉、魚などの薬味《レリッシュ》（ウムナニ）とである……。「ウブワリ」はふつう「ポリッジ」と訳されているが、いささか誤解を招きやすい訳といえよう。というのは、湯と粉が三対二の比率になっているので、ウブワリはいわば粘土程度のかたさのかたまりになってしまい、いわゆるポリッジとは、似ても似つかぬものなのだ。ウブワリは、手でちぎってボールのなかでころがし、薬味に浸したうえ、丸ごと食べるのである。

ベンバ族にあっては、ミレットが主食であった、といった。しかし、ヴァラエティに富んだ食品を食べ慣れているヨーロッパ人にとっては、未開人にとって「主食作物」のもつ意味を理解するのは、なかなか難しいことである。ベンバ族にとっては、ミレットでつくるポリッジは、必要不可欠なものであるばかりか、本当に食物といえる唯一のものなのである……。現に私は、私の目のまえで四、五本分のトウモロコシを焼いて食べたばかりのかれらが、仲間にむかって次のように叫ぶのを聞いたことがある。「ああ、腹がへって死にそうだよ。一日中、食べ物のカケラも口にしていないんだから」、と。

ミレットのポリッジが現地住民の目にはいかに重要に見えているかということは、伝統的な物語や儀礼にもたえず反映されている。ことわざや民話では、ウブワリといえば食べ物そのものである。親族の義務について語らされれば、かれらならこういうに違いない。「母方の伯父さんは、これまで何年にもわたってウブワリを分けてくれたというのに、いま援助をことわるなどということができようか」。あるいは、「かれは彼女の息子じゃないか。彼女としてはウブワリをつくってやらないわけにもゆくまい……」と。

しかし、ウブワリなしでは生きられないと断言するベンバ族も、同時に、ふつうはシチュー状で用いる薬味のウムナニがなくてはウブワリはとても食えたものではない、と強調する。

ウムナニとは、肉、魚、芋虫、イナゴ、蟻、野菜――野生のも、栽培ものもある――、キノコなどを入れたシチューのことで、ウブワリといっしょに食べる。この薬味(ウムナニ)は二つの役割を果たしている。すなわち、ウブワリを食べやすくし、味をつける役割をもっているのである。ポリッジ、つまりウブワリのかたまりはねばっこく、砂も多くてジャリジャリしている――砂が混じるのは、粉の原料のせいではなく、ひき臼のせいである――ので、飲み込みやすくするために、何かで包む必要がある。液体状のシチューに浸すのは、このためである。したがって、ウムナニを使うのは、ヨーロッパ人が考えるようにメニューに重要な一品目を加える、というようなことではない。ベンバ族の発想では、それはただ、唯一の「食べ物」であるウブワリが喉を通るようにするための、純粋に物理的な補助手段なのである。……かれらにいわせれば、ソースは食べ物ではないのだ。

ウムナニは、食べたものが「戻って」こないようにする役割を果たす。肉と野菜のシチュー〔であるそれは〕、可能な限り塩で味付けされるので、かれらからすれば、それがウブワリの味付けにもなっていることは確実である。その結果、食事の単調さが多少とも緩和もされていることになろう。落花生のソースも、マッシュルームや芋虫のそれと同様、多様なウムナニを生み出す素として賞賛されている。

一般に、一回の食事で供されるウムナニは、ただ一種類である。ベンバ族は、あまりいろいろなものを同時には食べない。ヨーロッパ人のように、一食に二種類も三種類もの料理を食べることを、かれらは軽蔑しているのである。そういうやり方はウクソベレカニャと称し、「小鳥があちこちをつつく」ようだとか、「子供が一日中あちこちに嚙みついている」みたいだという。[*6]

リチャーズの描いてみせたベンバ族の姿は、世界中いたるところに共通している特徴であること、驚くばかりである。人びとは、何か主だった複合炭水化物――ふつうは穀類かイモ類――に依存し、それを中心にかれらの生活がなりたっているのである。そうした主要作物の生育過程が、そのまま一年の暦になっており、思いがけない仕方ではあるが、そうした作物が必要とするものは、すなわち人びとが必要とするものともなっていた。この作物は、人びとの生活において意味をもった多くのモノの素材ともなった。その性格、名称、独得の味やかたち、栽培の難しさ、その由来――神話的なものであれ、それ以外であれ――などはいずれも、それを基礎的な主食とする人びと、それこそが食べ物そのものだと信じ込んでいる人びとの生活全般に反映されている。

しかし、むろん、こうした単一食品では、単調すぎるということも事実である。デンプン性食品を中心とする諸文化に育った人びとは、主食《ウブワリ》――トウモロコシ粉の焼きモチ、米、ジャガイモ、パン、タロイモ、ヤムイモ、キャッサバのケーキ等々何であれ――なしでは食事をしたとは思わないだろうが、薬味《ウムナニ》がなければ、それはそれで十分とは感じないはずである。理由は判然とはしないが、とにかく炭水化物系の主食＝中心に、それとは対照的な薬味＝周辺が伴うというパターンは、繰り返し繰り返し出現する。エリザベス・ロージンとポール・ロージンは、この共通のパターンの一側面を「薬味《フレイヴァー》原理」と称し、各地に特有の薬味をリスト・アップしている。東南アジアのニョクマムやメキシコ、西アフリカ、インドや中国の一部などで使われているチリ・ペパー（カプシクム種）、スペイン領中・南米でのソフリトなどがそれである。*7 しかし、ベンバ族が味付けとウブワリを飲み込みやすくするために用いたソースであれ、トウモロコシをベイスとするアトーレ〔トウモロコシ粉と牛乳でできた飲み物〕とトルティーリャ〔トウモロコシの粉からつくるパン〕からなる食事に活気を与えるチリ・ペパーであれ、米や粟類に添えられる極東の魚および味噌や醤油であれ、こうした補助的な薬味は、基礎をなすデンプン性食品をよほど食べやすくする点に意味がある。それらは重要な、というよりしばしば不可欠な栄養源となっている場合もあるが、人びとがこうした食品を口にするのは、決してそのためではない。

もっとも多様な食品選択の可能性がある場合でも、「中心」と「周辺」という一般的な関係が適用できるのがふつうである。アイルランドには、「ジャガイモとひと塗り」という冗談がある——ジャガイモは、食べるまえに、食卓の上にぶらさげてある塩漬け豚肉になすりつけるものだ、という——が、その意味はほとんど自明である。パンを常食とする人びとが、いつも食べるパンに味をつけるために脂肪と塩を塗りつける習慣があることも、よく知られていよう（東欧では一般に、黒パン、鶏の脂肪、生のニンニク、塩を用いる）。パスタはソースとともに供される。どんなにひどいものでも、ソースさえあれば、単調な食事も大宴会のごとくなるからである。トウモロコシの〔ひき割り〕粉、〔ひき割りの麦粉を蒸した〕クスクス、〔小麦を湯通しして乾燥した〕ブルグァ、ミレット、ヤムイモなど、何であっても差しつかえない——もっとも、もちろん、それらを主食としている人びとにとっては、それが何であるかは大問題なのだが。補助的な薬味がそれに味付けをし、変化をつけてはじめて、献立が成立するのである。

こういう補助食品は、ふつう大量に消費されるものではない。少なくとも、デンプン性食品と同じくらいに用いるなどということは、まずありえない。そんなことは、そうした食品にいくら慣れている人でも、考えただけで吐き気を催すようなものである。調理済みのデンプン性食品に比べると、こうした食品は、口当たりや一切れの大きさが対照的だし、ザラザラしたところや歯ごたえなどもあまりない。味は穏やかではないし、乾燥もしていないのがふつうで、著しいコントラストをなしている。したがって、デンプン性食品を食べるときに、それに混ぜていっしょに食べてしまうものなのである。要するに、両者はいっしょに「行く」のである。こうした食品は、一般に液体ないし半液体状で、溶けやすく、しばしば油を含んでいる。それがほんの少々加わるだけで、大量の液体がソースに変身し、それをデンプン性食品にかけたり、逆に後者をそのなかに浸して食べるようになる。こうした食品は味が強烈で、熱いほうが効果がある。

これらの補助食品には、日干しにしたり、発酵させたりしたもの、燻製や塩漬けのような加工をしたもの、半ば腐らせたものなど、自然の状態に手を加えた成分が含まれていることが多い。したがって、この種の食品は、「加工」の面でも主食食品とは対照をなしているのである。主食用デンプン性食品は、たいてい洗って調理するだけで供されるものだからである。

ここでいう「周辺」＝付加食品は、魚介類や肉類、鳥類、昆虫などでできている必要は必ずしもない。クレソン、チャイブ、ハッカなどの草や海草——苦味、酸味、ピリッとした辛味などがあり、歯ごたえがあってヌルヌルしている——でもよければ、地衣、マッシュルームなどのキノコ類——カビ臭く、苦味があったり、パリパリしていたり、「冷たい」感じがしたりする——でもよいし、生《なま》でも保存品でも果物——酸味、甘み、汁気・繊維質が多く、粘り気もある——でもかまわない。それらは、刺激があったり、焦げ臭かったり、喉のかわきを強めたり、唾液の分泌を促進したり、涙腺や粘膜を刺激するうえ、苦かったり、酸っぱかったり、塩辛かったり、甘かったりするのだから、一般に臭いも味もデンプン性食品のそれとはまるで違うものである。それらが、「中心」食品の消費を促進することには、疑問の余地がない。

過去二、三世紀のあいだに、いくつかの社会では、その社会全体にわたって、こうしたパターンが崩壊してきた。かつて、階層制の強かった時代に、社会のほんの一握りの最上層部、特権階層のあいだで起こった変化とは違って、この場合、変化は一社会全体に及んでいるのである。こうした最近の比較的少数のケースにあっては——合衆国はその一例である——、複合炭水化物は主食の地位を失ってしまい、(魚介類と家禽類を含む)肉類や各種の脂肪、および砂糖——すなわち、純粋炭水化物!——が、おおかたそれにとって代わっている。こうした新型食品は、一定量のカロリーを生産するのに膨大なカロリー投入を必要とする典型的に非能率な食品群であり[*8]、伝統的な狩人と漁師と農耕民からなる社会のあり方とは、著しい対照をなしている。内容はまるで違うが、合衆国やアルゼンチンやオーストラリアやニュージーランドは、栄養学的には、イヌイットや〔アラスカ南部・カナダ北部に住む〕トリンギット族やマサイ族と同様、特異な存在なのである。*9

旧式の食品構成には、重要な象徴的意味があったことを指摘しておくのは、余計なことであろうか。人びとが何を食べるかということは、かれらが自分自身および他の人びとにとって、いったい誰であり、何者であるかを表示している。食品構成のパターンと社会構造とのあいだには見事な調和が認められ、文化形態が維持されるのは、それを「共有する」人びとの現実の行動によってであることを示している。それは、自らの行動によってそれを具体的に体現する人びとによって保持されるのである。ひとはまさしく変幻自在だし、社会もまた驚くほどの変容を遂げうるものではあるが、それにしても、メキシコ人が黒パンを常食にするようになるとか、ロシア人がトウモロコシを、中国人がキャッサバを主食とするようになればどんなことになるかは、かなりの想像力を働かせなければ思いうかぶまい。しかも、過去三〇〇年ほどのあいだに起こった食生活の根本的変化は、主としては食品加工と消費の面からくる革命的圧力のせいで起こったものであり、ただ伝統的な食品がなくなったからというようなものではなかったことも、大いに注目しておくべきであろう。ともあれ、食生活の変容は、非常に深いところで人びとの自己のイメージの変化を伴っているのだし、伝統と変化という相反する価値についてのかれらの考え方や、日常の社会生活の基礎構造の転換をも伴っているのである。

本書の関心からいえば、砂糖がイギリス人に知られるようになった時代、さらに、ついでそれが大いに希求されるようになった時代の、イギリスの食事の性格が問題であろう。というのは、砂糖がはじめて広汎に知られるようになった時期には、他の国民もそうだが、イギリス人は、(小麦ないしその他の穀物のかたちをとった)デンプン性食品を十分に確保することで、その食生活を安定させようと努めており、それ以上のことは考えていなかったからである。イギリスの食生活にかんしてもっとも興味深い点は、食習慣の点でも栄養状態の点でも、それが世界の他の地域のものとほとんど変わらなかったということである。ほんの一世紀ほどまえまでは、単一のデンプン性主食にいくつかの副産物という食品の組み合わせと、たえず広い範囲で認められた飢餓の可能性——ときには飢饉の可能性も——が、世界人口のおよそ八五パーセントの特徴となってきた。今日でも、アジアやアフリカ、ラテンアメリカの多くの土地では、同じ図式があてはまる。単一のデンプン性食品を「中心」とするパターンは、いまでも世界人口の四分の三の特徴となっているのである。

一六五〇年には、アイルランドやスコットランドの人びとを含めて、イギリス人もまたデンプンを中心とする食事に頼っていた。それから一世紀のうちに、現在いくつかの社会で見られるパターンへの転換が起こった。この転換は、いわば近代化の一局面であった。といっても、それが何かより大きな変化の結果だったというのではない。むしろある意味では、因果関係は逆だったかもしれないのだ。この種の食生活の転換が、より根本的なイギリス社会の変化を、積極的に可能にしたのである。言いかえれば、問題は、イギリス人はいかにして砂糖消費者になったかということだけではなく、その結果、社会全体がどのように変わったかということもまた、重要なのである。

同様に、イギリス人にとって、砂糖が不変の、(かれら自身の感覚で)毎日の食事に不可欠な食品となったとき、それはかれらにとってどういう意味をもっていたのかを問うとすれば、答えはある程度までは、かれらにとっての砂糖そのものの機能や重要度に依存している。この場合、「意味」は読みとられ、解読されるだけのものではない。砂糖自体が文化的にどういう風に適応させられるか、どんな風に用いられるかという問題でもある。要するに、意味は活動の結果として生じるのである。むろん、こう言ったからといって、文化とは行動のことだ(とか、つまるところは行動のことだ)などというのではない。しかし、意味がいかにして行動に転化されるかを問わない——つまり、生産を問題にしないで生産物だけを読もうとする——とすれば、それはまた歴史の無視につながる。文化というものは、「たんに生産されたものとしてばかりではなく、生産される過程そのものとしても、社会的に構成されたものとしてばかりではなく、社会を構成してゆく要素としても」理解されるべきである。[*10] 解読すべきはコードばかりではなく、コード化の過程そのものでもあるのだ。

ヒトは甘党か？

アメリカの幼児についての研究によると、人間には甘みに対する嗜好が植えつけられて《ビルト・イン》おり、それは「ごく早い時期に現われ、生活経験とはあまり関係がない」[*11]ようだ、という。この命題を証明する文化横断的なデータが十分あるわけではないが、たしかに甘みへの嗜好はきわめて広汎に認められるので、一種の生得の性質ではないかという推論が避けがたい。栄養学者のノージ・ジェロームは、糖分の豊富な食べ物を食べることが、非西洋世界の大半の人びとにとって、〔西洋〕文化移植のごく早い時期の経験の一部をなしていたこと、しかもどこでもほとんど、ないしまったく抵抗がなかったことを示す資料をあつめている。砂糖と砂糖入り食品が一般に刺激物、とくに刺激性の飲料とともに普及したことには注目すべきであろう。新たに砂糖を用いはじめた人びとが、両者の複合効果に気付いたのであろう。これまでのところ、本来砂糖を用いていなかった集団で、砂糖や砂糖入りコンデンスミルク、砂糖入り飲料、砂糖菓子、練り粉菓子、ビスケット類などの甘味食品が自分たちの文化に入り込むのを拒絶した例は、一例も報告されていない。じっさい、北アラスカ・イヌイットの砂糖忌避についての最近の研究を見ると、砂糖を忌避している人間も、禁制品使用に伴う不快感を示しながらも、結構砂糖を使い続けていることがわかる。[*12]

哺乳類が甘みに敏感なのは、数百万年間にわたって、甘みが味覚器官に対して「食べられるもの」を示唆する役割を果たしてきたからだというテーゼを支持する学者が多い。[*13]

ヒトが樹上生活に適した、果実を常食とする霊長類の祖先から進化したという事実が、このテーゼをとりわけ説得的なものにしており、なかには次のような極論に走る者さえ現われる始末である。

……ほんの一握りの自然環境でも、人間性についてみごとな証拠となることがある。……西洋人が一人当たりで膨大な量の精白糖を消費しているのは、かれらが非常に甘いものを最高においしいと感じるからである。人間には虫歯があるということは、つまるところ、ヒトの祖先たちがもっとも熟した、したがってもっとも甘い果物を好むように、順応させられた結果として説明できる。言いかえれば、〔いまや〕精白糖を食べるのは不適切だという証拠もあるのに、そうした砂糖の消費が人為的に、しかも異様なほどどすめられているのは、過去における淘汰の圧力がいかに強かったかを示している。*14

じっさい、次のような議論も十分になりたつ（というより、むしろそのほうが説得的であるようにも思われる）。すなわち、現代、世界各地の人びとのあいだで、砂糖消費の習慣に大きな差異があることからすれば、ヒトという種の先祖がもっていた素因だけでは、生物学的な規範ならぬ慣習化された文化規範は、とても説明しきれないというべきであろう、と。果実食と甘さの感覚と霊長類の進化とには、相互に関係があるという主張は、たしかに説得的である。しかし、だからといって、それでは、近代世界でいくつかの国民がむやみに精白糖を消費するのはなぜか、という問題には説明がつかない。

じっさい、すべての——ないし少なくともほとんどすべての——哺乳動物は甘みを好む。[*15]母乳を含む哺乳類の乳が甘いという事実が、おそらくはこのことと無関係ではあるまい。ひとの好みと甘さの関係をさらに一歩すすめて、子宮内の胎児がすでに甘さを知っていると称する研究者もある。[*16]新生児ははじめのうちは、通常もっぱらミルクのみで育てられるが、ジェロームによれば、甘みを加えた液体をミルクの代用として与える習慣も、世界中で認められる、という。北米の病院では、赤ちゃんが最初に与えられるミルク以外の「食品」といえば、五パーセントの濃度の砂糖水である。というのは、「新生児は水より糖分のほうを吸収しやすいので」、産後の機能検査にそれが使われるからである。[*17]一方では、人間が甘いものを好むのは、後天的な特質のみによるのではないという証拠がいろいろあるが、他方では、生来の素質が文化実践によって強化されてゆくときの環境条件が、「甘いもの好き」がどの程度強くなるかを決めるうえでは、重要な意味をもっていると思われる。

甘みは、われわれの祖先にあたる霊長類にも、初期の人類にも、野イチゴなどの小果実、果物、蜂蜜などのかたちで知られていたと思われる。とくに蜂蜜は断然重要であった。むろん蜂蜜は、その素材を蜜蜂が花から集めるものだという意味では、動物の生産物である。

これに対して、「砂糖」、とくに蔗糖は、人間の知恵と技術を駆使して、植物から抽出するものである。それに、蜂蜜は、史料の残っている限りもっとも早い時期から、世界中いたるところで、あらゆる技術段階を通じて人類に知られているが、サトウキビ糖（蔗糖）のほうは、それが利用されはじめても、最初の一〇〇〇年間はごくゆっくりとしかひろがらず、ひろく普及したのは、たかだかこの五〇〇年ぐらいにすぎない。一九世紀以降は、温帯作物である砂糖大根（テンサイ）も、サトウキビと並ぶ重要な砂糖の原料となった。じっさい、テンサイ糖の抽出技術が開発されたことで、世界の砂糖産業の構造そのものが変化した。[*18] 今世紀にはいると、トウモロコシ（*Zea Mays*）からとる高カロリーの甘味料が砂糖の地位をおびやかしはじめたし、カロリーのない甘味料も、人びとの食卓にのぼりはじめている。

甘みの感覚とそれをひき起こす物質とは、厳密に区別する必要がある。蔗糖や右旋糖〔ブドウ糖〕、果糖などの精製糖は、自然の状態の砂糖とは区別してかかるべきであろう。化学的には、「砂糖」というのは広汎で、多様な有機化合物の総称であって、蔗糖はその一種であるにすぎない。

本書は、他の種類の砂糖にもときに関説することはあるが、主としては蔗糖を問題にする。というのは、ここ数世紀間、蔗糖が圧倒的に消費の中心を占めてきたからである。それは、一七世紀以前のヨーロッパで主な競合食品となっていた蜂蜜を完全に凌駕し、カエデ糖やヤシ糖を問題外とした。ヨーロッパの思想や言語のなかでは、甘さの概念そのものが砂糖と結びつけられるようになった。それ以外では、蜂蜜がマイナーながら、特権的な役割を——とくに文学上のイメージとして——果たし続けたくらいである。甘さについてのヨーロッパ人の感覚があまり明確でも、繊細でもないことは、はっきりしているようである。

何か人類全体に絶対的に共通する味覚もいくつかはありそうだが、民族によって食物は非常に違うし、とくに他の食品に比べて何がおいしいかということになると、まるで違った考えをもっているものだという点は、すでに指摘した。味の好みはひとりひとり違うし、〔甘さや辛さといった〕特定の味について、どのくらいの強さのものが一番良いかという判断も、ひとによって違う。そればかりか、ひとつの集団に属する人びとにとって、それがどんな範囲にあるかを見定める方法もない。そのうえ、味覚にかんする語彙《ごい》は、かりに完全に記録されているとしても、対比のために別の言語に翻訳するのは、きわめて困難である。

とはいえ、われわれのいう「甘さ」にあたる味覚を表わす語彙をもたない民族というのも、まず見当たるまい。むろん甘みについても、すべての文化集団のあいだで一律に好まれたわけではないし、ひとつの文化に属する人間のあいだにも個人差があったが、甘さは不快だとしてこれを拒絶するような文化は、ひとつとして存在したことがない。ただし、特定の甘いものがタブー視され、避けられたことはある。酸味、塩辛さ、苦味などに対しては、人びとの態度にはもっとヴァラエティがあったから、甘みはいわば特権的な地位を与えられていたことになろう。むろん、だからといって、酸っぱい食品、塩辛い食品、苦い食品などで、共通に好まれるものがありうることを否定するわけでは決してないのだが。しかし、どこでも誰でもが甘いものを好む、というだけでは、甘さの感覚が味覚のスペクトルのどの辺に位置するのか、甘みというものはどれくらい重要なのか、味覚の選好順位でいうとどの辺にくるのか、他の味覚との関係では、どういう風に考えられるのか、こういった問題には、何も答えていないことになる。そのうえ、甘い食べ物を含めて、人びとの食品に対する態度は、時と場合によってよほど変わるものでもある。現代世界にかんしていっても、たとえばフランス人の砂糖使用頻度や一回一回の使用量、総使用量などを、英米人のそれと対比するだけで、甘みに対する態度には大きな差があることがわかる。アメリカ人は、食事の最後に、デザートとして甘いものを摂るが、甘いものから食事がはじまる民族もある。それに、アメリカ人の生活では、人類学でいう間食《スナック》、ないしおやつとしても重要である。しかし、ほかの国民にとっては、甘いものが特定の時点で食べなければならない「位置の決まった味覚《スロット・テイスト》」には必ずしもなっていない。かれらにとっては、甘い食べ物は、食事中どの時点で出てきてもかまわないので、コースの中間で供されることもあれば、同時に出てくるいくつかの料理のなかの一品ということもある。甘いものを、ほかのものと混ぜて食べたいという欲求にも、国民によって大差がある。

このように、甘みの感じ方、摂取量が国民によって非常に違うという事実をみれば、イギリス人がとくに甘みを好むのは、時代とともに強くなってきた傾向で、一八世紀以前には見られなかったことだという私見も、了解されよう。現在の西洋では、甘みは一般に苦味、酸っぱさ、塩辛さと対照的な味覚で、この四つが味覚の「四天王」[*19]と考えられているし、中国やメキシコ、西アフリカの料理によく見られるピリッとした辛味とも正反対と思われている。しかし、私見では、甘みが他のすべての味覚と「対立」するという見方は、ごく新しいもののように思われる。甘みが塩辛さ、苦さ、酸っぱさと対立するなどといえるのは、甘いものが十分にある場合に限られる。しかも、かりに砂糖が十分に得られた場合でも、必ずしもそうなるとは限らない。じっさい、イギリス、ドイツ、オランダ・ベルギーの反応は、たとえばフランスやスペイン、イタリアなどとはだいぶ違っていた。

甘みを好む傾向が、人間の生得の素質の一部であることは、疑問の余地がないように見える。しかし、国民によって食物システムが違い、各食品の選好の程度にも差があり、味覚の分類法そのものが違っていることは、そんなことでは説明できない。いわゆる音声器官をいくら解剖してみたところで、特定の言語が「説明」できないのと同じである。以下、本書で解明したいのは、人間一般の甘味嗜好と特殊イギリス人的ともいえる「甘いもの好き」との境界線である。

第二章　生　産

蔗糖《しょとう》、すなわちふつうに「砂糖」と呼ばれているものは、炭水化物の一種にあたる化合物である。それはほとんどすべての緑色植物に含まれているので、じつに多様な植物から抽出することができる。*1 植物は、二酸化炭素と水から光合成によってこれをつくるわけで、蔗糖は生物の化学組織の基本的特徴となっているものである。

加工蔗糖、つまりわれわれが「砂糖」と呼んで消費している精製済み炭水化物製品の二大原料は、サトウキビと砂糖大根《ビート》とである。砂糖大根が経済的に意味をもつようになったのは、やっと一九世紀中葉以降のことであったのに対し、サトウキビは一〇〇〇年以上――おそらくは、もっと――以前から砂糖の主要原料であった。

サトウキビ（学名 *Saccharum officinarum* L.）は、まず最初にニューギニアで栽培されはじめたと思われ、それもきわめて古い時代のことと考えられる。植物学者のアートシュヴェイガーとブランデスによれば、砂糖はこのあとニューギニアから三つのルートで伝播する。すなわち、最初は紀元前八〇〇〇年頃で、その後二〇〇〇年くらいのあいだに、サトウキビはフィリピン諸島、インドおよびおそらくはインドネシアにまでひろがった。[*2] ただし、インドネシアでは、独自に栽培がはじまったのだとする説もある。

　しかし、製糖過程についての史料は、ようやく紀元後になってしか出現しない。ただし、インドの文献には、もう少し早いものがあり、たとえばパタンジャリの『マハーバーシュヤ』、つまりパーニニのサンスクリット研究への注釈書――およそあらゆる言語を通じて最初に書かれた文法書で、ほぼ紀元前四〇〇年ないし前三五〇年頃のもの――には、特定の食品との組み合わせのかたちで、繰り返し砂糖の記述が出現する。すなわち、ミルクと砂糖入りのライス・プディングとか、大麦粉と砂糖とか、ショウガと砂糖で香りと味をつけた飲料などといったかたちで、見られるのである。もしここでいわれているものが、液体状のものではなく、サトウキビの汁から少なくとも部分的には結晶させたものであるとすれば、これが〔製糖についての〕最初の史料ということになる。しかし、ここで言及されているものが、結晶体であったという証拠はどこにもないのだから、それはいささか疑問というべきであろう。さらに少々下って、紀元前三二七年には、インダス河の河口からユーフラテス河口まで航海したアレクサンドロス大王の将軍ネアルコスが、「インドには、蜂も来ないのに甘い蜜を出す葦があり、実は結ばないが、それから飲み物がつくれる。この飲み物は、飲むと酩酊する」と主張している。[*3] 製糖技術者で砂糖史の専門家でもあったノエル・デールは、この記述がサトウキビを意味していると見ているようだが、かれのギリシア語・ラテン語からの引用は、あまり正確とはいえない面もある。サッカロン（sakcharon あるいは saccharon、ギリシア語の *σάκχαρον*）という言葉は、ディオスコリデス、プリニウス、ガレノスその他の人びとが使ってはいるが、それが何か特定の、単一のものを指しているとは考えられない。また、食品史家R・J・フォーブズは、紀元前のギリシア・ローマの史料を慎重に検討したうえで、次のように結論している。すなわち、「サッカロン」はインドで入手でき、「この国（インド）を訪れたギリシア人たちにも、おぼろ気ながら知られていた」、と。かれはここでいわれる「サッカロン」はサトウキビのジュースからつくった砂糖だろうと推定しており、ディオスコリデスの次のような記述を受け入れている。つまり、ディオスコリデスによれば、「「サッカロン」と呼ばれる固型の蜜があり、インドやアラビア・フェリクス〔イエメンを中心とする肥沃地〕の葦からとれる。見かけは塩に似た感じで、塩と同じくかんたんに嚙み砕ける。水に溶けやすいので、胃腸にもよく、腎臓や膀胱の痛みを和らげる」。フォーブズにいわせると、「したがって、少なくともごく少量の砂糖は、つとにインドでつくられており、ちょうどプリニウスの時代、つまり紀元後一世紀頃に、ローマ世界に知られるようになった」[*4]ということになる。しかし、かれはまた同時に、「サッカロン」という言葉はもとより、「マンナ〔トネリコの樹液〕」などという言葉も、植物の樹液、植物に寄生する虫の分泌液、フラクシヌス・オルヌス *Fraxinus ornus*――いわゆるトネリコ――のヤニなどを含む、いろいろな甘味物を指して使われていることをも指摘している。[*5]

砂糖史研究者のなかには、「サッカロン」とはまったく別の物質、すなわちいわゆる「竹の砂糖」――タバシル――のことだという者もある。タバシルとは、ある種の竹の茎に溜まるガムのことで、甘い味のするものである。[*6] この論争に決着をつけるのは難しいが、これによって、砂糖史の大きな特徴が浮かび上がってくる。すなわち、砂糖が砂糖であるためには、液体から生じる結晶でなければならないということが、それである。いわゆる「砂糖」とは、歴史の古い、複雑で、困難な工程の最終生産物なのである。

サトウキビそのものからはじめよう。植物としてのサトウキビは、イネ科の大型の草類のひとつで、六つの「種」が知られている。そのなかでも、「サッカルム・オフィキナールム」――「薬屋の砂糖」――が、砂糖の全史を通じて重要な意味をもってきた。近年は、品種改良のために、他の種も利用されることはあるが、その場合でも、糖分を蓄積する形質の遺伝子そのものは、圧倒的にこの種から取られている。この種のサトウキビは、「貴族のサトウキビ」とも呼ばれ、まろやかで甘い、水分の多い茎が特徴で、成長すると直径二インチ、丈は一五フィートにも達する。サトウキビは、ひとつでも芽のついている節があれば、そこから受粉などしないで増殖してゆける。[*7] いったん植えると、サトウキビはすぐに芽をふき、あっという間に成長する。十分な熱と湿度さえあれば、六週間くらいのあいだは、毎日一インチずつくらい伸びるのである。九ないし一八カ月後のどこかで、収穫最適期をむかえる。前の時期の刈株から生えてくるサトウキビは「ラトゥーン・キビ」と呼ばれ、ふつう一二カ月で成長する。これに対して、節を切って植え替えた「植えつけキビ」は、成長に長い日数を要するわけだ。どちらの場合も、収穫のタイミングが重要で、時機を失すると樹液が失われたり、そのなかの糖分が少なくなったりしてしまう。しかも、いったん刈り取ると、なおさらすぐに圧搾しないと、脱水、変質、醱酵などの現象が起こってしまう。

　サトウキビの特性が、その栽培法や加工法に根本的な影響を与えた。ある研究者の言葉を借りれば、「砂糖工場などと言ってみても、そこで行なわれていることは、工業的な意味での加工工程ではない。植物がその体内に自然につくった糖分を、液体凝固《リキッド・ソリッド》の操作を何度も繰り返すことによって分離するだけのことなのである」[*8]。サトウキビの繊維を叩きつぶして液をとりだすだけのことなら、ほとんどサトウキビが甘いものだとわかった瞬間から行なわれてきたに違いない、ともいえよう。液の抽出には、いろいろな方法が使われる。刻んで、挽き、圧縮して叩いたり、別の液に浸したりするのである。こうして取り出した糖分を含む液を熱すると、糖分が凝縮される。液が過飽和になると、結晶体が現われはじめる。じっさいには、結晶させるためには、過飽和状態まで糖分を含んだ溶液を冷却することが必要である。冷却と結晶化の過程で「粗糖」がつくられる一方、副産物として「最終もの」とか、「ブラックストラップ」などと呼ばれる」糖蜜《モラセス》が残る。この糖蜜は、もはやふつうの方法では、これ以上結晶させることができないが、むろん非常に甘いもので、甘味料として使うことができる。かつてイギリスでは、それは少なくとも一世紀以上ものあいだ、結晶体としての砂糖と同じくらいに重要な甘味料として、食卓を賑わしたことがある。そればかりか、精製された形態の糖蜜は、今日に至るまで重要な食品となっている。

ここまでの工程のほとんどは、きわめて歴史の古いものである。他方、そこから先の、もっと白い、化学的に純粋でいっそう精製された砂糖をつくる——純粋であればあるほど、精白されているというわけではない——ためのいわば補助的な工程や、アルコール飲料や各種のシロップを含む無限に多様化してゆく最終生産物をつくる工程などは、何世紀にもわたってしだいに発展してきたものなのだが、基礎的な製糖の技術は、ごく古いのである。じっさいのところ、サトウキビから砂糖を「つくる」といっても、「液体凝固の操作を繰り返し」、そのために過熱と冷却を繰り返す、ということ以外にはほとんど何もない。加熱装置や燃料に投資して適温を保つこと、それが砂糖史を一貫する技術問題なのである。

マグマ状の蔗糖から最終的に生産される砂糖は、もとのサトウキビのジュースとは似ても似つかないものになっているし、キャンディづくりや調味料として使われた各種の糖分を含むシロップとも、まるで違うものになっている。ある意味では、精白糖にいちばん似ているのは食塩のほうである。すなわち、そのどちらも、純白で顆粒状をなしており、もろく、ほぼ九九パーセントがた純粋である。その結果、「主要な食品のなかで、これほど純度の高い化学物質そのままの形態で利用されるものはほかにない」[*9]ということになっているのである。いずれにせよこうして、製糖工程の両端で、同じ物質がまるで別物のように見える。どちらも砂糖であることに変わりはなく、しかも完全に近いくらい純粋であるのだが、一方は液体状で、通常は金色をしているのに対し、他方は顆粒状で、一般に白色である。純度の高い精製糖には、むろんどんな色でもつけられるのだが、純白がその品質と純度の高さを同時に印象づける役割を果たすのである。象徴記号論的にいえば、最高級のもっとも純度の高い砂糖は純白であるはずだ、という観念こそが、ヨーロッパにおける初期砂糖史の大きな特徴となっている。しかし、砂糖は、使用するにあたっていろいろな形に加工することが可能で、たとえば蜂蜜に似た形状にすることもできるという事実も重要である。「黄金のシロップ」などとも呼ばれる蜂蜜そっくりの「糖蜜《トリークル》」は、イギリス人の食卓ではきわめて重要なものとなり、しだいに古くから使われてきた本物の蜂蜜のほうを追い出してしまった。それどころか、かつては本物の蜂蜜と結びついていたはずの、詩にうたわれるイメージまでもが、こちらのほうに移ってしまった。[*10]砂糖史上のこうした問題には、あとでもう一度立ちかえることにしたい。

製糖業についての記述史料が確実に存在するのは、ようやく紀元後五〇〇年頃になってのことである。たとえば、『ブッダゴーサ（良心論）』なるヒンドゥー教の教典では、サトウキビの汁を煮詰め、糖蜜をつくり、砂糖の玉をころがすといった比喩が使われている

（最初の砂糖が、液体状とはいえない程度には結晶させられていたものの、完全な固体といえるほどのものでもなく、サクサクはしていなくて、むしろキャンディの一種のタフィーに近いものであった可能性は高い）。[*11] しかし、それに触れた文献はなお少なく、よくわからないことが多いといえよう。ビザンティン皇帝ヘラクレイオスの手になる六二七年の報告には――この年、かれはペルシア王ホスロー二世のバグダード近郊の宮殿を占領したのだが――、「インドの贅沢品」として砂糖に言及している箇所がある。四世紀から八世紀までのあいだの砂糖の主要生産地は、インダス河のデルタ西部（バルーチスターンの海岸沿い）とペルシア湾最深部にあたるティグリス・ユーフラテス両河河口デルタにあったようだ。ヨーロッパ自体に砂糖が知られ、消費されるようになったのは、せいぜい八世紀以降のことであった。東地中海地方でサトウキビ栽培と製糖業に言及した史料が出現するのも、ほぼこの時代からである。これがヨーロッパ北部となると、砂糖がじっさいに知られるのは紀元後一〇〇〇年頃以降のことで、その後もさらに一、二世紀間は、かろうじて知られていた、というにすぎない。とはいえ、砂糖史のラフな時期区分や段階区分をしておくことも、以下の議論を理解してもらううえでは、あながち無駄とはいえない。

砂糖はコーランに従う

ヨーロッパの砂糖史にとってひとつの転換点となったのは、アラブ人の西方への進出であった。六三六年にビザンティン皇帝ヘラクレイオスが敗れてから七一一年のスペインへの侵入に至るまでの一世紀足らずのうちに、アラブ人はバグダードにカリフ政権を樹立し、北アフリカを征服し、ヨーロッパの主要部分を占領しはじめてさえいた。製糖技術は、エジプトではアラブ人の征服以前から知られていた可能性もあるが、征服後はそれが地中海全域にひろがってゆく。シチリア、キプロス、マルタ、やがてロードス島、ほとんどのマグレブ地方の（とくにモロッコ）およびスペイン本土（とくに南部海岸）などの各地に、アラブ人は次つぎとサトウキビをもち込み、その栽培法や製糖技術を伝え、この特殊な甘みへの嗜好をうえつけたのである。[*12] 砂糖がヴェネツィアに入ったのは、やっと九九六年のことだとする説もあり、そこから北方へ輸出されたといわれるが、じっさいにはもう少し早かったかもしれない。[*13] この頃までには、サトウキビは北アフリカ一帯とシチリアを含む地中海のいくつかの島で栽培され、スペイン本土でも実験的につくられていたわけである。

もっともこれ以前でも、というよりヴェネツィアが砂糖のヨーロッパむけ中継貿易の基地になるより以前においてさえ、ヨーロッパには、中東のいろいろな形態の砂糖がもち込まれていた。もっとも早くから製糖技術をもっていたペルシアとインドは、おそらくその基本技術を自ら開発したものと思われる。こうして地中海で生産されるようになった砂糖は、そこから北アフリカ、中東、ヨーロッパに数世紀にわたって供給された。地中海の砂糖生産が停止するのは、一六世紀以降、新世界植民地での生産が優越するようになってからのことであった。この〔砂糖史上の〕「地中海時代」に、西ヨーロッパはしだいに砂糖になじんでゆくのである。製糖業は、この地中海からマデイラ、カナリア諸島、サン・トーメなどスペイン、ポルトガルの大西洋諸島に移るが、この局面はごく短期で終わり、まもなく中南米のそれにとって代わられてしまう。

アラブ人が文明化の機能を果たしたという事実が、ヨーロッパ人に正当に評価されはじめたのは、ごく近年になってからのことである。われわれはどうしても西欧中心史観にとらわれているために、他の世界でなされた技術発展には関心をもちにくくなっている。ピラミッドとか、万里の長城とか、北京の天壇とか、インカの城砦都市マチュ・ピチュとかいった成果にしても、人海戦術によってなされたなどといって「説明」した気になっているのが、その好例である。本気で認めるかどうかはともかく、美術的な意味ではいちおうほめるのだが、技術的には劣っていると決め込んでもいるのである。ヨーロッパ人はそれほど露骨な言い方こそしないが、ただかれらが異民族の美的感覚を称賛するのは、技術的にはこんなに遅れているのに、だからといって美的感覚までは損なわれていないのは驚異的だ、などというやり方によってなのである。しかし、南欧史にちょっとでも関心のあるひとなら誰でも知っているように、イスラム教徒によるスペイン征服は、その輝やかしく、あっという間の西方進出の終点であったにすぎない。しかもこの進出は、経済的・政治的・宗教的なものであったばかりか、技術的・軍事的なものでもあったのである。

イスラム教徒の対外進出は、七三二年にポアティエでシャルル・マルテルにだしぬかれるまで、止むところを知らなかった。それにしてもこの年は、マホメットが死去し、初代カリフ、アブー・バクルが即位してからちょうど一〇〇年しかたっていなかったのである。七五九年以降、イスラム教徒はトゥールーズや南仏全域から身を引き、ピレネーの彼方に陣を構えた。とはいえ、かれらがたった七年ばかりで征服したスペインが、完全にキリスト教に復帰するのには、じつに七世紀を要することになる。地中海の一部には、スペイン自体が陥落したあとまで、なおイスラム化されずに残ったところもある。たとえば、クレタ島は八二三年まで、マルタ島は八七〇年まで、それぞれ占領はされなかった。それにしてもアラブ人は、そのゆくところに砂糖——生産物としての砂糖そのものと製糖技術——をもち込んだ。言うならば、砂糖はコーランに従ったのである。

イスラム教化した地中海域では、サトウキビの栽培そのものが異様なまでにひろがったために、かえって商品作物としての発展は遅くなった。とはいえ、スペイン中部にまでその栽培がひろがったのは、素晴らしい技術発展の成果というべきであろう。地中海のアラブ人征服者は、行きつ戻りつしてかれらが征服した三つの大陸の各地で培われてきた多様な文化を総合し、改良しながら移植してゆく、文化運搬人でもあった。しかも、その際かれらは、諸要素を結合させ、混合させ、新しいものを発明し、土地に適応させていったのである。こうして多くの重要な作物——米、サトウキビ、トウモロコシ、硬質小麦、綿花、ナス、柑橘類、料理用バナナ、マンゴ、サトウキビ――は、イスラム圏の拡大につれて普及した。[*14]しかし、問題は新作物だけではないし、新作物がもっとも重要というわけでもない。アラブ人の支配者に従属する行政官――圧倒的に非アラブ人――の大群や行政・徴税政策、灌漑の技術、生産・加工の技術、生産の拡大をひき起こす契機などもまた、かれらについて行ったのである。

サトウキビとその移植・栽培の技術の普及には、いくつかの障害もあった。主なものは、雨と季節による気温の変動にあった。すでに見たように、サトウキビは生育に一二カ月以上を要する熱帯ないし亜熱帯作物であり、大量の水と労働力を必要とする。灌漑なしでも育たないわけではないが、定期的に水分を与えられ、生育期間中に急激な気温の低下に見舞われないほうが、はるかによく育ち、糖分含有量も多くなる。

地中海域に入った初期のイスラム教徒がサトウキビのような作物をもち込んだ結果、夏期も農業シーズンに入ってしまい、農業暦が変化して、労働力の配置にも大変化が生じた。サトウキビ栽培を地中海沿岸の南部や北部に拡大することで――南方ではモロッコのマラケシはもとより、アガディールやタルーダンに至るまで、また北方では、スペインのバレンシアやシチリアのパレルモにまでひろがった――、アラブ人は新たに占領した土地の可能性の限界をさぐっていたということもできる。一方では、降霜の危険のあった北部辺境では、生育期間を短縮しなければならず、サトウキビは二月か三月に植え付け、一月には取り入れなければならなかった。それでも、耕地の準備からシロップの加工まで、ほぼ同じ量の労働力を要したにもかかわらず、収穫は少なかった。アメリカ産の砂糖がヨーロッパに大量に流入するようになると、結局地中海の製糖業が衰退してゆく最大の理由は、このことであった。しかし、他方、南部でも、エジプトの例が示しているように、十分な雨量が得られないために、労働集約的な灌漑が不可欠となった。エジプトでは、じっさい、サトウキビは植え付けから刈り入れまでのあいだに、二八回の給水を必要としたといわれている。[*15]

サトウキビは、たんにジュースを取り出すためというのではなく、製糖業に用いるとすれば、適当な栽培をし、即刻刈り取り、搾って、手の込んだ加工を施すことが必要であったから、二〇世紀に至るまではつねに労働集約的な作物であった。砂糖生産は、技術的・政治的（経営上の）意味でばかりか、労働力の確保とその利用の点でもひとつのチャレンジであった。

アラブ人はどこへ行っても、灌漑や水利、貯水の方法などに深い関心を示した。かれらは、行く先々で出くわした水利技術を吸収した。たとえば、地中海では、イスラム化以前からあった灌漑方式に、ペルシアの水受けつき水車――「水車のきしる音」を意味するアラビア語の音を借りて、スペイン人はノリアと呼ぶ――やウォーター・スクリュー、ペルシアのカナート、その他多数の技術をつけ加えた。カナートとは、まったく重力のみの作用で耕地へ地下水を供給するためにつくられた人工の地下トンネルで、きわめて労働集約的な施設のことである。まずスペインに導入されて、ついで北アフリカにももち込まれたと思われる。こうした技術革新はどれをとっても、それだけではあまり意味はなかった。重要だったのは、征服者たちが示したエネルギーと献身ぶりであり、征服した土地の労働力を活用するそのあざやかな才能であった——後者は、それ自体きわめて重要な問題なのに、いまだにほとんど研究されていない課題でもある。

デールの研究によれば、「アラブ人の確立した砂糖業とヨーロッパのキリスト教徒の手になるそれとでは、まったく違う点がひとつある」という。「イスラム教徒は奴隷制度を知らなかったわけでは毛頭ないが、地中海の砂糖生産には、新世界のそれに四〇〇年にわたる汚点を残したかの非人道的で、血まみれた奴隷制度というかげりがまったくない、ということがそれである」[16]。しかし、この単純明快な主張には、必ずしも根拠がない。たとえば、モロッコの砂糖生産では、一部で奴隷が使われていたし[17]、おそらく他の地域でもそうだろう。じっさい、九世紀中頃には、ティグリス・ユーフラテス河流域で、東アフリカ出身の農業労働者数千人を巻き込む奴隷叛乱が起こっている。かれらが砂糖プランテーションの労働者であった可能性は十分にある[18]。しかし、ヨーロッパの十字軍が東部地中海の砂糖プランテーションをイスラム教徒から奪取して以来、奴隷制の重要性が増したことも事実である。砂糖生産にとっての奴隷制の意味は、そのとき以降、一八世紀末のハイチ革命勃発時まで、目にみえて低下することはなかった。

アラブ人の砂糖は、決して単一の均質な物質などではなかった。かれらは、ペルシア人やインド人から多様な種類の砂糖を伝えられたのである。どんな種類の砂糖があったかはだいたいわかっているし、なかにはその製法が多少とも伝えられているものもある。しかし、細かい点になるとどの種類のこともよくわかってはいない。製糖法にしても、不明なことが多く、アラブ人の製糖技術については若干の研究はあるが、なお定説のない分野というべきである。[*19] サトウキビからジュースを取りだす場合、その工程の効率が上昇すれば、一定量のサトウキビから採取されるジュースの量がふえることになる。ところが、そうしたジュースの生産効率は、一七世紀からしだいに改善されてきていたが、目立った上昇はせいぜい一九世紀末にならないと認められない。

製糖技術の決定的な改善は、垂直三ローラー式搾汁機の発明によってなされた。水力または畜力によって駆動されるこの機械は、二、三人で運転できる。この人びとは、要するに、あちこちに散らばるサトウキビを、うまくローラーに差し込む役目をするのだが（水力によらずに家畜に頼っている場合には、このほかにもうひとり、家畜係が必要になる）、このタイプの機械を使う作業場の起源がどこにあるのか、いつ頃からこれが出現したかは、はっきりしない。デールは、リップマンの研究に依拠して、これを一四四九年、シチリアの知事ピエトロ・スペチアーレの発明としているが、[*20] ソアレス・ペレイラはこの説に疑問をなげかけ、むしろそれはペルーで発明され、一六〇八年から一六一二年までのあいだにブラジルに伝播したのち、各地にひろがったものだと主張している。[*21] こちらのほうが、十分な根拠のある主張といえよう。もっとも、当面はこの論争はここでの議論には関係がない。というのは、地中海におけるアラブ人の砂糖生産は、ここでいうスペチアーレの発明に先立つことおよそ五世紀というわけで、それとはまったく違う、もっと能率の悪い方法でなされていたからである。たしかに、モロッコやシチリアでもかなり早い時期から、サトウキビの搾汁には水力が使われていた形跡があるが、それ以上のことはよくわからない。

十字軍運動によって、ヨーロッパ人は多くの新奇なモノに親しく接するチャンスを得た。といっても、よくいわれるように、これが最初の機会であったというのは正しくないが、いずれにせよ、そうした新奇な商品のひとつに砂糖があったことは、まちがいない。史料による限り、十字軍が砂糖に接したのは、まことに切迫した状況のもとでのことであったようだ。第一次十字軍（一〇九六～九九年）従軍者の回想録を集めたアルベルト・ファン・アーヘンによれば、状況は次のようであった。

　トリポリ平野の野原では、「ズクラ」と呼ばれる甘い葦《ハニー・リード》がいっぱい繁っていた。人びとは争ってこの茎を噛み、甘い汁をむさぼって、こんなに甘いものなのに、いつまでも飽きることを知らない様子であった。この植物は、おそらく住民たちが必死の努力をして栽培したものであった……。エルバリエ、マラー、アーカーなどの包囲戦でおそろしい飢えに苦しめられた人びとが、何とか糊口をしのぎえたのも、この甘いサトウキビによってであった。*22

しかし、十字軍が西ヨーロッパ人に砂糖のことを教えた、というだけでは正確ではない。まもなく、十字軍兵士はかれらが征服した土地での砂糖生産を管理しはじめた。サラーフ・アッディーンに敗れるまでのイェルサレム王国（一〇九九〜一一八七年）は、その一例である。かれらは、いまに残る遺跡タワヒン・ア＝スッカール――イェリコから一キロ弱で、その地名は「製糖作業場」の意――のあたりで、サトウキビ栽培と製糖作業を監督した。この地域では、つとに一一一六年に作業場にかんする史料があり、一四八四年まではそれが使われていた証拠もある*23（当初は、サトウキビの破砕にそれが使われたのかどうか判然としないが、のちにはその目的に使われたことがはっきりしている）。

一二九一年に〔パレスティナの〕アッカがサラセン人の手におちたとき、マルタ騎士団はその地でサトウキビを栽培していた（のちには、かれらはカリブ海にプランテーションを開こうとした）。他方、ヴェネツィア商人たちも、ティール近郊やクレタ島、キプロス島などで砂糖生産を熱心に推進していた。別の言い方をすれば、ヨーロッパ人は十字軍運動の結果として、砂糖の生産者になったのである。あるいは、より正確にいえば、征服地における砂糖生産の管理者になったのである。

地中海の砂糖生産の衰退は、従来、大西洋諸島の砂糖業の——のちには、新世界のそれの——勃興のせいだといわれてきたし、それもほぼ正鵠を射ている。しかし、じっさいのところ、地理学者J・H・ギャロウェイのいうとおり、東地中海の砂糖業が崩壊したのは、マデイラで最初に砂糖が生産されるより一世紀もまえのことであった。じっさい、一五世紀でもなお、シチリアやスペイン、モロッコでは、砂糖生産は拡大しつつあったのに対し、[24] クレタとキプロスでは、戦争と疫病による人口減少で砂糖業は打撃をうけていた、という。黒死病のあとでは、砂糖のような労働集約的な商品の価格も急騰した。じじつ、砂糖と奴隷制の、例の不思議な、しかも長期にわたる相関関係がうまれるきっかけも、疫病で死亡率が急上昇したのを補うために、大量の奴隷労働が投入されたことにあったというのが、ギャロウェイの主張である。「一九世紀まで続くサトウキビ栽培と奴隷制の連関は、クレタやキプロス、モロッコで確立したのだ[25]」。

アラブ人の手ではじめられた地中海製糖業の衰退は、いっせいに起こったわけでも、短期間に急に起こったのでもない。じっさい、地域によっては、アラブ人の支配領域が収縮するにつれて地方行政がうまくゆかなくなって、灌漑や労働力配備の能率が低下した。言いかえると、キリスト教徒のイスラム勢力への挑戦の結果、侵入者たるキリスト教徒の監督下で砂糖生産が続けられたケースがいくつかあるということである。たとえば、ノルマン征服以後のシチリアやキプロスがそうであった。しかし、十字軍兵士とアマルフィ、ジェノヴァその他のイタリア都市の商人とは、生産の管理と商取引部門をそれぞれに分担したが、この体制はあまり永続きしなかった。ポルトガルは、ほかの土地で絶好のチャンスが得られると、本国のアルガルベ州でのサトウキビ栽培の実験くらいでは満足しなくなったし、スペインも遅れを取ってはいなかったからである。

しかし、一方では、東部地中海においてアラブ人がはじめた砂糖生産をキリスト教徒が引きつぎ、他方では、地中海の西端でポルトガル人――まもなくスペインも加わるが――がやっていた実験とがあって、二つのまったく異なる発展の予兆となった。東部地中海では、一三世紀に西欧人がパレスティナから撤退したあとでさえ、さらにはオスマン・トルコ進出後でさえ、はじめのうちはじっさいに生産量がふえた。クレタ、キプロス、エジプトでは、輸出用砂糖の生産が続いていた。*26 しかし、砂糖供給源としてのこの地域の比重はどんどん低下したことも事実で、ヨーロッパにおける砂糖の消費構造を恒久的に変えてしまったのは、大西洋諸島におけるポルトガルとスペインの製糖業の発展であった。これらの諸島は、砂糖史の中心が旧世界から新世界へ移ってゆく際の踏み台となった。新世界の砂糖業の原型となったのは、まさしくこれらの諸島のそれであった。

しかし、新世界で砂糖業が確立する以前においても、大西洋諸島のそれは競争的な位置にあったマルタやロードス、シチリア、その他の中・小の地中海の島々の生産者に大打撃を与えた。かつては大繁栄していたシチリアのそれは、一五八〇年までには、もはやせいぜい島内の市場を満たすだけのものになっていたし、スペイン本土でも、砂糖生産は一七世紀には衰退しはじめた。もっとも、イベリア半島の最南端では、なお砂糖生産が続いてはいたのだが。

ポルトガルとスペインが、自国領の大西洋諸島で砂糖生産をはじめた頃には、なお砂糖は西ヨーロッパでは奢侈品、薬品ないし薬味であった。たしかにギリシアやイタリア、スペイン、北アフリカの人びとは、作物としてのサトウキビには親しんでいたし、甘味料としての砂糖そのものにもなじんでいた。しかし、地中海における砂糖生産が衰退するのと反比例するように、ヨーロッパでは、砂糖についての知識や砂糖への欲求が増大していった。砂糖業が大西洋諸島へ移動したのは、まさにヨーロッパで需要が拡大しつつあった時代であったように思われる。大西洋諸島にアフリカ人奴隷を使ってサトウキビ——他の作物もあるが——のプランテーションを創設して、ポルトガルをはじめヨーロッパ諸国に輸出するように、民間の企業家にしばしば勧告がなされたのには、そうすれば、アフリカを回航してアジアにむかうポルトガルの交易ルートが守れる、という読みもあったようだ。

次つぎと新しい島がポルトガル王国の領土となるにつれて、いまやこの人種構成の複雑な社会のなかで、ヨーロッパ系の入植者の管理下に、アフリカ人の奴隷を使ってサトウキビなどの商品作物を栽培するプランテーション制度が、一連の実験栽培をつうじて拡大していった。［すなわち、マデイラ、ラ・パルマ、イエロなどを含むマデイラ諸島、テネリフェ、グラン・カナリア、フェルテヴェントゥラを含むカナリア諸島、広く散在する九つの小島からなるアゾレス諸島、ボア・ヴィスタ、サント・アンタン、サン・チアゴなどからなるヴェルデ岬諸島、サン・トーメ、プリンチペなどが、次つぎと併合され、王国が拡大していった］。しかし、じっさいにサトウキビ・プランテーションが本格的に繁栄したのは、これらの島のなかでも一部にすぎなかった。……しかし、より大きな目でみれば、サトウキビとプランテーションとは、つとに商業帝国としての発展路線に踏み出していたポルトガル政府をして、民間市民の犠牲において大西洋上の諸島を基地化し、南大西洋の制海権と、ひいてはアフリカまわりの東洋貿易を握ることを可能にした。*27

ポルトガル人による大西洋諸島での実験、とくにサン・トーメでのそれと、西ヨーロッパの商業および技術上の中心地、とくにアントウェルペンとのあいだには、きわめて密接な関係があった。*28 一三世紀以来、ヨーロッパの精糖業の中心がアントウェルペンにあり、のちにはブリストルやボルドー――さらにはロンドンまで――といった大港湾都市がそうなったという事実には、とくに重要な意味がある。すなわち、それは、最終製品の管理権がヨーロッパ人の手におちたことを意味しているが、同時に、海外での砂糖生産に先鞭をつけたヨーロッパ人――この場合は、ポルトガル人――そのものではなく、別のヨーロッパ人の手中に帰したことをも示しているからである。需要が多様化するにつれて、砂糖そのものの種類も多様化したが、そのことが砂糖生産の成長の一因ともなった。ますます多くの種類の砂糖がヨーロッパ人に親しまれるようになると、それだけ砂糖にかんする記述も多くなった。*29

こうして、砂糖はいまや西ヨーロッパ全域に普及した。なおそれは並の商品でもなければ、必需品でもなく、デラックスな商品ではあったのだが。それにしても、中継国やその高級品商人を通じてヨーロッパの諸宮廷に輸出されたジャコウや真珠のような奢侈品とは違って、砂糖はヨーロッパでの消費がふえるにつれて、しだいしだいにヨーロッパの列強自体が、その供給・加工を直接掌握する原料となったのである。一五世紀以降は、砂糖に関心をもつ西欧諸国の政治的多様化も、同様のペースで進行する。国家の政策のなかで砂糖がいかに重視されたかを見れば、それぞれの国の政治風土が明らかになる。というより、砂糖政策が、各国の政治風土の一部をつくりあげさえしたのである。

のちの展開はまるで違っていたが、大西洋諸島におけるポルトガルとスペインのサトウキビの実験栽培には、もともと共通点が多かった。一五世紀には、両国はともに適当な砂糖生産用の土地をさがし求めた。その結果、ポルトガルはサン・トーメその他の島を占拠し、スペインはカナリア諸島をおさえた。一四五〇年頃からは、サン・トーメに代わってマデイラが主要な供給地となり、一五〇〇年代までには、カナリア諸島も重要になった。[*30] そのうえ、両国では、砂糖の需要も拡大していった。たとえば、一四七四年から一五〇四年までカスティーリャの女王であった「カトリックのイサベラ」の王家支出簿を見れば、その様子がよくわかる。

ポルトガルおよびスペイン両国領の大西洋諸島における砂糖生産では、つとに奴隷労働が際立った特徴となっていた。それは、おそらくアラブ人と十字軍兵士による地中海の砂糖プランテーションから引きつがれた特徴でもあった。しかし、スペイン人史家フェルナンデス゠アルメストによれば、カナリア諸島の砂糖業の目立った特色は、自由な労働力と奴隷労働の両方が使われたことである、という。むしろ、後代の混合労働制度――一七世紀の英・仏領カリブ海プランテーションで、奴隷と年季奉公人を併用した制度――の先駆と考えられるのである。奴隷はきわめて重要であった、というより、決定的であった。しかし、同時に、かなりの労働はじっさいに自由な賃金労働――一部は現物支給であったが――によってなされた。後者のなかには、専業の者もいたが、臨時労働者も少なくなかった。この制度は、おそらく一見して想像するほどに例外的なものではない。しかし、大西洋諸島時代から新世界の革命と奴隷解放の時代――ハイチ革命にはじまり、ブラジルにおける奴隷解放に至る――までの砂糖史には、自由な賃金労働者が現われることはめったにない。フェルナンデス゠アルメストに言わせれば、「カナリア諸島の制度は、圧倒的に旧世界の〔労働力管理の〕方法を想い起こさせるもので、〔プランテーションの〕所有者と労働者が生産物を等分に折半するそのやり方は、中世末期の北イタリアで発展し、ところによってはいまだに実践されている「メッツァドリア制度」に酷似している」[*31]、という。

新世界の先駆者スペイン

サトウキビは、一四九三年、第二回目の航海に際してコロンブスによって新世界にもち込まれた。かれは、スペイン領であったカナリア諸島から、それをもたらしたのである。新世界では、まずスペイン領のサント・ドミンゴで栽培された。ヨーロッパへの輸出もこの時点からはじまったと思われる。ほぼ、一五一六年頃のことである。サント・ドミンゴの初期の砂糖業は、アフリカ人奴隷を使って経営されたが、奴隷は、サトウキビのあとを追うようにしてこの地に輸入されたものであった。したがって、新世界でサトウキビの栽培をはじめ、製糖業やアフリカ人奴隷の使役、プランテーション経営などに先鞭をつけたのは、スペイン人であった。こうしたプランテーションこそは「資本主義の落し子」だというフェルナンド・オルティスに賛成する歴史家もあれば、そういう評価には批判的な研究者もある。しかし、たとえ砂糖生産でスペインがポルトガルに対抗できるようになるのが、数世紀後のことだとしても、また、世界的に見れば、スペイン人が初期にカリブ海で行なった砂糖生産など取るに足りないものだったからというので、新世界の砂糖史の研究者にも無視されがちだったにしても、かれらが先駆者的な役割を果たしたことはまちがいない。初期スペイン人の役割を無視する点でもっとも勇ましいのは、ブローデルとウォーラーステインである。たとえば、ブローデルでは、砂糖は一六五四年にならないと、サント・ドミンゴにはもち込まれなかったことになっている始末である。[*32]

いずれにせよ、一五二六年までには、ブラジルが商業的に意味のある程度の砂糖を、リスボンに輸出するようになり、やがては「一六世紀は砂糖史におけるブラジルの世紀」といえるほどになった。スペイン領新世界の内部では、サント・ドミンゴその他のカリブ海域における初期の事績は、本土〔大陸部〕のそれに圧倒されてしまった。すなわち、メキシコやパラグアイ、南米の太平洋岸その他どこでも肥沃な渓谷地帯では、サトウキビ栽培が盛んになった。

とはいえ、サント・ドミンゴで行なわれたサトウキビ栽培や製糖の最初の実験は、必ずしも失敗するように定められていたわけのものでもなかった。この島で二人のプランター、すなわち一五〇五〜〇六年のアギロンと一五一二年のバリェステールが砂糖づくりを試みたときには、スペインはまだかれらの野心的な試みを支援する準備が整っていなかったうえ、当時、サント・ドミンゴでは、そうした実験を継続させるほどの技術がなかっただけである。[*33] そこで得られた唯一の搾汁技術といえば、おそらく一〇世紀のエジプトで使われた刃つきローラー搾汁機——ほんらいはオリーヴ油の搾出に使われたもの——しかなかったはずである。この種の機械は、まったく非能率で、労働力の浪費が甚だしかった。もうひとつの深刻な問題は、労働力供給そのものにあった。サント・ドミンゴのアラワク語を話す原住民、タイーノ族はたちまち死滅し、金鉱の労働力さえほとんど残っていない状態で、砂糖プランテーションの実験に使う労働力など問題外であった。こうして、すでに一五〇三年以前に最初のアフリカ人奴隷が輸入され、現地では逃亡奴隷《シマローネス》による掠奪が心配されたものの、奴隷輸入はその後も継続した。一五〇九年までには、鉱山労働のためのアフリカ人奴隷が導入され、まもなく砂糖産業の労働力としても輸入されるようになった。

外科医ゴンサロ・デ・ベリョーサが、おそらくはヨーロッパで砂糖が値上がりしていることを考慮してのことであろうが、一五一五年にカナリア諸島から製糖の熟練技師をつれてきたことによって、カリブ海における本格的な砂糖生産がはじまった。カナリア諸島から招いた技術者たちを使って、かれとその新しいパートナーとなったタピア兄弟は、垂直ローラー式搾汁機二台を輸入した。畜力か水力で駆動するもので、「一四四九年にピエトロ・スペチアーレの開発した型」[*34]の機械であった。サント・ドミンゴの金鉱脈は、まもなくどんどん涸渇していったが、原住民人口が劇的に減少し続けていただけに、アフリカ人労働力への依存は強まる一方であった。しかし他方では、ヨーロッパの砂糖価格がいっそう上昇して、輸送コストをカヴァーできるようになり、投資リスクもあまり気にならなくなった。鉱山業のようなほかの活動の機会が少なくなっていたスペイン領のカリブ海植民

『アメリカについて』（1595年）収録の彫版師テーオドール・ド・ブリーの幻想的な図版。ジロラモ・ベンツォーニが書いたサント・ドミンゴのサトウキビ産業にかんする説明に寄せた挿絵。ベンツォーニはイタリアの探検家で，1541年から55年にかけて新世界を訪れた。かれの旅行記『新世界論』（1565年）は，カリブ海域にかんするもっとも初期の記述のひとつである。この図版では，労働者たちはアフリカ人やインディオというよりは，古典古代のギリシア人に似ているし，サトウキビの処理過程はひどく混乱している。図の右上には，「工場」なるものが描かれているが，そこにあるのは堰と水車にすぎず，屋内にみえる機械は，刃先のついたローラーで，ヨーロッパではながくオリーヴやリンゴを潰すのに用いられていた。インドその他の場所ではサトウキビの破砕にも使われたが，新世界でこの機械が用いられたという史料はない。

地では、とくにそうした状態が見られた。

このカナリア諸島の技師たちがサント・ドミンゴに設置した搾汁機は、水力で駆動すれば一シーズン（一年）で砂糖にして一二五トンにあたるサトウキビを破砕、搾汁する能力があり、畜力で駆動したとしても「その三分の一くらい」の生産能力はあったはず、と推定する研究もある。*35 しかし、ベリョーサとそのパートナーたちには、この幼弱な産業を育成してゆくだけの資金力がなかった。そこでかれらが利用したのは、インディオに対する労働政策を監視するためにサント・ドミンゴに派遣され、事実上の総督の立場にあった三人のヒエロニムス派の神父であった。神父たちは、はじめのうちは国王の支援を求めるプランターの請願書に保証のサインをしていただけであったが、そのうちに、現地で徴収した国家収入をプランターに貸し付けはじめたのである。*36 カルロス一世が新王として登位すると、ヒエロニムス派の神父に代えて国王役人である判事のロドリゴ・デ・フィゲロアを派遣したが、国家による支援の政策は変わらず、むしろ積極的に推進されることになった。一五三〇年代までには、サント・ドミンゴ島は三四作業場という、「かなり安定した数」の作業場を維持しており、一五六八年までには、「一五〇人から二〇〇人もの奴隷を保有するプランテーションも珍しくはなくなった。なかには、少数ながら五〇〇人以上の奴隷数を誇る大所領もあり、生産量もそれに応じて巨大なものとなっていた*37」。この発展の過程で興味深い特徴のひとつは、国家が重要な役割を果したことである。じっさい、国王役人たちは、プランテーションを所有し、管理し、売買した。はじめのうちそこには、民間人の集合としての、独立した「プランター階級」なるものは存在せず、スペイン以外の列強の植民地ではいずれ出現してくる委託商人《コミッション・マーチャント》のような仲介業者も、ここには生まれなかった。

大アンティル列島に属する他の島々——キューバ、プエルト・リコ、ジャマイカ——にも、スペイン人入植者はサトウキビをもち込んだ。すなわち、その栽培法、水力および畜力駆動の搾汁機、奴隷労働、破砕・煮沸の技術、ジュースから砂糖と糖蜜を分離し、さらに糖蜜からラム酒をつくる技術などが一括して導入されたのである。しかし、こうしてようやく芽生えそうにみえたスペイン領アメリカの砂糖業は、まもなく跡かたもなく一掃されてしまう。国王の支援もあれば、水準の高い実験も行なわれ、じっさいの生産にも成功していたにもかかわらず、そうなったのである。スペイン人が大アンティル列島で失敗したことに、ポルトガル人はブラジルで成功した。それから一世紀もしないうちに、フランスばかりかイギリスまでが——後者は、はじめからオランダ人の援助を得てのことではあったが——西ヨーロッパの大砂糖生産国になり、大輸出国ともなった。とすれば、はじめのうちあれほど有望に見えたスペイン領の砂糖業は、なぜそれほど急速に衰えたのか。なお十分な説明はついていない。トノクティトランの征服（一五一九〜二一年）以降、カリブ海域のスペイン人がメキシコに逃亡したこと、スペイン人が貴金属に強迫観念にも似た執着をもっていたこと、スペイン王室が新世界のあらゆる民間人の生産活動に、ひどく権威主義的な管理を行なったこと、慢性的資本不足、いわゆる「「肉体」労働の嫌悪《デスオノール・デ・トラバホ》」がスペイン人入植者の特徴となっていたらしいことなど、いくつかそれらしい理由を考えることはできるが、いずれも十分に説得的とはいえない。あれほど重要であった初期スペイン人の実験が水泡に帰した本当の理由は、カリブ海産の砂糖に対するスペインの市場がどんなものだったのか、スペインには余剰砂糖の輸出能力がどれくらいあったのか、などという需要側の事情がはっきりしない限り、わからない。スペインによるメキシコとアンデス山地の征服によって、根本的な政策変化が生じた。このときから二世紀以上にわたって、スペイン領カリブ海諸島は、第一義的に貿易ルートに沿った停泊地ないし城砦とみなされるようになった。それらは、まさに非生産的で、貢納を搾り取り、労働力を浪費するアメリカにおけるスペイン人の存在形態の象徴となったのである。パイオニアとしての利得はすぐに失われ、大アンティル列島で砂糖業が消えた一五八〇年頃から、一六五〇年以後、もっと小さな島々――とくにバルバドスとマルティニク――でフランス人とイギリス人がサトウキビ・プランテーションをはじめるまでのあいだ、カリブ海域はほとんど砂糖を輸出しなかった。この頃までには、ヨーロッパ市場の状況も変化し、生産の中心もスペイン人の手を離れてしまっていた。*38

イギリスの「砂糖諸島」

スペイン人は新世界では、もっぱら貴金属採取を第一の目的として植民活動を展開した。かれらほどではないにしても、ポルトガル人も、同様であった。これに対して、北方のヨーロッパ諸国は、交易と市場で売れる商品の生産に関心をそそいだので、必然的にプランテーション生産物、たとえば綿花、インディゴなどが重視され、まもなく、二種類の飲料用作物も重要になった。すなわち、新世界の培養変種で、飲料というよりは現地の食糧でさえあったカカオとアフリカ原産のコーヒーとがそれである。はじめのうちは、労働コストの高さと資本不足で、新世界のプランテーションはあまり発展しなかったが、やがて他の地域での生産を犠牲にしつつ、成長をはじめる。「商売繁盛を願うなら、入植者たちとしては、バルト海や北海でオランダ人が獲る魚より質が良いか値段の安い魚をつかまえるか、さもなければ、インディオにロシア人より上等か安価な毛皮動物をつかまえさせるか、ジャワやベンガルの人びとがつくるものより質がよいか、さもなければ価格の安い砂糖をつくる必要があった」[*39]わけだ。新世界の作物で最初に自らの市場を獲得したのは、もとからアメリカで栽培されていた煙草であった。煙草は、上流階級の珍奇な奢侈品から、あっという間に労働者の必需品になった。それは、王権の反対があったにもかかわらず、どんどんひろがり、一七世紀までには庶民の消費物資の一部となった。しかし、同じ世紀の終わり頃までには、英領西インド諸島でも、仏領でも、砂糖のほうが煙草を追い越すようになる。一七〇〇年までには、イギリス（イングランドとウェールズ）に輸入された砂糖は、価格にして煙草の二倍になった。この煙草から砂糖への重心の移動は、英領西インド諸島以上に、仏領カリブ海植民地でのほうがいっそう顕著でさえあった。もっとも、長期的には、フランスの砂糖市場は、イギリス市場の大きさには遠く及ばなかったことも事実なのだが。

イギリス、オランダ、フランスの三国がカリブ海域にプランテーションを設立した一七世紀の前半から、キューバとブラジルが新世界の砂糖生産を代表するようになった一九世紀中頃までの砂糖史には、いくつか際立った特徴がある。この長い期間を通じて、砂糖を消費するヨーロッパ人がふえ、その平均消費量もふえていったために、砂糖の生産量も着実に増加した。しかし、他方、サトウキビの栽培法にしろ、搾汁の方法にしろ、精糖法そのものにしてさえ、あまり目立った技術革新は経験しなかった。したがって、全般的にいえば、成長する砂糖市場の需要を満たしたのは、一エーカー当たりの収量の増大やサトウキビ一トン当たりの生産量の増加や労働者一人当たりの生産性の向上によってではなく、たんに着実な生産地の拡大によってだったのである。

しかし、砂糖については、その交易を握りたいとか、それを消費したいという欲求とほとんど同じくらい古い時代から、自らそれを生産したいという欲求も認められたことが、史料的にも確認できる。たとえば、サー・ウォルター・ローリが一五九五年に最初のガイアナ遠征を行なった直後に、イギリス人の探検家チャールズ・ライは、ワイアポコ川——いまのブラジルと仏領ギアナの国境を流れており、オヤポコとも発音する——流域に定住地をつくろうとしている。ローリの目論みもライのそれも不首尾には終わったが、どちらも砂糖をはじめとする熱帯物産への関心と結びついていたことはまちがいない。一六〇七年には、新世界における最初のイギリス植民地であるジェイムズタウンが建設されたものの、一六一九年には、この地にもサトウキビがもち込まれ、アフリカ人奴隷も導入されたものの、サトウキビはついにここでは育たなかった。これより三年前には、バーミューダ島にもサトウキビが移植されたが、このちっぽけな乾燥した島では、やはり砂糖は生産できなかった。それにしてもこれらの事実は、一七世紀以前においても、砂糖がきわめて望ましいものだという認識が十分にあったことを示していようし、それが少なくともいくらかの潜在市場をもっている商品であること、つまり、長期的に儲かる商品であることも知られていたことになろう。したがって、砂糖——だけではないが——を生産できる植民地が欲しいという本国側の欲求は、一七世紀以前から存在したものである。じじつイギリスは、自国の植民地で砂糖がつくれるようになるまでは、盗みもしかねない有様であった。たとえば、一五九一年に書かれたスペインのあるスパイの報告では、「イギリス人によるアメリカ物産の掠奪があまり激しいので、砂糖にしても、リスボンや西インド諸島におけるより、ロンドンのほうが安いくらいだ」[*40]という。

イギリスの砂糖業の歴史にとって決定的な転換点になったのは、一六二七年のバルバドス植民であった。一六二五年、ブラジルからヨーロッパへ帰る途中のキャプテン・ジョン・パウエルが上陸したことがあるというのが、この島に対するイギリスの領有権主張の根拠であった。しかし、バルバドス産の砂糖が本国市場に影響を与えるようになったのは、ようやくイギリス軍が「西方計画」の一環としてジャマイカ侵略にのり出した一六五五年ころからのことであった（この年、二八三トンの「粘土糖《クレイド》」と六六六七トンの黒砂糖《マスカヴェイド》が、バルバドスで生産された[41]。そのうちに、他のカリブ海域諸島も、本国の需要に応じはじめ、砂糖は帝国の一大収入源となりはじめる）。一六五五年以降、一九世紀中頃までの時代は、イギリス国民が基本的には帝国内で砂糖を自給した時代である。未完成品、とくに砂糖を本国へ輸出することによって植民地が成り立つようになった瞬間から、そうした商品の流れは帝国主義の法則に支配されることになった。それらと交換された本国側の商品についても、むろん同じことがいえる[42]。

消費サイドでの変化は、多種多様であった。砂糖は、ごく特殊な——医薬品、薬味、儀礼用ないし誇示のための——商品から、ごくふつうの食品へと、急速に変化していった。このまったく新しい食品は、ヨーロッパの民衆の味覚や嗜好のなかに入り込み、もはや逆転は不可能となった。ただ、当面は砂糖の価格が非常に高かったので、それが消費へのブレーキになっていたのだが。

一七世紀という世紀は、いうまでもなくイギリス人の船乗り、商人、探検家、国王代理人などが大活躍をした世紀である。新世界では、イギリス人はフランス人やオランダ人よりはるかに多くの植民地を設立した。アフリカ人奴隷を含む英領植民地の人口も、北ヨーロッパのこの両競争相手国のそれよりずっと多くなった。一四九二年から一六二五年までのあいだは、密輸と掠奪のためにかなり衰えたとはいえ、カリブ海のスペイン領はなお安泰であった。ところが、セント・キッツ島入植以降は、イギリスの領土拡大がはじまり、とどまるところを知らない状態となった。三〇年後のジャマイカ侵略は、いわばそのピークであった。一七世紀はまた、北ヨーロッパの列強が、それぞれの命運をかけた海上戦争を、カリブ海を舞台として戦った時代でもあった。戦争の規模も、襲っては逃げる海賊行為や都市の焼打ちくらいから、大規模な海戦へと拡大した。抗争の過程は複雑で、ほんらい別のものではあるが、関連もしあっているプロセスが同時に進行したのだが、スペインが他のすべての勢力の敵にまわったことだけはまちがいがない。というのは、新興勢力はいずれも、先行のスペイン帝国を食って拡大していったからである。

イギリスは、もっとも激しく戦い、もっとも多くの植民地を征服し、植民地別でいっても、総数の絶対値でいっても、船籍別にいっても、もっとも多くの奴隷を輸入して、プランテーション制度の創設にいちはやく、しかも徹底的に取り組んだ。その際、プランテーション制度によるもっとも重要な生産物となったのが、砂糖である。コーヒーやチョコレート（カカオ）、ナツメグ、ココナッツなどもあったが、生産量といい、消費者の絶対数や層の厚さといい、砂糖にかなうものはなかった。砂糖は、こうして数世紀にわたって、プランテーションの主要産物であり続けたのである。一六二五年には、ポルトガルはほぼ全ヨーロッパにブラジル産の砂糖を供給していた。しかし、まもなくイギリス人がバルバドスに供給源を開発し、ついでジャマイカ開発にも成功したうえ、ほかにも多数の「砂糖諸島」をつくりあげた。イギリス人は、砂糖やその副産物の製法をオランダ人から学んだのだが、そのオランダ人は、ガイアナ海岸で展開していたプランテーション農業の実験場をポルトガル人に破壊されてしまっていたのである。一六四〇年代にバルバドス島で驚異的なペースで成長を遂げ、まずこの島全体を席捲、やがては大アンティル列島のなかで最初にスペインから奪取された領土であり、面積にしてバルバドスの三〇倍近くに及ぶジャマイカをも巻き込んだ。イギリスは、自国の砂糖が価格の点でポルトガルものと競争できるようになるにつれて、北部ヨーロッパ市場からポルトガルを追放することに成功しはじめる。こうして独占が成立すると、価格も独占価格となったが、それはやがてフランスからの激しい競争に晒されることにもなった。[*43] 一六六〇年には、砂糖は〔この年成立したイギリス航海法にいう〕「列挙品目」――したがって課税品目でもある――となったが、そのかわり、西インド植民地は事実上、イギリス国内市場の独占権を与えられたのである。フランスでも、いろいろ規制があったために、一七四〇年頃まではイギリス産の砂糖が競争

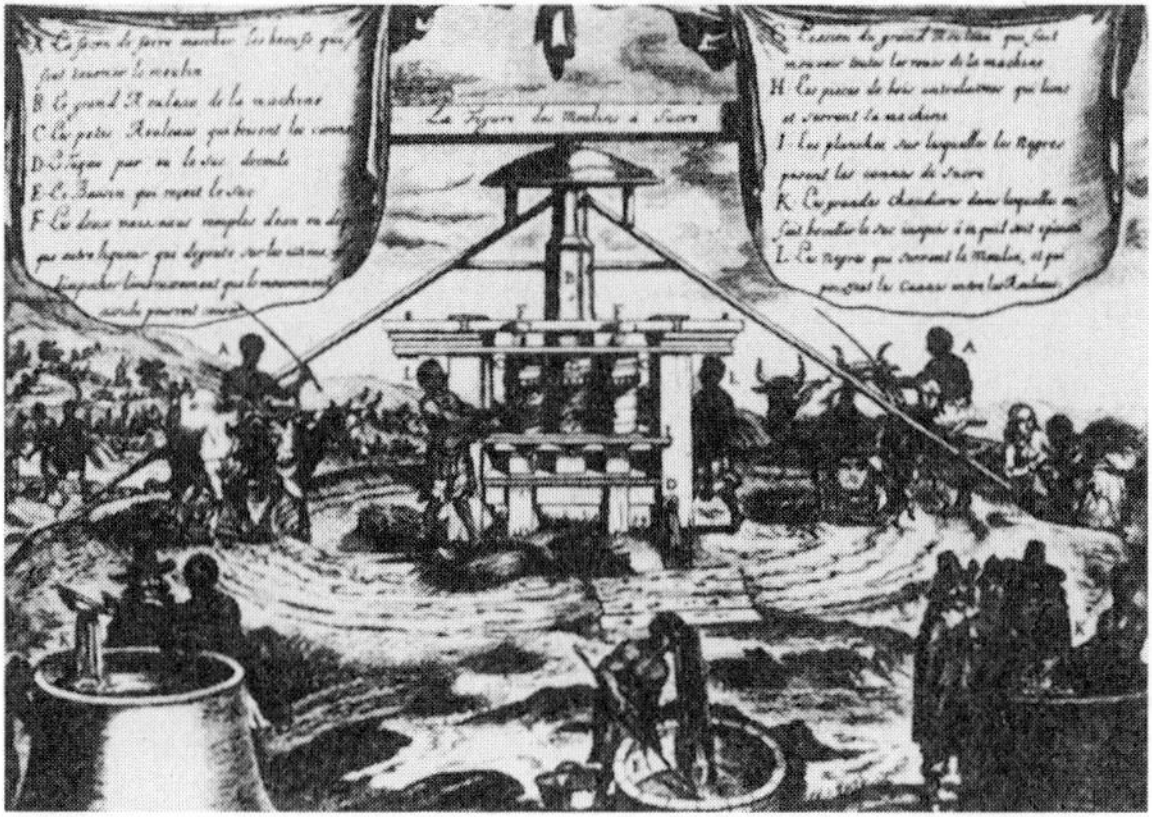

セザール・ド・ロシュフォール『アンティル諸島　自然・社会史』（1681年）所収の図版。“A. W. delin”のサインあり。“delin”はおそらく“delineavit”（「描く」）の意だろうが，“A. W.”は何のことかよくわからない。ここに描かれているようなつくりの製糖工場は，以後何世紀にもわたって維持された。

力を維持していたが、その頃からフランスが競争に勝利する。イギリスは二度とヨーロッパ市場を奪回することはできず、イギリス人のプランターや商人は、国内市場で失地回復を図った。一六六〇年のイギリスは、一〇〇〇ホグスヘッド〔一ホグスヘッドは五二・五ガロン〕の砂糖を消費し、二〇〇〇ホグスヘッドを輸出したが、一七〇〇年には、およそ五万ホグスヘッドを輸入し、約一万八〇〇〇ホグスヘッドを（再）輸出するようになった。一七三〇年までには、輸入量は一〇万に上昇したが、再輸出は一万八〇〇〇ホグスヘッドのままであった。さらに、一七五三年までには、イギリスへの輸入が一一万に上昇したのに、再輸出はわずかに六〇〇〇ホグスヘッドになってしまったのである。「英領西インド諸島からの供給はふえていったが、イギリスの需要がそれと歩調をあわせていったわけで、一八世紀中葉以降は、本国の国内需要以上の砂糖は生産しようがなかったようにさえみえる」。*44

イギリスは、地中海の輸出業者からほんの一握りの砂糖を買い付けていた段階から、自国の船でもう少し多くの砂糖を輸入する段階に至り、さらに多くをポルトガルから――はじめは大西洋諸島で、ついでブラジルで――買うようになったが、なお精糖はイギリス以外で行なわれていた段階が次にきた。ついで、自国の砂糖植民地をつくって自国内に供給し、外でもポルトガルと顧客を奪い合う段階がきたが、さらに時が経つと、また国内需要をしか満たせなくなったものの、精糖工程も国内でやれるようになった。こうしたイギリスと砂糖のかかわりにかんする諸段階はいかにも複雑だが、きわめて自然な流れに沿っており、ほとんど不可避であったようにもみえる。一方では、それは帝国の拡大を象徴していることになる。しかし、他方ではまたそれは、いわば国民的慣習となってきた砂糖消費癖の猛烈な吸収力を表わしてもいることになろう。茶と同じように、砂糖の消費こそは、イギリス人の「国民性」の目印となったのである。

国内の消費市場が急速に拡大してゆきそうだという見通しは、かなり早くからついていた。初期の重商主義者のひとり、サー・ジョサイア・チャイルドは、「すべて植民地やプランテーションなるものは、厳格な法を厳密に施行してその交易を母国イギリスとのあいだのみに限定しない限り、母国に打撃を与える」と論じ、植民地の貿易を本国の利害に沿って統制する必要性を強調した。

その気になりさえすれば、砂糖の関税を全廃して、ちょうど白ニシンがもっぱらオランダ人の供給する商品になっているように、砂糖を「イギリスの」商品にしてしまうことも、国王や議会には可能なはずである。そうすれば、オランダ人が白ニシンから得ている利益よりは、はるかに大きな利潤が得られるだろう。しかも、その結果、他国のプランテーションはことごとく、数年以内に衰退、ないし消滅してしまうだろう。*45

一七世紀末のジャマイカ総督サー・ドルビイ・トマスといえば、自らも砂糖プランターであり、砂糖業界の初期のスポークスマンであった。かれはまた、景気のいい砂糖植民地は、同時に本国商品の一大消費者にもなりうる、と主張した。かれはいう。

一、砂糖の圧倒的な消費者は、かれら〔国会議員〕自身と、かれらと同じような富裕な国民である。

二、砂糖の年産額は、四万五〇〇〇トンを超えている〔トマスが言っているのは、当時、つまり一六九〇年頃のイギリス領植民地の全生産量のことであろう」。

三、このうち、半分、つまり価格にして八〇万ポンドほどはイギリスで消費される。残りの半分は〔再〕輸出されるわけだが、それは輸送にあたる船員に雇用を与えたうえ、同じ金額で売れるのだから、結果的には八〇万ポンドのおカネか、有用な品物が戻ってくることになる。そのうえ、砂糖価格はこうして国産化される以前には、いまの四倍はしていたのだから、同一価格で同一量の消費をするとして、もしそれが国産でなければ、われわれは砂糖のために、国内の生産物ないし労働によって、二四万ポンドもの現金ないしそれに相当するものを支払わなければならないはずである。

歴史家オールドミクソンも、おだやかな口調で言う。すなわち、「〔国産化していなければ〕、年々四〇万ポンドにのぼる砂糖をポルトガルから買わなければならなかっただろうが、国産化できたおかげで、その分が節約できているのだ」[*46]、と。先のトマスも、さらに続けて次のように言っている。すなわち、「砂糖植民地から他の植民地やイギリスに送られる、糖蜜から製造される火酒のことをも、考慮に入れなければならない。この糖蜜は、火酒になると、価格をフランスからの輸入ブランデーの半額と見積っても、年間五〇万ポンド以上にのぼる」。かれはまた、これらの植民地は様々な商業利潤の源泉となるばかりでなく、本国製品に対しても、膨大な購買力をもっており、しかもその購買力はなお完全に生かし切られてはいない、と認めている。北米大陸の南部植民地は、ニューイングランドよりはむしろアンティル列島に似ていると論じつつ、かれはこの点を次のように堂々と論じている。

……もしこれらの島がギニアから容易に奴隷を得られさえすれば、建築その他で用いるオノ、ノコギリ、キリ、釘などに加えて、奴隷一人につき、土盛り用鍬二本、除草用の鍬二本、耕作用鍬二本くらいは消費するので、鉄製品だけで少なくとも年間の消費量は、全体で一二万ポンドくらいにはなろう。衣料品、火器、ロープ、錨、帆布、海運資材、それにベッドその他の家具類など、かれらによって消費され、使われるものには際限がない。これらの植民地が本国にとって、どれくらい有益かということも、とうてい説明しきれるものではない。したがって、ここでは一言つぎのように言うだけで満足しよう。すなわち、これらの植民地の生産と消費は、そこから生じる海運雇用とともに、わが国民の富と名誉を際限なく増進し、国力をも強めている。これらの植民地の住民は、本国で最良の雇用を得ている同数の人びとと比べても、四倍以上の貢献をしているはずである。*47

トマスの認識は、やがてこのヨーロッパ最大の外国製奢侈品の大衆市場がますます拡大することを予見していた点で、正鵠を射ていたといえる。そのプロセス全体が――つまり、植民地の設立、奴隷の確保、資本蓄積、海運の保護などから、現実の消費に至るまで――国家の保護の下に展開されただけに、これらの事業はいかなる局面をとっても、経済的な意味ばかりではなく、政治的な含意をももっている、とトマスは喝破している。したがって、かれにならった砂糖業の雄弁なイデオローグたちと同じように、トマス自身も経済的観点からばかりか、政治的な視角からも議論を展開した(むろん、かれとても、砂糖の薬としての有効性や儀礼的な意味に触れなかったわけではない)。

ヨーロッパ人は、五〇〇年来、砂糖の使い途はおろか、その名前すらろくに知らなかった。……しかし、医学者たちはまもなく、それが蜂蜜のもっているすべての効用をもっているうえ、蜂蜜にある悪い副作用はいっさいないものであることを発見した。したがって、砂糖はたちまちのうちに、たいへん評判がよくなった。現在の一〇倍もの価格であったにもかかわらず、それがこれほど急速に普及し、これほど大量に消費されるようになったのは、このためである……。

以前は薬局で「トリークル」と称して売られていただけの糖蜜が、いまでは蒸溜酒・醸造酒両業界であまねく賞揚されている。あれこれの砂糖プランテーション生産物の新たな、有用な使い途が毎日のように開発されてゆく有様は、想像を絶するものがある。

洗礼式や宴会、金持ちの食卓などでいろいろなかたちで使われているのは、この素晴らしい商品の使い途としては氷山の一角にすぎない。したがって、砂糖生産が抑圧されたりすれば、かつてポルトガルからイギリスがそれを奪ったように、オランダとフランスがそれを奪取してしまい、わがイギリスはかつてのポルトガルと同様の損害を受けることになろう。すなわち、ポルトガルでは、その海運の最重要部門が衰退してしまい、国家収入の半分が失われてしまったのである……。*48

こうしてみると、イギリス人は、砂糖植民地領有の意義をすでに十分に知っており、砂糖の国内市場がどんどん拡大する可能性のあることをも、しだいに理解しはじめたといえよう。したがって、これ以後、世紀がすすむにつれて、熱帯植民地の生産活動がいっそうイギリスの国内消費とイギリス産業の生産物とに結びつけられるようになったのは、いわば当然のなりゆきであった。生産と消費——少なくとも、本書で考察している限りの——は、一枚のコインの表と裏というような単純なものではない。それらはまるで両手の指を組み合わせたように、相互に絡み合っているのである。一方のことを考えずに他方のことを考えることが、まったくできないようになっているのである。

トマスが砂糖と砂糖貿易を手放しで礼賛してから一五〇年後、もうひとりのイギリス人が、植民地と植民地物産について、啓発的な一文をものした。すなわち、ジョン・ステュアート・ミルその人である。「通商・貿易の相手となる一群の〔特殊な〕社会について、一言説明をしておく必要があろう」と主張するかれは、さらに次のように言う。

これら〔の植民地〕は、他の国々と交易を行なう国家とみなすべきではなく、より大きな社会に属する農業用および製造業用の外延的所領とみなされるべきであろう。たとえば、イギリス領の西インド諸島植民地は、それぞれに独自の生産的資本を有する国家とは考えられず、……むしろ、イギリスが砂糖やコーヒーその他の熱帯性商品の生産に好都合だと目をつけた土地、というべきである。そこに投下されている資本はすべてイギリス資本であり、そこで展開されている産業のほとんどは、イギリスの消費をあてにしたものである。主要換金作物《ステイプル》以外はほとんど生産されず、生産されたものは、イギリスから輸出され、現地住民が消費するものと交換されるのではなく、ただイギリス在住の地主の利益となるように、イギリスで売るために本国へ送られる。西インド諸島との交易は、とうてい外国貿易とはいえず、都市と農村のあいだのそれに似ているのである。*49

これらの熱帯性商品がイギリスで交換されるのではなく、プランテーション所有者の利益のために売られるのだというのは確かだが、西インド諸島植民地で消費されたものが、ことごとくイギリスから来たことも紛れもない事実である。本国と植民地のあいだには、直接的な交換はなかったにしても、交換のパターンはいずれも、帝国主義的企業にとって長期的に利益となるような作用を及ぼすものであった。

じっさい、二つの三角貿易が一七世紀に成長し、一八世紀に成熟した。第一の、もっともよく知られたそれは、イギリスとアフリカ、新世界を結ぶものである。イギリスから製品がアフリカに売られ、アフリカからは奴隷が南北アメリカに運ばれ、アメリカからは熱帯性商品、とくに砂糖が本国とその周辺の輸入国に流れた。これに対して、第二の三角貿易は、重商主義の理想に逆らう傾向のつよいものであった。すなわち、ニューイングランドからアフリカへラム酒を運び、そこから奴隷を西インド諸島へもち込んで、さらに西インド諸島からはラム酒の原料をニューイングランドへ送るというのがそれである。この二番目の三角貿易が発展すると、ニューイングランド植民地は本国と政治的に対立するようになった。しかし、この対立は政治紛争の様相を呈してはいたが、実態としては経済的な利害の差異が政治対決を惹き起こしたのであって、根底にある問題は経済的なものであった。

いずれにせよ、この二つの三角貿易について重要なことは、そこでは人間商品が決定的な役割を果したということである。砂糖やラム酒、糖蜜などが、ヨーロッパの製品と直接交易されたのではないということだけではない。二つの大西洋三角貿易のいずれにおいても、唯一の「疑似商品」——とはいえ、システムにとって絶対不可欠な商品——となっ

「サトウキビを伐採するアメリカの黒人サーヴァント」
J.-B. ラバ神父『新アメリカ諸島航海記』(1772年) に初出。画家がエキゾティックな衣装を選んだのは，当時流行りのやり方。じっさいは，サトウキビ伐採の労働者たちは，鞭を手にした「監督（ドライヴァー)」に追われつつ，ボロを纏って仕事をしたのである。後出の《アンティグア十景》からとった図版のほうが，砂糖プランテーションにおける戸外労働の様子を，ずっとリアルに示している。

たのが、人間であったという意味もある。奴隷は、たとえモノのように扱われたとしても、人間は決してモノではないのだから、あくまで「疑似商品」でしかありえなかった。この場合、何百万人という人びとが、モノとして扱われ、かれらを手に入れるために、生産物がアフリカに送られた。南北アメリカでは、かれらの労働によって、富がつくり出された。しかも、かれらが生み出した富の大半は、イギリスにもちかえられもした。かれらが生産したものはイギリスで消費され、逆にイギリス人がつくったもの——布地や道具、拷問具など——が奴隷によって消費された。しかし、その奴隷自身、富の生産のために生身を消費されたのである。

一七世紀には、イギリス社会はきわめてゆっくりとではあったが、自由労働制度へ移行しつつあった。ここで自由な労働というのは、たとえば土地のような生産手段をもたず、生産手段の所有者にその労働を売るしか生きる方法のない労働者の行なう労働のことである。しかし、まさにその一七世紀に、イギリス人は植民地では、自らの必要を充たすために、もっとも強硬な強制労働の制度を採用しはじめてもいたのである。このまるで別ものの労働力抽出パターンは、それぞれにまったく異なる生態系を背景として、まったく別の形態をとって成長していったのである。しかし、それらはまた、至上命令的な共通の経済目的に奉仕するようにもなっており、かたちは違っていても、じつはあるひとつの経済的・政治的システムの成長に伴って生まれたものでもあった。

イギリス領カリブ海域の砂糖生産の勃興に、いささか紙数を費やしすぎた。おかげで、かんたんに要約するのは難しいほどである。しかし、これだけ言ったので、少なくとも、一六世紀末のスペイン領プランテーションにおける実験的な砂糖生産と、一七・一八世紀イギリス人の実績との質的な差ぐらいは、理解されたはずである。そこにはプランテーション経営の規模ばかりか、市場の規模の点でも、大差があった。すでに見たように、イギリスが植民地のプランテーションで砂糖生産をはじめたとき、まずは国内の消費市場を充たすことになったが、同時に成長しつつあるヨーロッパ市場でも、競争を展開することをも意味した。一六八〇年代には、まずポルトガルを競争で打ち負かし、ついでフランスをも破ったイギリスは、まもなく大陸市場を放棄してしまい、どんどん拡大してゆく国内市場への供給に専念する途を選んだ。「一六六〇年以降は、イングランドの砂糖輸入は、つねに他のすべての植民地物産の輸入をあわせた額より大きかった」[*50]のである。こうした変化は、プランテーションにおける生産の着実な成長——成熟した植民地でプランテーションがふえ、植民地そのものもふえた——によって可能になったのである。しかもまた同時に、生産物それ自体も複雑化していった。すなわち、はじめは砂糖と糖蜜に、ついでまもなくラム酒もつくられるようになり、さらには、本国の消費者たちの需要が複雑・多様なものになってきたことによって——対応して、というべきか——結晶状の製品にかんしても、シロップ状のものにかんしても、いっそうの多様化が進行した。

個々の砂糖植民地の運命は予測不能であった。それどころか、特定の植民地のプランテーション経済の各部門の命運もまた同じであった、といえよう。プランテーションは、ひどく投機的な企業体であった。運がよければ、投資者には膨大な利潤が転がり込んだが、破産もいくらでもあった。思い切って賭けに出たプランターのなかには、債務者監獄で生を終えたものもある。砂糖は、その雄弁な弁護者たちの限りなく楽天的な見通しとは違って、決して成功を確実に保障するものではなかった。しかし、特定の植民地における個々の投資家やプランターのリスクは、長期的にみれば、たえず需要が増加し続けたことで補完もされた。いつものことながら、こうした増加を予見して事に当たった人間のなかにも、得をした者もあれば、損をした者もあったというわけだ。結局、砂糖単価が低下し、本国労働者の生産性が上昇した結果、砂糖の需要はたえず増大していったのだが、この状況を徹底的に利用したのが、イギリスの帝国支配体制であった。

とはいえ、砂糖の大衆市場はかなりのちまで成立しなかった。一八世紀までは、砂糖はなお、現実には特権階級の独占物であり、本質的に薬品、香料《スパイス》、装飾（自己顕示）用の食品として使われたにすぎない。「まったく新たな、甘味嗜好があらわれた。それを満たすだけの余裕ができるやいなや——ということは、ほぼ一七五〇年頃までにはということだが——、イギリスでは極貧の農業労働者の妻でさえ、紅茶に砂糖を入れるようになった」[*51]と、デイヴィス師は断言している。したがって、一八世紀中頃以降は、イギリスの支配者や支配階級全体にとって、帝国経済のなかに占める砂糖生産の意味はますます重要なものになっていった。しかし、このことは一見して明白な矛盾をも惹き起こした。経済的にみて砂糖の生産がますます重要になり、それが政治的・軍事的決定——経済面での決定はもとより——に影響を与えうるようになったのに、その消費面では、上流階級の比重がだんだん低下していったからである。そもそも砂糖の生産がそれほど重要になったのは、ほかでもない、まさにイギリスの民衆がいまや着実にその消費をふやしてゆき、ついには供給能力以上に需要するようにさえなったからであった。

砂糖の消費量がふえるにつれて、生産の場もイギリス本国経済のほうにますます引き寄せられていったのも、不思議ではない。たとえば、一六世紀中頃近くまでは、精糖業は主として低地地方で行なわれていた。とりわけ、フェリペ二世が一五七六年に封鎖令を出すまでは、アントウェルペンがその中心であった。しかし、一五四四年以降、イギリスは自国で精糖をはじめる。「一五八五年以後は、ロンドンがヨーロッパ精糖業の重要拠点になった」[*52]。砂糖の輸送面でも同様の現象がみられた。イギリスに砂糖が運び込まれた最初の記録は、一三一九年にある。しかし、「はじめて産地から直接イギリスへ、それもイギリス船で、損傷なく砂糖がもち込まれた例となれば、おそらく」[*53]一五五一年に、アフリカ西海岸との貿易に従事していたキャプテン・トマス・ウィンダムがモロッコのアガディールから帰港したということになろう。一六七五年ともなれば、平均一五〇トンくらいの荷物

ウィリアム・リンド『植物の王国の歴史』(1865年) からとった熱帯植物の詳細な図版で，サトウキビも，丈と密生の度合いが多少誇張されているだけで，その他の点では，ごく正確に描かれている。興味ぶかいことに，サトウキビのそばにだけ人間が描かれている。しかも，ひとりはサトウキビを切っており，ふたりとも黒人として描かれている。

を積載できる四〇〇隻ものイギリス船が、本国へむけて砂糖を運搬していた。しかも、そのうち、およそ半額は再輸出されたから、そこでもイギリス船が使われたことになる。

むろんいずれは、帝国の砂糖貿易に具現された重商主義の思想そのものが、「自由貿易」論なる別の、威勢のいい経済哲学にとって代わられる日がくる。とはいえ、イギリスの発展にとって、重商主義の教義は少なくとも三つの点で意味があった。すなわち、第一に、重商主義的な施策のおかげでイギリスは、砂糖（とそのほかの熱帯商品）の供給を確保し、その加工や再輸出の利潤をも得ることができた。そのうえ、それは、イギリス製品に広大な海外市場を保障したし、商船ならびに軍艦の保有量をふやす役割をも果たしたといえよう。イギリス以外から製品を買ってはならないし、その生産物（熱帯性物産）をイギリス以外に売ってはならない。すべての商品はイギリス船で運搬せよ。こうした禁令は二世紀近くのあいだ、ほとんど聖書にも匹敵するくらいに神聖視され、プランターや精糖業者、商船と軍艦、ジャマイカの奴隷やリヴァプールの沖仲仕、国王と市民等々、すべての人びとを縛ったのである。

しかし、重商主義政策はすべての階級に等しく利益をもたらしたわけではない。ある点では、重商主義が外国の砂糖生産者からプランターの市場を守ったとすれば、別の点では、外国の製造業者から工場主を守りもした。しかし全体としてみると、重商主義政策の継続した二〇〇年は、一言でいえば、プランター階級の勢力衰退と産業資本家とかれらの利害の多かれ少なかれ着実な成長によって特徴づけられる。もっとも、この期間のごく早い時期には、プランターたちが国民国家内で急速に権力を拡大する場面がみられたのだが。重商主義は、一九世紀中頃に至っていよいよ最後のとどめをさされることになるが、実現されたものであれ、潜在的なものであれ、砂糖市場の動向が、その際、一定の役割を果たした。この頃までに、砂糖とそれに近い消費財はあまりにも重要になってきたので、将来、本国への供給を妨げかねないような古くさい保護政策はとれなくなってしまったのである。砂糖は珍しい奢侈品という地位を喪失し、海外からもたらされたエキゾティックな商品のなかで、プロレタリアートにとってさえ必需品といえる最初の商品となった。

早咲きの工業化——プランテーション

砂糖生産史の最新の局面に目をむけるまえに、いま少し立ち入ってプランテーション——すなわち、砂糖生産の場としての、熱帯企業体——を眺めておくのも無駄ではあるまい。プランテーションが農業企業体であったことはいうまでもない。しかし、サトウキビの加工という工業的なプロセスもその多くがプランテーションで行なわれたので、プランテーションは農場と工場の融合物と考えるのが妥当であろう。このように考えると、それらは当時のヨーロッパ、すなわち中核地域にはおよそ見られない、特異な存在であったことになる。

サトウキビはちょうど成熟した時期を見極めて伐採しなければならず、伐採し次第、ただちに破砕・搾汁しなければならないことは、すでにみた。サトウキビ・ジュース自体はきわめて単純なもののようにもみえるが、こうしたかんたんな事実のために、砂糖生産を行なう企業体は特殊な性格をおびることになる。製糖ならびに精糖業の歴史は、いわば化学的純度を高めようとする断続的な努力の過程であった。文化的背景が違ったり、時代が違ったりすると、人びとが好む砂糖の純度や色、形、顆粒の大きさ等々が違っていたことが、その一因であっただろう。とはいえ、いずれにせよ、グラニュ糖をつくろうと思えば、煮詰め、浄化、濃縮などの工程が不可欠である。このためには、かなりしっかりした技術、とくに熱の管理が不可欠となった。したがって、製糖業は農場と工場の一体化したものであったばかりか、そこでは厳しい農場労働と熟練した技術上の知識とが、ともに必要でもあった。

サント・ドミンゴ島の初期スペイン人のプランテーションは、おそらく面積一二五エーカー程度で、奴隷と自由人をあわせて二〇〇人くらいの人間がいた、と思われる。必要な技術は、主としてはカナリア諸島から導入された。工場ないし煮詰め工程で使われる労働力は、せいぜい全体の十分の一程度であったろうが、かれらの活動は伐採班のそれとうまくかみ合わなければならなかった。それに、農場労働は季節変動が激しかったうえ、サトウキビ栽培と食糧生産とに分割する必要もあった。技能と職種の専門化、年齢・性・身体状況などによる分業とクルー、シフト、「ギャング」〔などの名で呼ばれる作業班〕への振りわけ、時間を正確に守り、精勤することの強制等々、ここにみられた特徴はいずれも、少なくとも一六世紀にあっては、農業よりは工業と結びついたものであった。

工場の名に一番ふさわしいのは、サトウキビのジュースの濃縮、浄化、結晶化などを行なった製糖作業場であった。一七世紀バルバドスのプランター、トマス・トライオンの次の一文では、この種の作業場がいかにも近代の工場に似た響きで記述されている。ただし、末尾の苦境の表明は、本人がプランターであったことからして、多少とも割引きしてみるべきではあるのだが。

> 要するに、それは、絶え間のない騒音と苛立ちのなかで暮らし、ひたすら腹を立て、傲慢にならざるをえないということだ。気温が高すぎてむやみに暑いうえ、休みなく働かなければならないので、白人年季奉公人《サーヴァント》〔または奴隷〕は、巨大な製糖作業場で、昼夜も立ちづめであった。そこには、六つか七つの大釜の据えつけられた炉があって、昼夜兼行で煮詰め作業が行なわれる。大釜からは、重いひしゃくやゴミすくいを使って、徹底的にサトウキビのクズを取り除いてきれいにしなければならない。かと思うと、別のサーヴァントたちは炉当番として、いわば焼鳥にでもされそうな様子で、炉火を守り続けなければならない。また、別の一隊は、製糖シーズンを一貫して、夜となく昼とな

くサトウキビを作業場に供給しなければならないが、こうした製糖シーズンは、毎年ほぼ六カ月間に及ぶ。これほどの艱難辛苦をなめながら、家族も多いうえ、凶作などの非運にみまわれて大きな損失を被ることもしばしばで、主人たるプランターの生活はひとが考えるほど気楽なものではないし、イギリスで商売をしている人びとに比べれば、収入にしても、取るに足りないものでしかない。[*54]

奴隷や年季奉公人の懐に流れ込んだ収入がなおさら少なかったことは、あらためて言うまでもない。

一七世紀はなお、工業化以前である。とすれば、本国においてさえ「工業」が存在しないのに、植民地のプランテーションにはそれがあったと考えるのは、いかにも奇妙に映るかもしれない。たとえば、こうだ。第一に、それは植民地の企業体で、主としては自由な労働力ではなくて、強制労働を使って運営されている、圧倒的に農業的な企業と考えられてきた。第二に、それは、繊維品や道具などのような、機械でつくる食品以外の製品などは生産せず、消費財としての食品を生産していた。そのうえ、西欧の工業史に関心をもつ史家は、西欧の工業の起源はヨーロッパの職人の伝統や前貸問屋制にあると信じ込んでおり、海外の活動にその起源があるかもしれないなどとは、想像もしていないようである。その結果、プランテーションは、ごく自然にヨーロッパの歴史発展の副産物とみなされ、作業場《ショップ》から工場へというグローバルな移行現象の一部とはみなされないことになってしまう。しかし、なぜこんな偏見が入り込んで、プランテーションの発展の工業的側面が理解されなくなったのか、不可解なことである。西洋人の発想からいえば、こんなに早い時期に、ヨーロッパ以外の場所に工場が存在したなどというのは、まったくの仰天であろう。しかし、サトウキビ・プランテーションが農業と工業が結合した、特異な形態の企業体であるという認識はしだいに浸透しつつある。しかも、一七世紀にあっては、工業とはまさにそういうものであったと私は信じる。

奇妙なことに、歴史家はプランテーションの規模についてもあまり十分な注意は払ってこなかった。イギリス領カリブ海域のプランターたちは、当時としてはきわめて大きな規模の企業の経営者であった。すなわち、おそらくは一〇〇人程度の労働者を使用すれば、八〇エーカーの土地にサトウキビを植えて八〇トンの砂糖生産を見込むことができた「農業経営者兼製造業者」というのが、かれらの立場であった。製糖業のためには、一つか二つの搾汁作業場と浄化と濃縮のための煮詰め作業所、糖蜜を分離し、砂糖を乾かすための加工場、ラム酒の蒸溜場、船積みを待つ粗糖の貯蔵所などが必要で、合計数千ポンド・スターリングの投資ということになったはずである。*55

プランテーションを取り巻く亜熱帯的環境のために、プランターは、温帯では想像もできないような作業暦を採用しなければならなかった。サトウキビは成熟に一年半を要したから、植え付けと取り入れのスケデュールは詳細に決められており、しかもそれは、イギリス人にはなじみのないものでもあった。バルバドス島では、イギリス人プランターはまもなく、サトウキビを途切れずに製糖作業場へ流せるように、土地をおよそ一〇エーカーずつに区分し、順々に作付けして、連続して収穫できるようにした。

煮詰めと「火止め《ストライキング》」――水分を蒸発させ、適当なときにそれをやめること――には、なかなかの熟練を要した。そのうえ、砂糖濃縮職人《ボイラー》の労働環境は、ひどく劣悪であった。熱気と騒音は耐えがたく、危険性もあった。それに、サトウキビが伐採可能なまでに成熟した瞬間から、半結晶状の砂糖が乾燥用の型に流し込まれるまで、一貫して時間との戦いといえる側面もあった。収穫時には、製糖作業場も休みなく稼動しており、気が遠くなるほどの労働力が需要された。一八世紀の状況にかんするマシソンの記述によれば、「西インド諸島のいろいろな産業のなかでも、砂糖生産ほど骨の折れるものはほかになかった」のである。[*56] 年のはじめから五月末頃までには、サトウキビの伐採、搾汁、煮詰め《ポッテ》込み《イング》などの作業が並行して行なわれた。天候のこともたえず気にしなければならなかった。というのは、伐採期の初期に干ばつにあうと、サトウキビの糖分――液状の――含有量が減少してしまうおそれがあったし、逆に、晩春に雨が多すぎると、伐採前のサトウキビや伐採直後のそれが腐ってしまうこともあったからである。しかし、たとえば、サトウキビはいったん火にかけると、「火止め」ができる状態までいっさい冷えさせてはならないなどという誤解によって、よけいに労働が厳しくなっていた一面もみられる。一週間のうち、仕事が休みになるのは、土曜の夜から月曜の朝までを除いてほかにはなかった。それ以外は、製糖工場では二五人ほどの男女が、昼間の全時間と一部夜の時間にまでくいこむくらいの労働を余儀なくされ、二、三日おきには徹夜の労働をさえ強いられたのである。

搾汁工場の活動があまりにも活発で、煮詰め作業場で使われている燃料の「乾燥キビがら《トラッシュ》」の燃え方もひどくはやいので、この二つの作業場の労働者の仕事は、それ自体はごく軽いものなのに、精根つきはてるほど厳しかった。あるフランス人は、搾汁機の先につながれたラバはものすごいスピードで駆けまわっている、と言い、「もっと凄いのは」、キビがらをくべる労働者の手つきのすばやさだ、とも付言している。搾汁機にサトウキビを差し込む係の場合、疲れていたり、ウトウトしたりすると、ローラーに指を挟まれることもあった。こんなときのために、いつでも使えるように手斧が用意してあり、いざというときには、腕を切り落としてしまったものである。機械監視役の者に身体障害者が多かったのは、このためである。ボイラーマンとして使役されている黒人の場合、労働はこれほど厳しいものではないが、重労働に違いはなかった。長時間にわたって裸足で、石や固い土のうえに休む暇もなく立ち尽くさなければならないので、かれらはしばしば「足に故障を」きたす。砂糖をひとつの大釜から別の釜に移すのに使われる長い柄のひしゃく「そのものが、とくに重かった」。それに、濾《こ》し器が大釜のかなり上のほうにセットされていたから、のび上がってぶら下がるくらいの感じでさえあった。*57

サトウキビ栽培とそれを砂糖に変える技術的・化学的工程との関係は——後者の最終過程はサトウキビのつくられた熱帯地方では行なわれないのがふつうであった——、万事、非常に腐敗しやすいというこの作物に特有の性質に結びついていた。伐採と搾汁、煮詰めと結晶化は表裏一体となっていたから、農業部門と工業部門は連携を保って展開される必要があり、両部門の労働は並行して行なわれなければならなかった。その結果、砂糖プランテーションというものは、相続に際して分割されることがなかった。というのは、特殊な変動期をのぞいては、プランテーションの価値は、土地と工場の結合体をそのまま維持できるか否かにかかっていたからである。そのほか、経営者の側での注意深い計画と、労働者に対する鉄の規律の適用も、同じ理由から不可避となった。ところが、土地と工場を一括する管理権がなければ、こうした計画も訓練も、不可能になったであろう。

こうしてみると、砂糖プランテーションは、生産組織のひとつとしてその歴史のごく早い時点から、工業企業体の色彩をおびていたことがわかろう。プランテーションという形式は、おそらく最初は東地中海で発展し、一〇〇〇年以降に十字軍兵士によって、主として奴隷を労働力として完成され、一四五〇年までには大西洋諸島に移植された。というよ

W.クラーク《アンティグア十景》(1823年) のなかの1枚。奴隷の労働ティームが土地を耕して，サトウキビを植えている。この絵自体は，西インド諸島で奴隷解放が行なわれるほんの数年まえに描かれたものだが，戸外労働が高度に組織化され，ほとんど工業的といっていいようなかたちになっていたのは，3世紀以上まえのごく初期から，カリブ海奴隷制プランテーションの特徴であったといえよう。

り、少なくとも部分的には、発明しなおされ、これを基礎として、新世界植民地で再建されたという事実に照らしてみれば、その工業企業体としての側面は、ヨーロッパ自体でも、工業は造船業と一部の繊維産業を別にして、主としては家内労働に依存していた時代だけに、ことさら重要であったといえよう。むろん、サトウキビ栽培はもとより、製糖部門にしたところで、少なくとも一九世紀までは、機械力はごく不完全・不十分な補完物としかなっておらず、あくまで肉体労働に頼っていただけに、「工業」という言葉を使うにはいささか問題がある、と感じられるかもしれない。それに、ほとんどのプランテーションが、いろいろな形態の強制労働を使用していたことからも、「工業」の概念からは遠いと思うむきもあろう。封建制崩壊後のヨーロッパで、ギルド制度と職人が工場と生産手段を失った自由な労働力に代位され、従来は手でつくられていたモノを大量生産する形態の工業、それこそが工業だとする傾向が、われわれのあいだには強い。

それだけになおさら、ここで「工業」という言葉で表現しようとしているものが何であるかについては、説明が必要であろう。今日では、「農＝工業《アグロ・インダストリ》」複合体という表現がよく使われる。この言葉はふつう、人間の労働に機械がとって代わり、大企業での大量生産が行なわれ、科学的な方法とその産物——肥料・除草剤・混合品種の育成・灌漑——その他が集中的に用いられるような生産形態をさしている。初期のプランテーション制度が「農＝工業」複合体であったというのは、農業と農産物加工業とが単一の権威の下に結びつけられていたためである。しかも、「規律」がその第一の決定的な特徴であったともいえよう。二つの部門が統合されたのは、工場であれ、農場であれ、それぞれが単独で活動していたのでは生産的ではありえなかったからである。第二の特徴は、労働力編成そのものにあり、そこでは、熟練労働者と未熟練労働者が組み合わせられ、全体としてプランテーションの生産目的に適合的なように編成されていた。可能な限り、労働力は相互に互換できるような単位で編成されていた。このことはつまり、生産者の眼からみれば、労働がほとんど均質なものとみえていたことになるわけで、それは一般に資本主義発展史上、はるかにのちの時代の特徴と考えられていることはいうまでもない。第三に、この制度は、時間に厳格なシステムでもあった。時間に厳格だったのは、サトウキビそのものの特性とその加工過程の特徴によるものと考えられるが、それはまた、のちに資本主義的工業の中心的な特徴となるはずのものでもあった。農場と工場、熟練労働者と未熟練労働者の結合、厳格な時間規律などは、いずれもプランテーション企業に工業的な相貌を与えるものである。たとえ、労働力を引き出すために経済外的強制が用いられた点が、多少とも後代の資本主義とは違ってみえるとしても、である。*58

企業体としてのプランテーションが工業的であったといえる理由は、このほかにも少なくとも二つある。すなわち、生産が消費から切り離されていることと、労働者がその生産手段から分離されていることとがそれである。これらの特徴は、一六世紀から一九世紀末までの新世界におけるプランテーション＝企業体の主力となった、主としては不自由な労働者たちの生活を考える際に、ヒントを与えてくれる。そうした諸特徴をみれば、ヨーロッパ史——海外植民地史をその一部とみての話だが——のかくも早い段階における工業の展開に、一驚を喫することになる。それらは、ヨーロッパが植民地世界を「中核」＝ヨーロッパにならって「開発した」のだ、という通説への挑戦ともなっていることは明らかである。さらに、そこからは、プランテーション労働者の生活がどんなものであったか、とくに、同時代のヨーロッパの農業被雇用労働者や小農民のそれと比べてどうだったか、を明らかにするうえでもヒントが得られる。

プランテーション・世界システム・資本主義

一七世紀中葉、イギリスとフランスの植民者たちが砂糖生産を考えはじめた時代というのは、ヨーロッパにおける煙草市場が飽和状態となり、この新奇な麻酔性の商品は価格が急落していた。植民者たちはたいてい、わずかな資産しかもたない小規模な耕作をしており、その多くは、新たに本国から到着した人びと——数年間強制労働に従うという契約をした〔いわゆる「年季奉公人」〕——を、農業労働力として使役していた。こうした労働者は、債務による年季奉公人、ちょっとした犯罪者、政治・宗教上の反体制派《ノン・コンフォーミスト》、労働運動家、アイルランド人の革命運動家——つまり、各種の政治犯たち——などであった。たんに誘拐されただけのひとも少なくなかったので、一七世紀には「誘拐」を意味する「バルバドスする」という動詞も生まれた。[*59] 英・仏両国とも、国内経済が吸収しきれない余剰労働力が存在したあいだは、「好ましくない人物」を国外に押し出すために、この制度を活用した。

こうしたイギリス人の契約移民——いわゆる「年季奉公人」（英語で「インデンテュアード・サーヴァント」、フランス語では「アンガジェ」と呼ぶ）——は、大陸部のみならず西インド諸島の労働力需要を充たすのに決定的な役割を果たした。西インド諸島で年季が満了すると、一定の土地を与えられることになっており、この過程が進行すると、いずれは植民地全体が入植者であふれるはずでもあった。とはいえ、当面、バルバドスやマルティニクのような〔砂糖植民地の〕植民者たちは、労働力の不足を感じていたことも事実である。しばらくは、土着のアメリカ人〔インディオ〕を奴隷としてヨーロッパ人年季奉公人といっしょに働かせたりしたのも、そのためであった。しかし、まもなくそれも不可能となり、プランターたちはアフリカ人奴隷を獲得するようになった。したがって、いわゆる砂糖植民地における初期の労働パターンは、ヨーロッパ人の小土地保有者、年季奉公人、アフリカ人およびインディオの奴隷という、混合形態をとっていた。

砂糖生産への移行にはかなりの資本が必要であったが、それがオランダ人によって供給されたことは、すでに見たとおりである。かれらオランダ人は、すでにサトウキビの栽培にも、製糖業にも経験があった。英領バルバドス島では、比較的成功したプランターたちが隣人の土地を買い取り、搾汁工場や煮詰め作業所、乾燥部屋などをつくったために、煙草から砂糖への移行が大所領の形成を結果することになった。同時に、年季奉公人が年季満了時に土地を与えられるということもなくなってしまった。小農場が消滅し、プランテーションが成立した。その結果、一七世紀末以降、アフリカ人奴隷が激増した。奴隷制は、人間「商品《ストック》」へのかなりの投資を必要としたが、労働力を引き出す方法としては、他の形態よりは有利なものとみなされはじめたのである。若い教師であったダウニングなる人物が、プランテーション制度が展開した一六四五年にバルバドスから書き送ったところでは、「本年は少なくとも一〇〇〇人以上の黒人がもち込まれた。より多くの黒人を買い取れば買い取るほど、かれらの奴隷購買力はいっそう高くなる。というのは、黒人奴隷というものは、ほぼ一年半で元がとれるものだからである」、という。〔砂糖生産の〕先駆となったバルバドスやマルティニクのような島で奴隷制が成功した結果、英領および仏領カリブ海域のアフリカ化がはじまった。一七〇一年から一八一〇年までのあいだに、わずか一六六平方マイルしかないバルバドス島に、二五万二五〇〇人のアフリカ人奴隷が導入された。一六五五年にイギリス人が占領したジャマイカも、同じパターンの「経済発展」を経験した。バルバドスの例と同じ一〇九年間に、この島は六六万二四〇〇人の奴隷を受け入れた。*60

一八世紀は、英領および仏領の奴隷制砂糖プランテーションの最盛期であった。カリブ海のプランテーションの歴史の第一期、すなわちスペイン人の時代には、「混合型」の労働形態がとられ、その第二期——一六五〇年から一八五〇年まで——には、デンマーク人、オランダ人、イギリス人、フランス人などが三種類のそれぞれにまったく違った労働力管理の形態を採用した。しかも、英領で一八三三年、仏領で一八四八年に行なわれた奴隷解放によって、「奴隷」制一色の形態には終止符が打たれるとしても、それ以前にも現実にはいろいろな変化があった。第三の時期は、カリブ海域史における「契約労働者」時代である。奴隷解放の影響を和らげ、労働コストの上昇を避けるために、輸入労働力を利用する新たな方式として採用されたのが、この制度である。しかし、この制度も一八七〇年代には消滅し、残存していた奴隷制も、一八七六年にはプエルト・リコで、一八八四年にはキューバで、それぞれ廃止され、以後のカリブ海域では、若干の例外を除いて労働はすべて「自由」となった。

砂糖などの商品をイギリスで消費している人びとにとっては、このような変化はあまり重要な意味はなかっただろう。しかし、本国が植民地における労働者の処遇に対する態度を変えていったことで、経済的には大きな影響が生じた。カリブ海の諸島に奴隷制プランテーションが出現したとき、ヨーロッパ自体では、まさしくマルクスが資本主義の特徴と考えたような、自由なプロレタリア的労働者が立ち現われた。「大衆からの土地収奪こそが資本主義的生産様式の基礎をなしており」、「いわゆる本源的蓄積とは……生産者を生産手段から切り離す歴史的過程以外の何ものでもない」[*61]、とマルクスはいう。農村の深刻な社会的・経済的変動によって無産者となったヨーロッパの労働者たちは、結局は都市に出て工場労働者、つまり、プロレタリアートになった、というのが、かれの見解である。一九世紀中頃の時点でものを書いていたマルクスにとっては、プロレタリアートの出現は、それほど決定的な出来事のように思えたのである。しかし、一七世紀の段階では、そうした変化はようやく始まったばかりであった。

まったく同じ頃、新たに獲得されたカリブ海の英領および仏領植民地でも、同じように無産となった大衆が労働者として使役されはじめていた。しかし、同じ無産の大衆とはいえ、ここで使われた人びとは奴隷であり、土地を失った自由な労働者というものではなかった。強制連行され、鎖につながれたアフリカ人たちは、自らの肉体をさえ所有しておらず、ただその労働を提供するだけであった。奴隷とされ、新世界につれてこられたことで生産手段から切り離されたかれらは、この土地でふたたび生産手段と結びつけられつつあったということもできるが、それは市場の作用によってではなく、笞によってであった。この二つのタイプの労働者を比べてみると、奇妙な問題に思い到る。すなわち、こうしたカリブ海の植民地やそれを経営したプランターたち、その下で働かされた奴隷たちは、ヨーロッパの、自由な無産の労働者たちを包含していたあのシステムの一部だったのではないか、と。工場制に支えられた資本主義が西ヨーロッパの典型となる以前の時代には、カリブ海のプランテーションやその経営様式は、どう規定すればよいのだろうか。ふつうにいわれるような意味での〔産業〕資本主義はいまだ影も形もないのだとすれば、それらはいったいどのような経済システムに属していたというべきであろうか。

資本主義を問題にしたすべての、とまではいわないが、ほとんどの研究者は、資本主義が支配的な経済形態となったのは一八世紀末以降で、それ以前ではなかったと信じている。しかし、資本主義は、それに先立つ経済システム――おそらく、ヨーロッパの封建制であろう――を打倒し、世界商業のシステムをつくりあげないでは、出現することができなかった。資本主義の成立過程には、植民地の形成と、〔それをベイスとする〕世界各地での経済実験のための企画の実践なども、必然的に含まれていたのである。輸入された奴隷を使って、新世界に新たな形態の奴隷制生産を展開すること――ヨーロッパ自体の経済成長に寄与した要因のなかで、単一の要因としてはこれがおそらく最大であっただろう――もまた、同じ過程の一部だったのである。カリブ海域のプランテーションはこのプロセスの不可欠な一部であり、こうした諸特徴をことごとく体現してもいた。それはまた、ヨーロッパに重要な消費物資を供給し、ヨーロッパの生産物にとっても大切な市場となったのである。このような意味で、カリブ海のプランテーションは、ヨーロッパ自体の利潤の獲得のために決定的な役割を果たした。おおかたの権威が〔産業〕資本主義の成立期としているより以前の時期についてさえ、そういえるのである。

このように考えると、プランテーションは工業企業体の初期形態だという、上述の議論に戻ってゆくことにもなろう。というのは、そこでも中心部であるヨーロッパ以外のところで、早熟な発展がみられたことを強調しておいたからである。労働の形態においても、組織の点でも、プランテーションが特異なものであったことは確かである。しかし、にもかかわらず、プランテーションがヨーロッパ側の必要に基づいてつくられたものであり、特有の仕方で長期的にヨーロッパの経済発展に決定的な影響を与えたことも事実である。かりにそれが「資本主義的」ではなかったのだとしても、資本主義にむかう重要な一歩であったこともまちがいない。

初期のバルバドス島の、ついでジャマイカの砂糖プランターたちは、プランテーションの価値をそこからあがる利潤によって評価した。かれらに信用を供与した人びとも、同様の方法でプランテーションを評価したといえる。こうしたプランテーションの所有者というのは、一般には実業家であって、しばしば不在地主でもあった。かれらが投下した資本はふつう借入れられたもので、その大半は本国の銀行〔業者〕から出たものであった。

とまれ、こうしたプランターたちの存在は、イギリスにとって大きな経済的《ファイナンシアル》利益となった。というのは、かれらは自己の所領を抵当に入れた場合、高率の利子を支払ったので、その抵当がイギリスの資本家にとって絶好の投資対象となったからである。それに、プランテーションで投下された資本は、本国内で利子を取って貸し出されるより、本国にとって有益であった。というのは、前者は入植者を植民地にとどまらせる役割を果たし、その結果、いろいろな点で、イギリス製品の消費をふやしたからである。ジャマイカのプランターひとりが消費する一〇〇〇ポンドは、結局のところロンドンで同じ家族がこの二倍の金額を支出するよりも、イギリスにとってははるかによい結果をもたらし、はるかに大きな利益となった。*62

帝国経済の研究者のなかには、生産者保護政策がとられたために消費者に転嫁された負担を考えれば、西インド諸島植民地の保有はイギリスにとって損失であったと主張する者もある。しかし、砂糖消費者の損失は砂糖プランターの利得であり、関税は、誰が払うにしても、王室の収入となったことを想うべきであろう。同時に、これらの植民地は完成品の大市場でもあった。一八世紀のうちに、イギリスの北米・西インド諸島むけ輸出は、二三〇〇パーセント分の激増を経験したのである！　トマスとマクロスキーがいうとおり、社会的利潤率と私的利潤率は別のものなのだ。

植民地のプランテーションや農場は、その所有者に私的利潤をもたらしたことは明らかである。砂糖の保護政策のコストはイギリス本国の消費者が負担し、行政と防衛のコストはイギリスの納税者が支払った。したがって、負担は広汎にひろがっていたが、利益はたまたま本国議会に利益代表を十分に送り込んでいた一握りの、植民地の土地所有者の手に集中した。一八世紀イギリスの重商主義は、イギリスの富を最大限にふやすための一貫した国策というようなものではなかったし、一九世紀の諸帝国が、すでに資本主義化した本国を富ませようとして実施した諸政策の予行演習というわけでもなかった。むしろそれは、政府の財政収入をふやし、特定の利益集団を豊かにするために考え出された方策であったこと、経済史家レイフ・デイヴィスの示唆しているとおりである。これとの本質は、マンチェスターの綿織物業者やブリストルの奴隷商人や西インド諸島のプランターの利益となることが、必ずしもイギリス経済全体にとっての利益とはいえないということである。*63

自由貿易の初期の代弁者であったアダム・スミスは、このことを熟知していた。かれはいう。「ひたすら顧客となる人びとを育てることだけを目的として大帝国を形成するのは、一見したところでは、商人の国家にのみ適合的な計画のようにみえる。しかし、現実には、それは商業にはまったく不適当なもので、商人の圧力に弱い政府をもった国にこそ、きわめて適合的な計画であるというほうがあたっている」*64、と。とはいえ、結局勝ち抜いたのは「商人」であり、砂糖が恰好の武器のひとつとなった。かれらのことを知ろうとすれば、砂糖がもっていた特異な魅力の秘密を知る必要がある。さらに、砂糖やそれに似た商品の本国市場は、最初の「砂糖植民地」が獲得された一六五〇年頃から一九世紀中頃までのあいだに、どのようにしてこれほど急速に成長したのか。またその原因は何だったのか。これらの問題に答えることも重要になってくる。この奇妙な植民地農業制度が、資本主義とどういう関係にあったかについても、いま少し踏み込んだ議論が必要であろう。

しかし、当面は、プランテーション制度そのものについて、もう少し議論しておく必要もあろう。というのは、その成長への刺激を与えたのは、遠く離れたヨーロッパの企業家たちであったにしても、それ自体はいわば一種の強制労働によって運営されるものだったからである。生産手段——道具や土地など——をもたないという点では、奴隷はプロレタリアと同じであったが、プロレタリアの場合は、労働の場所や量、誰のために働くかということなどを多少とも自分で決めることができたし、賃金の使い方にも制約はなかった。ある種の条件のもとでは、かれらはかなり大きな影響力をふるうこともできたのである。

もちろん、奴隷にしたところで、かれらのおかれた制度の特質の範囲内では、それなりにうまくやることも可能であった。しかし、奴隷は自らが主人の家産——財産——だったのだから、プランテーション経営がまるで熱病のごとくひろがっていた時代の新世界では、この制度のいわばすき間を縫ってしか、自己の意思を実現することなどできなかった。奴隷のような強制労働に従う者は、自由な労働者とは違って、売るべきものを何ひとつ持ち

19世紀の製糖（煮詰め）工場の内部二景。上図はR.ブリジェンズ，下図はW.クラーク作。ここでも，時間に厳しく，訓練の行き届いた労働を用いる，製糖業の工業的性格がよく表われている。

合わせていない。かれらには、自らの労働をすら売ることができないのである。それどころかかれらは、自らが売買され、取引されたのである。とはいえ、かれらもまた、プロレタリアと同じく、ヨーロッパ封建社会の農奴とはまったく違った立場に立っており、無産者であることに違いはなかった。

プロレタリアと奴隷というこの二つの労働者の大群は、たしかにそれぞれに異なった歴史をもっており、それぞれが体現している労働形態も、本書が対象としている三八〇年間のほとんどの期間を通じて、世界のまったく別の地域に成立していた、ということができる。しかし、同時に、世界貿易のシステムにおける両者の経済的機能には、とくに一七世紀中頃から一九世紀中頃にかけては、十分に重なり合うものがあり、相互依存的でさえあった。カリブ海の奴隷とヨーロッパの自由な労働者は、生産の環によって結ばれており、ひいては消費の環によっても結ばれていたのだが、そうした環は単一の世界貿易のシステムによって生み出されたものであり、奴隷と自由な労働者とはそうしたシステムの一部を構成していたのである。どちらの集団にしても、自らの労働を提供すること以外には、生産に寄与するすべをもたなかった。どちらの人びとも、生産はしたが、自ら生産したものをほとんど消費することができなかった。どちらの人びとも、〔生産手段としての〕道具を所有してはいなかった。したがって、じつはこの両者は単一の集団を形成していたのだが、他人がかれらのために勝手につくった世界的分業体制への組み入れられ方が違っていただけだ、と主張する研究者がいるのもけだし当然といえよう。*65

このように言うのは、近代世界の労働力創出の複雑な過程をあまりにも単純化してしまうことになろう。というのは、こうした労働力を生み出し、それを使役した資本主義経済そのものが、きわめて多様な性格をもつものであったからである。カリブ海域の奴隷制プランテーションは、西ヨーロッパにおける強力な商船隊および海軍の発展によってはじめて大成長を遂げることができたのだし、そもそもそのことがプランテーション成立の前提条件とさえなっていた、ということもできる。プランテーション制度の完成はまた、大量の商品——ラム酒、武器、織物、宝石、鉄など——が奴隷購入のためにアフリカに流れ込むことを意味した。いわば、いっそうの奴隷狩りを促進する以外に、アフリカの発展には何ひとつ寄与しない大量の投資をもたらしたのである。それはまた、中心部の諸国に膨大な富を蓄積させ、植民地の防衛と奴隷の強圧的支配・管理を可能にした。プランテーション制にあくまで重商主義の理想——貿易は本国とのあいだのみに限定し、その貿易も本国の船舶によってのみ行なうという——を押しつけようとするのは、各国の経済体制全体にとってはひどく高価についた。むろん、そこから莫大な利益を得た集団があったことは、すでに見たとおりなのであるが。強制労働を基礎とする植民地の従属的プランテーション経済が創出、強化されていったのは、四世紀以上に及ぶ現象であった。この間、中心部ヨーロッパでは劇的な変化が起こったのに対して、植民地のプランテーション制度はほとんど変わらなかった。

一六五〇年から一七五〇年までの一世紀は重商主義の時代であり、商業と商業発展の時代であったとして、「本当の資本主義」は一八世紀末から始まる工業的な局面だけだというのが、ごくふつうの見解になっている。[*66] しかし、そうだとすると、資本主義的生産様式の成立以前に、資本主義は存在したことになってしまうのだろうか。なぜなら、ヨーロッパに砂糖や煙草を供給したプランテーションは、そこで使役された労働者が奴隷であってプロレタリアではなかったことからすれば、〔生産関係の点では〕おそらく非資本主義的なものであったとも言えようが、そう言ってしまうと、〔四世紀以上にわたって存在した〕プランテーション制度とは、いったいどんな経済体制によって生み出されたものか、説明に窮するからである。

その刺激的な評論のなかでバナジは、レーニンやカウツキーのような古典的な理論家を含めて、多くのマルクス主義者が近代奴隷制経済の解釈に苦しみ、それを世界経済史にどう位置づけるかという問題にてこずってきた、と指摘している。[*67] マルクス自身にしても、その資本主義の構図のなかに、奴隷制プランテーションをどのように位置づければよいのか、必ずしも自信がなかったようにみえる。西インド諸島植民地の植民者たちは、「ブルジョワ的な動機で商品生産をしようとする人びとらしい[*68]」行動様式をもっている、というのがマルクスの見解であった。プランテーションは「商業投機」のための企業体であり、そこには「ごく形式的な意味にすぎないにしても、資本主義的生産様式が実在する。……奴隷を使役する企業を運営しているのは資本家である」[*69]。しかし、そうかと思うと別のところでは、かれは「アメリカのプランテーション所有者を資本家と呼ぶのも、じっさいにかれらが資本家であるというのも、自由な労働を基礎とする世界市場のなかで、かれらは例外的な存在なのだということを当然の前提としてのことである」[*70]ともいう。後代の論者も、この問題にかんしては同様に歯切れがわるい。たとえば、ユージン・ジェノヴィーズは、あるところでは「英領カリブ海域の奴隷体制は、明確な資本主義の刻印を押されている」し、砂糖は、「資本家である奴隷所有者によって経営される完璧にブルジョワ・タイプの大プランテーション」で栽培された[*71]、と言っている。ところが、かれの以前の著作では、次のように断定しているのである。この著作はたしかに、砂糖を生産する西インド諸島のプランテーションではなく、合衆国のプランテーションで綿花を栽培した人びとを扱ったものではあるのだが、それにしても、そこでは、「プランターというのは、たんに資本家であるだけではない。かれらは前資本主義的・半貴族的地主でもあって、その経済と思考様式をやむなく資本主義的世界市場に適応させていた人びとでもあった[*72]」、と主張されているのである。

プランテーション制度が「資本主義的」であったか否かなどということには、どんな意味があるのか、と疑問に思うむきもあろう。しかし、この問題は、経済体制の成長・変化の仕方や、ひとつの発展段階から別のそれへの移行をもたらす因果連関と関係があるために、避けて通れないのである。プランテーションは、いわば早咲きの工業化であった、とはすでに論じたところである。しかし、だからといって、プランテーションを生み出した当時のヨーロッパ経済が資本主義的であった、とも言い切れない。というのは、奴隷労働は、つねに自由な労働を前提とするとされる「資本制生産様式」とはあまりにも対照的で、マルクス自身でさえ、これをどう扱うべきか確信がなかったらしいこと、上述のとおりだからである。そうは言っても、プランテーションや、プランテーションが生み出した膨大な経済活動――そこで行なわれた生産とそれがもたらした本国商品への消費需要――が、本国にとって重要な意味をもったことに変わりはない。

バナジの見解では、プランテーションは、あらゆる意味で、資本主義的な企業体であった。それは、中心であるヨーロッパに結びつけられ、ヨーロッパの富によって動かされ、そこで生み出された富の相当の部分が、いろいろなかたちで本国の投資家に還元され、マルクスのいう「商業投機」の場として機能した。しかも、ここで行なわれた投資は、かなり静態的なもの――大半は土地、奴隷、設備のかたちをとる――で、何世紀にもわたって、目立った変化がなかった。それが生み出す利潤は、企業規模の拡大によってふやすことはできた――規模が二倍になれば、生産量は二倍以上になる――が、技術革新による生産性向上を通じて利潤を高めることは、ごく限られた範囲でしかできなかった。したがってプランテーションは、投機的な企業体であると同時に、変化の乏しい企業でもあった。砂糖生産でギャンブルはやれるが、強制労働の使用を含めて、砂糖生産の方法そのものは何世紀間も実質的に変化しなかったのである。奴隷制度とプランテーション商品のための世界市場とのこの奇妙な取り合わせについて――トリニダードの史家エリック・ウィリアムズは、かつてこれを封建制度の罪と資本主義の罪とをあわせながら、そのいずれの徳をも持ち合わせない制度と呼んだ[*73]――、バナジは次のように述べている。「奴隷制プランテーションのこの多様性と一見してバラバラな性格のゆえに、今日得られるほど十分な情報もないままに初期のマルクス主義者たちが、はじめてプランテーションの性格規定をしようとしたとき、一連の相矛盾したイメージが生まれたのだ[*74]」、と。

しかし、「相矛盾したイメージ」は、いまだに続いているというほうが、より正確であろう。プランテーションへの投資は、それほど高水準の資本蓄積には至らず、何世紀にもわたって、土地、労働、技術の関係があまり変わらなかったことも事実である。これらの点で、プランテーション制度は明らかに、のちの時代の、生産力の高い工業的な局面の資本主義とは異なった様相を示している。それに、一八五〇年以前のプランテーション型生産様式は、じっさいのところ奴隷労働に頼っており、いわゆる資本制生産様式とはひどく違っていた。というのは、後者では、労働力は他の生産要素と同じく、非個人的な市場で購入されるのがふつうだったからである。したがって、プランテーション制度を、一九世紀のイギリス工場制度が資本主義的であったというのと同じ意味で「資本主義的」であったと考えるのは正しくない。とはいえ、プランテーションの問題を考えるのに、それを生み出した「世界経済」——それ自体、いままさに生まれ出つつあったともいえるのだが——と切り離して眺めたり、中心部＝ヨーロッパにおける資本蓄積にそれがあまり役立たなかったなどと称したりするのは、同様に誤りというべきであろう。西インド諸島に投資されたヨーロッパ資本は、かりにもっと他の場所なり、ほかのやり方なりで投資されておれば、じっさいにはもっと多くの利潤をあげえたはずだとして、たとえば、イギリス経済にとって、プランテーション現象は全体として損失であったなどと結論する史家でさえ、たとえ他の人びとにとってはそれが耐えがたいほどの失費になったとしても、この現象によって膨大な利益を得たイギリス人がいたことは、認めているのがふつうである。[*75] しかも、こうして稼がれたおカネは、その「働き」をやめたわけでもない。おそらく、この点がきわめて重要である。一七世紀前半、イギリスの権力者のなかには、砂糖などの商品は自分たちの幸福に重大な意味をもっていると確信し、そのために、プランテーション開発とその関連部門に投下された資本の権益を守るために、猛烈な政治活動を展開する者もあった。かりに、こうした人びとが資本家ではなかったとしても、また、奴隷をプロレタリアだとはいえないにしても、さらに、自由経済よりは重商主義がひろがっていたとしても、利潤の蓄積率が低く、資本の内容構成に目立った変化がなかったとしても——つまり、こうしたことがすべて事実であったとしても——、〔プランテーションという〕この奇妙な農＝工業複合体は、本国内のある種の資本家階級の成長に寄与し、その過程で自ら資本主義化していったということもまた、事実であった。プランテーションというものが、初期のプロレタリア階級にも大いに貢献したことは、後述するが、要するにかれらは、鉱山でも工場でも、砂糖その他の嗜好品《ドラッグ》になぐさめを見いだすことがきわめて多かったのである。

砂糖と自由貿易

砂糖の生産と消費をイギリスが自ら結びつけたのは、一七世紀のことであった。すなわち、イギリスがバルバドス、ジャマイカその他の「砂糖諸島」を獲得し、アフリカ人奴隷貿易をいっきょに拡大し、ヨーロッパ大陸の砂糖取引におけるポルトガルの独占をおびやかし、はじめて広汎な国内消費市場を成立させたのが、この世紀なのである。生産と消費のこうした結合関係はいったん成立すると、少なくとも一九世紀中頃までは、本国におけるいろいろな階級からの攻撃にも耐えて、生きのびた。それ以後は、西インド諸島の特権への配慮がなくなり、もっぱらイギリスの消費者に、豊富で安価な供給を保証することだけをめざす政策に転換した。一九世紀中頃は、航海法体制下のいわゆる保護主義から自由貿易への決定的な移行の時期であった。じっさい、この移行は一八五〇年以前からはじまっており、砂糖にかんする限り、一八七〇年代にならないと完了しなかった。

この移行にかんする論争はあまりにも複雑で、かんたんには説明しにくい。というのは、各論者の立場の背景にある動機が、あまりにも多様だからである。なお奴隷制の続いている外国の植民地の競争をおさえるために、奴隷制のもとで生産された砂糖のイギリスへの輸入に罰則を設けようと主張する者もあった。しかし、たとえば「マンチェスター派」のように、奴隷制の存廃などには関心がなく、とにかくイギリスにもっとも安価な商品が無条件で流れ込むことだけを望んだ者もあった。西インド諸島のプランターたちは、奴隷制が廃止された以上は(一八三四〜三八年)、植民地への〔アジア系〕契約労働者の輸入を認めるよう要求し、帝国内・外で生産されたあらゆる砂糖に対して、自分たちの砂糖の特恵的輸入特権を認めよ、とも主張した。これらの利益集団であれ、他の対立する集団であれ、それぞれの集団が特定の貿易政策を望む理由を素直に語っていると考えるのは、いかにも馬鹿げている。自由貿易をめぐる論争は、議会に不誠実さをみなぎらせる結果になった。一八四一年、外国産砂糖への関税を下げて、砂糖消費量をふやし、財政収入をふやそうという政府の方針をめぐって闘わされた論争に際して、パーマストン子爵が行なった皮肉な演説は、その真意がうまく包みかくされている。政府としては、イギリス人消費者のために砂糖価格を下げ、大蔵省は収入をふやそうという作戦だったのだが……。

われわれが、ブラジル人に次のように問いかけたとすれば、いかがなものでありましようか。すなわち、われわれは、他のいかなる国よりも安価に綿製品を供給できますが、あなた方はこれを買いませんか、と。ブラジル人はきっと次のように答えるでありましょう。たしかに買わせていただきますが、代金は私どもの砂糖とコーヒーで支払わせていただきます、と。そこで、われわれは答えるわけです。それは困ります。なぜなら、あなた方は奴隷を使って砂糖やコーヒーをつくっているわけですから。われわれは原則を重んじる国民でして、奴隷労働でつくられたものを食べるのは、良心に反します、という次第。さて、こうなると、話がそれきりになることは、誰の目にも明らかでありましょう。ブラジル人には、自分でつくった砂糖やコーヒーを自家消費してもらうほかないことになるわけです。これでは話になりません。われわれは原則を重んじる国民ではありますが、商売を重視する国民でもあります。したがって、ブラジル人をかれらの苦境から救うことも、われわれの責務なのであります。しからば、かれらには次のように言ってあげるべきでありましょう。すなわち、イギリス人のすぐ隣には、およそ四〇〇〇万人のドイツ人がいて、勤勉で繁栄もしていますし、われわれイギリス人ほど潔癖性でもありませんから、あなた方の砂糖はあちらにもち込まれてはいかがですか。ドイツ人は買ってくれるに違いありませんし、そうして得られた外貨で、どうかわが国の綿織物をお買い求め下さい、と。しかし、これにはブラジル人もいささか難色を示すでありましょう。すなわち、ドイツ人は大西洋の彼方に住んでいるのですから、砂糖は船で送るほかありませんが、ブラジルの船は数も少なく、大洋の航海には適してもいません、と。そこで、すかさずわれわれは言うべきであります。イギリスには船はいくらもありますし、運搬して差しあげましょう。奴隷労働によって生産された砂糖は、イギリスの倉庫に入れるわけにはゆきませんが、船は別ですから、と。しかし、それでもなお、ブラジル人は納得いたしますまい。ドイツ人は好みがうるさく、精白糖を好みますが、ブラジルでは精糖が困難なうえ、ドイツ人も自ら精糖の手間をかけたりは致しませんので、というのではないでしょうか。そこで、われわれはまた便宜をはかることになるのであります。いわく、砂糖の運搬ばかりでなく、精糖もわれわれが引き受けましょう。奴隷のつくった砂糖を消費するのは罪深いことでありますが、粗糖を精白することには何の害もありません。というのは、じっさいそれは、もともと不純だったものをきれいにするだけのことなのですから。おそらく、それでもブラジル人は食いさがるかもしれません。ブラジルは、ドイツ人だけではとても買い切れない量の砂糖をつくっているのです、と。そこで、底抜けのお人好しであるイギリス人は、それじゃあ残りは私どもで買いましょうと言わざるをえなくなりましょう。もっとも、なにぶんわれわれは良心的な国民なのですから、それを自ら消費するわけにはまいりません。だから、それは西インド諸島かオーストラリアに送りましょう。かの地の住民は黒人か入植者だけですし、かれらとしては良心を気にかけるような権利はないのでありますから。かくて、この問題であなた方がわれわれを悩ませることはないはずでありますので、ただちに、次のように申しあげるべきでありましょう。イギリス産の砂糖が一定以上の価格になった場合には、あなた方ブラジル人が奴隷を使ってつくった砂糖の輸入をふやし、自分たちで食べますよ、と。[*76]

論争は、奴隷制と保護主義のもとでぬくぬくと太ってきた西インド諸島のプランターたちが、市場の拡大に対応して、十分に競争力を発揮することができず、他方、本国の自由貿易論者たちが、政府の意図とかれら自身の主張がたまたま一致して、変化を求めるチャンスと感じていた一八四〇年代に、最高潮に達した。

バルバドスがすでにそこそこの砂糖を生産しており、ジャマイカもイギリス人の手に落ちていた一六六〇年から一七〇〇年までのあいだに、毛織物輸出が他の商品の輸出にとって代わられるようになって、イギリスの外国貿易は大転換を遂げた。熱帯性商品を中心とする再輸出貿易が毛織物にとって代わり、東インドおよび新世界からの輸入品の三〇パーセントがイギリスを中継基地として再輸出されるようになった。このような大発展は、ひとつには新たな供給源がひらかれたことから起こったのだが、いまひとつには、「広大な需要が、イギリスでも、ヨーロッパでも新たにひらかれた」ことが原因となった。「ここでいう需要の拡大は、こうしたイギリス領プランテーションの生産物が突然値崩れを起こし、中産階級や貧民にまでその消費がひろがった結果として生じた。しかも、こうして確立した消費の習慣は、以後の価格変動でも揺るがず、世紀末まで急速に成長し続けた」[*77]。この変化をもっともよく示しているのは、煙草である。一六世紀末には奢侈品であった煙草は、一世紀以内に「あらゆる階層にひろくゆきわたったなぐさめ」となった。砂糖の場合も似たようなものであった。すなわち、

イギリス領での生産の拡大は、国際的な動向の一部であり、その結果、価格は大きく下落した。一七世紀初頭には、なおポルトガルの(つまり、ブラジルの)砂糖生産はすでに急成長を遂げており、価格は急落していた。英領西インド諸島は、砂糖の生産をはじめるにあたっては、すでに確固とした地位をもつこの巨大な新世界の砂糖生産者と競争しなければならなかった。英領西インド諸島は遅れてきたわけで――バルバドスでも一六四〇年代、ジャマイカが本格的な生産地となるのは一六六〇年以降――、一六六〇年代のはじめには、なおイギリス市場においてさえ、ポルトガルと競争をしなければならないくらいであった。しかし、その頃には、競争そのものが原因となって、価格がかなり下がっており、一般に、一六八五年までは下がり続けた。この一六八五年までには、イギリス糖が、イギリス国内の市場はもとより、北部ヨーロッパの全市場からポルトガル糖を駆逐してしまった。内乱〔いわゆる「ピューリタン革命」〕までは、ほとんど無視

しうる量であったロンドン港への西インド諸島産砂糖の輸入は、一六六三年と六九年の平均値で一四万八〇〇〇ハンドレッドウェイト、一六九九年から一七〇一年の平均で三七万一〇〇〇ハンドレッドウェイトへと激増した。しかも、このあとのほうの数値の三分の一は再輸出された。プランテーションにおける砂糖の価格は、ハンドレッドウェイト当たり、一六八五年に一二シリング六ペンスという低い数字を記録し、小売価格も一六三〇年から八〇年までのあいだに半減した。*78

問題は、英領植民地の設立やヨーロッパ中継基地の形成といったことだけではなく、突如としてその商品の価格が低下したことこそが重要なのだというR・デイヴィスの主張は、理解しやすい。この発展は、まさに「この点において、およそ一世紀後におこる技術革命〔産業革命〕に酷似している。というのは、後者もまた、安価な機械製生産物によって、イギリスおよび諸外国の住民のあいだに、新たな消費習慣をひろめたからである」。*79 生産の点では、この二つの大変化は、たんに類似《アナロガス》しているというにすぎない。なぜなら、砂糖生産を行なうプランテーションは、蒸気機関を使った繊維工場と同じではなかったからである。しかし、消費の点では、両者はまったく同一《ホモロガス》である。なぜなら、この両者は、おそらく史上初めてのことであろうが、労働の意欲と消費の意欲を目にみえるかたちで結びつけたからである。これまでは大衆には手の届かなかった消費財をどんどん供給できるようになったのをみた上流階級は、かれら大衆が、消費をふやしたいばかりに、より熱心に働くようになるかもしれないという可能性に思い至ることになったのである。

産業の多様化が外国貿易に重大な影響を与える以前に、つまり、技術変化によってまったく新しい商業発展の基礎が築かれる直前の四世代のあいだに、イギリスの商人階級は、商取引の利潤と砂糖や煙草、胡椒、硝石などを大洋を越えて運ぶための海運業の収入とで、大いに富裕になり、資本を蓄積することができた。これらの活動は一六六〇年以降の一世紀間のイギリス外国貿易に多大の寄与をしたばかりか、この国の資本を大量に需要もしたのだから、かつてこの世紀に「〔イギリス〕商業革命」の名を冠した歴史家たちに、いま少し敬意を払っても当然ということになるのではないか。*80

この、いわゆる商業革命こそは、多くのマルクス主義史家が完全に資本主義的なものとは認めようとしないにもかかわらず、一六六〇年以降の一世紀間の諸変化の根底にある動向であることは明白である。マルクスにとっては、それは資本主義を可能ならしめた〔本源的〕蓄積の過程とみえた。

いまや本源的蓄積の種々の契機は、多かれ少なかれ時間的順序をもって、ことにスペイン、ポルトガル、オランダ、フランス、イギリスのあいだに分配される。イギリスでは、それらが一七世紀末には植民地制度、国債制度、近代的租税制度および保護貿易制度において体系的に総括される。これらの方法は、一部はもっとも凶暴な強制力にもとづいて行なわれる。たとえば、植民地制度はその実例である。しかし、封建的生産様式の資本制生産様式への転化過程を、植物を温室で育てるように促進し、移行期間を短縮し……

ヨーロッパにおける賃金労働者は、ヴェイルに覆われてはいるが、実質的には奴隷とあまり変わらないのだが、かれらが存在しうるためには、その踏み台として、新世界における純粋かつむきだしの奴隷制度を必要としたのである。*81〔向坂逸郎訳、訳文一部変更〕

どんどん増大するヨーロッパの都市人口に提供する刺激物や薬物、甘味などの船荷を生産する新世界の奴隷制プランテーションが、後代の産業革命といかに直接的に関連していたかについては、マルクスは別の箇所でも指摘している。いわく、

自由と奴隷制とは対立するものである。……ここで言っているのは、間接的な奴隷制とでもいうべきプロレタリアートのそれのことではない。直接的な奴隷制、つまり、スリナムやブラジルや合衆国の南部諸州などにおける黒人奴隷制のことである。直接的な

奴隷制は、機械や信用などと同じように、今日われわれの工業主義の基軸をなすものである。奴隷制あればこそ、植民地は価値をもつようになり、植民地は世界商業を生んだ。しかも、その世界商業こそは、大規模機械工業の不可欠な前提条件である。黒人奴隷貿易がはじまるまでは、植民地が旧世界に供給しうるものはほとんどなかったし、地球の表面には目に見えるような変化も生じなかった。したがって、奴隷制こそは、もっとも重要な経済体制なのである。[*82]

砂糖その他の商品の消費が増加するについては、いかにヨーロッパにおける経済活動の基本構造の再編成が必要であったかを強調したのは、E・J・ホブズボームである。かれの見解では、ヨーロッパ経済の長期収縮――「全般的危機」――こそが、一七世紀史の目立った特徴であった。この危機は、封建制から資本主義への移行の最終局面にあたるわけだが、地中海とバルト海との商業システムを崩壊させ、まもなく北大西洋の貿易網を中心におしあげる。こうした重心の移動は、世界貿易の流れを一変させた。「海外貿易がこれほど力強く、加速度的に成長していった結果、ヨーロッパの幼弱な産業はゆり動かされ――ときには、それによってはじめて生み出され――た。これほどの成長は、〔貿易構造の〕そうした変化がなければ、とうてい考えられないことであった[*83]」。こうした変化は、三つのまったく新たに生じた条件を前提として起こった、ともホブズボームはいう。すなわち、ヨーロッパ自体の内部で日用品の消費市場が拡大し、それが別の地域での生産面での変化と結びついていたこと、ヨーロッパの「開発」のために海外植民地が獲得されたこと、消費財を生産し、本国の生産物のかなりの部分を吸収すべき植民地企業体——たとえば、プランテーションのような——が創設されたことがそれである。ヨーロッパの経済活動の中心が地中海とバルト海からイギリスへ移りつつあったことを思えば、砂糖のような熱帯性商品の生産と消費が激増したのは、世界商業におけるイギリスの地位の上昇の原因でもあれば、結果でもあったといえよう。

一八世紀初頭までには、過去五〇年間の対外経済発展の影響が、本国の消費構造の変化というかたちをとって現われはじめた。むろん、そうは言ってもなお、砂糖などの輸入品の消費が、現代の基準でいえば——一九世紀のそれにてらしてさえ——、ごくわずかなものであったことは確実である。とはいえ、イギリス人の生活にとっての砂糖の意味は、劇的に変化した。エリザベス・ブーディー・シュムペーターが作成したイギリスの貿易統計をもとにリチャード・シェリダンが示したところでは、「食品」のカテゴリーにはいる輸入品——茶、コーヒー、砂糖、米、胡椒など——が輸入全体のなかに占める比率は、一八世紀のうちに、一七〇〇年の一六・九パーセントから一八〇〇年の三四・九パーセントへ二倍以上に上昇した。

一八〇〇年には、「食品」以外の八つの商品群はいずれも、総輸入の六パーセントをも超えなかった。「食品」のなかでは、粗糖と糖蜜がもっとも目立っていた。この二つで一七〇〇年には、公定評価額で「食品」の三分の二を占め、一八〇〇年には五分の二を占めていた。……イギリスの砂糖消費は、次の世紀の最初の四〇年間――一七〇〇年から一七四〇年まで――におよそ四倍になり、一七四一～四五年から一七七一～七五年のあいだにも、さらに二倍以上になった。一六六三年には、輸入された砂糖の半分が国内で消費されたとすれば、イングランドとウェールズの砂糖消費は、一六六三年から一七七五年までにおよそ二〇倍にふえた。同じ期間に、人口は四五〇万人から七五〇万人にふえたにすぎないから、一人当たりの消費が激増したことになる。[*84]

砂糖と関連の輸入品――ラム酒、糖蜜、シロップ――は主導的な役割を果たした。じっさい、イギリスの経済史家D・C・コールマンは、一人当たりの砂糖消費量は一六五〇年から一七五〇年までのあいだに、パンや牛肉、乳製品などの消費量より激しく上昇したと信じている。[*85]デールの推計では、一七〇〇年から一八〇〇年までのイギリスの一人当たり年消費量は、次のとおりであった。[*86]

一七〇〇～〇九年	四重量ポンド

一七二〇〜二九年　　八重量ポンド
一七八〇〜八九年　　一二重量ポンド
一八〇〇〜〇九年　　一八重量ポンド

年間一八ポンドなどという数値は、なおそれほど大きなものではないことは事実である。[*87] しかし、たとえその量がわずかだったにしても、それがいかに多くの人びとにとっての問題であったかは、重要なことである。それは、たかだか一世紀のあいだに四〇〇パーセント増にはなったのであり、いまや砂糖は従来よりはるかに多くの人びとに消費されるようになったのである。

一九世紀にはいると、たとえほんのわずかでも、すでに砂糖を使っていた人びとは、ますます熱烈にその消費量をふやそうとした。この世紀は、大英帝国で奴隷制が廃止された世紀でもあった。まもなく、砂糖生産の保護政策も廃止され、自由貿易にとって代わられた。これらは、イギリス資本家階級のなかの様々な集団間での正面切っての闘いがあってのちに起こったことである。むろん、砂糖だけからでは、これらの事件を完全に説明することなどできないが、砂糖の生産と消費がこれらの出来事の重要な局面をなしていたことも間違いない。[*88] 英領植民地への奴隷貿易は、一八〇七年に禁止され、奴隷制度そのものも、一八三四年から三八年までのあいだに廃止された。この間に、砂糖植民地の——したがって砂糖生産そのものの——将来について、大論争が展開された。その結果、前世紀に典型的であったような、閉鎖的な貿易政策はいつまでも維持できるものではないことが明らかになった。英領カリブ海域の砂糖産業は、相変わらずイギリスの砂糖市場で大きな位置を占めていたが、いろいろな理由から、そのシェアは圧倒的というわけにはいかなくなった。すなわち、サン＝ドマング〔サント・ドミンゴ〕喪失後、ナポレオンの政策の一部として、ヨーロッパ大陸でテンサイ糖の実験が成功し、ヨーロッパ中にテンサイ糖産業がひろがったこと、イギリス帝国内にモーリシャス——のちにはフィジーなど——のような新たな砂糖植民地が勃興したこと、英領西インド諸島以外の場所での砂糖生産——キューバの例のように、その大半は奴隷制に頼っていた——が拡大し、価格もより安価であることが多くなったこと、などがその原因と考えられる。

おそらく、他のいかなる熱帯性商品にもまして砂糖は、イギリス資本主義を構成する諸部門間の抗争の目印、いまや死刑を判決された重商主義の危険性のシンボルとなった。西インド諸島植民地は、相変わらず本国に従属し続けたし、その住民たちはプランテーションの労働力であり続けたが、本国自体は、まもなく、いつ、どこで砂糖を買おうと自由だと称して、自らを解放してしまった。砂糖生産に奴隷労働を使うのが、保守派の強い希望であったとしても、一八三八年以降は、それは根絶されなければならなくなった。さもなければ、この産業は、補助金と固定した——「自由」ではあっても——労働力とを支えとして生きのびるほかはなくなったはずである。結局、帝国でもっとも歴史の古い英領カリブ海の砂糖産業は、停滞してしまうか、資金はかかるが大規模化して発展するかの二者択一を迫られることになった。とはいえ、たいていの場合、意のままに選択する余地などはなかった、ともいえる。すでに別のところで筆者自身、次のように論じたことがある。

奴隷制廃止後に生じた状況は、一言にしていえば、世界の砂糖市場における競争の激化であった。窮極的には、つまりきわめて長期的にいえば、大規模な技術革新を推進し、これを採り入れることに成功したプランターこそが、この競争の勝者となったといえる。しかし、そういう風にいえるのは、きわめて広い視野に立った場合の話で、地方のレベルでは――つまり、各植民地のレベルでは――、プランターたちは、労働者側の交渉力を高めるような変革には、がっちりと一致団結して反対した。しかし、もちろん、こうした集団のなかにも、必要な労働力をめぐる競争があったし、技術進歩によって労働需要を減らす能力にも、プランターによって差があった……。じっさいのところ、相互に絡み合い、年代的にも重なり合う二つのプロセスが存在した、といえるが、その過程では、各プランター集団の内部で差が生じることも、当然と考えられる。すなわち、ここでいう二つの過程とは、「潜在的な」農民の労働力を維持し、補強しようとする競争と、新技術の開発ペースと巨額の資本投下の可能性とを前提とする技術革新の動きとである。*89

他方、技術変化が少ないということが、何世紀ものあいだ製糖業の特徴となってきたのだが、この点も一変し、決定的で全面的な技術変化が導入される。搾汁能力はいっきょに高まり、サトウキビの種類も変わり、サトウキビの病気の抑制や栽培の方法も大いに改善されたし、機械も次つぎと導入されるようになった。輸送手段も革命的変化を遂げ、その結果、それまで比較的小さな企業体であったプランテーションが、まるで似ても似つかぬ新しい、広大な農＝工業複合体になっていったのである。スペイン人のやっていた時代からすでに植民地産業であり、工業的色彩が濃く、輸出志向型であったカリブ海の砂糖産業は、いまや一点の疑念の余地もなく、対外発展を遂げつつあるヨーロッパ資本主義に呑み込まれたのである。一八八四年にキューバで奴隷制が廃止されてからは、すべてのカリブ海産の砂糖が、プロレタリアを労働力として生産されることになった。*90

砂糖と奴隷制の不思議な結びつきについては、これまでもあれこれ言われてきたが、カリブ海域において次つぎと奴隷解放がすすんだ結果、どんな「労働問題」が生じたかについては、ほとんど注意が払われてこなかったように思われる。すべての期間を通じて、奴隷解放——ハイチの場合は革命ということになるが——は、砂糖生産の激減につながった。というのは、解放された人びとは、プランテーションを離れて何か新しい生活の仕方をしようとしたからである。奴隷はデンマーク領では一八四八年、イギリス領では一八三四〜

三八年、フランス領では一八四八年、オランダ領では一八六三年、プエルト・リコでは一八七三〜七六年、キューバでは一八八四年に解放されたが、かれらはいったん解放されると、一方では、新たに導入された契約労働者との競争のため、より少ない報酬で、より一所懸命に働かざるをえなくなった。しかも他方では、遊んでいる土地その他の資源を利用させてもらうこともできなかったから、解放奴隷には、別の生計をたてる方法をつくり出すことも難しかった。じっさい、プランター階級は、奴隷制度という規律を飢餓による規律におきかえるだけで、解放まえとまったく同じ条件を再現しようとはかったのである。少なくともイギリス領の砂糖植民地にかんする限り、プランターたちは、まず奴隷貿易が廃止され、ついで奴隷制度そのものが、さらには英領西インド諸島産の砂糖への保護制度が、次つぎと廃止されたことによって、そうせざるをえない立場に追い込まれたのだ、と信じていたといえよう。当然のことではあるが、かれらは、本国における自分たちと同様の階級の人びとによって裏切られた、と感じたものである。

しかし、このようなプロセスは、別の方向からみると、とどのつまり、砂糖の消費とそこから得られる政府の収入が、イギリス資本主義の発展にとってあまりにも重要になったために、砂糖生産も、もはやこれまでのように、重商主義的・ナショナリズム的な政策に頼ることは許されなくなった、ということである。「自由」貿易に対する障壁をなくすことで、言いかえれば、世界でもっとも安価な砂糖が、イギリス市場にできるだけ広く浸透しうるようにすることで、イギリス資本主義の主導的な部門を握る資本家たちは、自らの同類であるプランター＝資本家階級を売り渡してしまったのだ。これこそ、西インド諸島の利害関係者が非難してやまなかったことでもある。

こうして世界の砂糖市場は開かれたが、いまでは奴隷制が廃止されてしまったジャマイカ、トリニダード、英領ガイアナなどにとっても、また、より新しい、やっと砂糖生産にのり出したばかりの地域、すなわちモーリシャス、ナタール、フィジーなどにとっても、なお労働力が必要であった。本国の資本家階級と植民地プランターとのあいだの政争は、外部にはあるのだが、政治力を使えば利用もできる労働力のプールに頼ることで、多少は緩和もされた。じっさい、西インド諸島のための特恵関税のかたちをとった保護主義は敗北したが、そのかわり、労働力の輸入の点では勝利したともいえる。労働力の輸入にかんしては、規制も弱められ、入移民を促進する財政基盤も整えられたからである。こうして、西インド諸島の労働者たちには何の保護も与えられなかったにしても、西インド諸島産の砂糖のほうは、間接的には保護されたのである（皮肉な見方をする人たちのなかには、ここに南北戦争後の合衆国とよく似た状況を読みとる者もある）。

ともあれ、移民労働力《マイグラント・レイバー》は帝国の枠内で移動した。たとえば、仏領西インド諸島にいるインド人の契約労働者の一部は、仏領インドから来たものであり、英領西インド諸島のインド人契約労働者は英領インドの出身である、等々という次第である。しかし、新たに砂糖生産をはじめた地域の多くも、同様に労働力を必要としたから、すべての動きがこういう種類のものであったわけではない。一九世紀全体では、おそらく世界中で一億人くらいが移住したと思われる。そのうちおよそ半数はヨーロッパ出身であったが、残りの半数は「非白人」世界――インドを含む――から出たものであった。ヨーロッパ人は、主としてはかつてヨーロッパ外につくられたヨーロッパ人の入植地――カナダ、オーストラリア、ニュージーランド、南アフリカ、南米南部、さらにはとくに合衆国などを含む――に行ったのに対し、非白人はもっと別の場所へ渡った。すでに別のところで論じたことだが、次のように言うことができよう。

砂糖、というより、それを求める巨大な商品市場は、世界の人口史を動かす大きな力であった。これがあったがゆえに、文字どおり数百万人のアフリカ人奴隷が新世界、ことにアメリカ南部やカリブ海とその沿岸地域、ガイアナおよびブラジルに運ばれたのである。このアフリカ人奴隷の移動についで、一九世紀には、インド人――イスラム教徒であれ、ヒンドゥー教徒であれ――、ジャワ人、中国人、ポルトガル人などが移住をした。インド人をナタールやオレンジ自由国へ移動させたのは砂糖であった。かれらをモーリシャスやフィジーへ送り込んだのも、砂糖にほかならなかった。また、ハワイへ次つぎと一ダースもの民族集団を送り込んだのも砂糖にほかならず、人びとをしてカリブ海域内をうろうろさせたのも砂糖であった。[*91]

ここには、いくつか注目すべき点がある。たとえば、熱帯植民地の肉体労働が、非白人によってなされるといった特徴が、ほぼ奴隷制度廃止時まで維持されたことはそのひとつである。さらに、砂糖と亜熱帯植民地の結びつきも、同様に維持された（もっとも、一九世紀中頃以降は、温帯作物であるテンサイからの砂糖生産が重要になり、史上はじめて、熱帯・亜熱帯生産物の市場に大穴があけられることになるのだが）。問題の生産物、つまり砂糖は相変わらず本国に流れ続け、それと交換された商品——食品、衣料品、機械、その他ほとんどあらゆる商品——も、「後進」地域に流れ続けた。いわゆる「後進」地域は、開発された地域に経済的に従属することによって、その後進性を緩和された、と主張することも可能かもしれない。しかし、このような主張が弱いものであることもまちがいない。この種の「比較的開発の遅れた地域」なるものは、工業化できる場合があっても、たいていは範囲のごく限られた工業化にしか成功していないからである。すなわち、セメント、ガラスびん、ビール、清涼飲料水などの製造工業が、その主要「工業」であることが多いのである。したがって、こうした地域は、相変わらず大量の完成品を輸入し続け、食料の輸入をさえふやすケースが少なくない。一九世紀の移民に二つの流れが区別できることも、興味深い問題である。経済学者サー・W・アーサー・ルイスは、この二面的な人口移動を、白の農業人移民を送り出した温帯地域――イタリア、アイルランド、東欧、ドイツなど――の農業の生産性に比べて、熱帯で移民を送り出した諸国のそれがはるかに低かったことと結びつけて考えている。*92 おそらく、比較的生産性の高い国の人びとは、後者の、つまりより生産性の低い地域からの移民ほど低い賃金では、とても移住する気にはならなかっただろう。しかし、オーストラリア、ニュージーランド、カナダ、合衆国などの諸国が人種主義的な政策を採用した結果、温帯地域から非白人が排除されるようになったことは明白である。やがて、白人移民が、より低賃金で非白人移民たちが生産した砂糖をかれら非白人以上に消費し、より高い賃金を得て生産した完成品を非白人移民たちに消費させるようになったという事実は、皮肉というだけでは済まされない。

こうして、砂糖の生産量はふえ続けた、というより、目もくらむほどの勢いで増加し続けたというべきであろう。その間にも、次つぎと新しい生産地が名のりをあげ、砂糖生産は各地に拡散もしたし、労働の強制の度合いもだいぶ緩和され、開発された地域では、砂糖の使い途も着実に多様化していったのだが。イギリス帝国内の生産と消費の上昇は、なによりも大きな、全般的な動向の一部としても見なければならないものである。一九世紀中頃以前の世界の砂糖の生産統計は、あまり信頼できるものではないし、市場に出まわらずに消費された部分は、それではつかめない。したがって、ジャマイカのような古い砂糖植民地では、砂糖の消費量はかなりのものであったことがわかる。じっさい、奴隷制の時代には、砂糖や糖蜜のほか、ラム酒までが食料の一部として奴隷に給付されていた。古代の砂糖生産の中心であったインドや、西ヨーロッパで開発されたテンサイ糖の製法を導入し、一〇年以内に確立してしまったロシアのような国々については、消費量も生産量も定かではない。しかし、たとえ確かな推計値の得られるところに限っても、過去二世紀間に及ぶ世界の砂糖生産と砂糖消費の激増ぶりは、驚異的というほかない。

一八〇〇年までに、イギリスの砂糖消費は一五〇年間でおよそ二五〇〇パーセントも増加したが、この年、世界市場を通して消費者の手に渡った砂糖は、かれこれ二四万五〇〇〇トンに達した。その消費者はほとんどがヨーロッパ人であった。一八三〇年といえば、テンサイ糖が世界市場に出まわる直前に当たるわけだが、この年の総生産量は五七万二〇〇〇トンになっていたので、三〇年間で二三三パーセントにも上昇した。さらに三〇年後の一八六〇年になると、テンサイ糖の生産も激増して、砂糖類――サトウキビ糖、テンサイ糖をあわせて――の生産総量は、一三七万三〇〇〇トンとなり、さらに二三三パーセント以上の高い数値となった。一八九〇年ともなると、世界の生産量は六〇〇万トンをこえ、三〇年まえ、つまり一八六〇年の五〇〇パーセントに近い水準にまで達した。とすれば、ジョン・オーア博士（ボイド卿）が次のように断定しているのも、驚くにはあたるまい。すなわち、一九世紀を回顧しながらかれはいう。〔一九世紀の〕イギリス民衆の食生活史上もっとも重要な変化は、ほかでもない砂糖の消費量が五倍になったということである、と。*93

もとより、詳しくいえば、じっさいの消費のあり方は、これよりはるかに複雑である。しかし、とりあえずは、これほどまでに普及した食品は、世界史上ほかに例がないとでも言っておけば十分であろう。ただし、なぜそうだったのか、という問いに答えるのは、決して容易ではない。砂糖がどのようにしてイギリス人の食生活に定着したかを知るには、どうしてももう一度話をはじめに戻す必要がある。

第三章　消　費

今日、イギリスやアメリカのような国に住む人びとにとっては、砂糖はあまりにもよく知られており、誰でもが使っていて、どこにでもあるために、砂糖のない世界などというものを想像することは難しい。むろん、いま四十代以上のひとであれば、第二次世界大戦中の砂糖の配給制度のことを覚えてもいようし、もっと貧しい社会に育った人びとであれば、砂糖が食べられることをわれわれ以上にうれしく思った経験があるはずだ、ということも言っておくべきであろう。[*1] いまでは、砂糖は、われわれのまわりにはあまりにもふんだんにありすぎるので、その評判はむしろ芳しくない。砂糖摂取量を制限するキャンペーンが張られ、著名な栄養学者たちが賛否両派に分かれて論争しているし、新聞や議会でも、連日のようにとりあげられている。乳・幼児食が問題になる場合でも、学校給食や朝食のコーンフレークスが問題の場合でも、栄養や肥満を問題にする場合でも、砂糖が槍玉にあげられないことはまずない。現代社会にはあまりにも砂糖があふれているので、それを口にしないでおこうとでも思うなら、油断のない警戒心と不断の努力を要する。

ほんの数世紀まえなら、逆にこんなに砂糖づけの社会などというものは、夢想だにしえなかっただろう。七三五年に亡くなったかの聖者ベーダは、同宗の人びとにちょっとした宝物として、香辛料を残したが、そのなかには砂糖が含まれていた、といわれる。[*2]これが事実だとすれば、注目すべき史料といえる。というのは、それ以後何世紀にもわたって、イギリスでは砂糖にかんする記述が見当たらず、実際問題としてまったく知られていなかったのではないか、と思われるからである。

砂糖の存在がイギリスで最初に確認できるのは〔ベーダのことは別にして〕、一二世紀のことである。当時のイギリス人の食事は、その貧弱さと極度の単調さが特徴となっていた。当時、大半のヨーロッパ人は、せいぜい可能な限り自分の食糧を自給したものだし、それ以後もずっとそうであった。比較的基礎的な食品は、生産地からあまり遠くへは移動しなかった。遠距離を移動したのは、主に特権集団によって消費された、珍しい、貴重品が中心であった。[*3]一三世紀のイギリスについて、ドラモンドとウィルブラハムは次のように書いている。すなわち、「全国ほとんど至るところで、パンは家庭で焼かれており、家庭製のパンこそは、当時の生活の糧であった」。[*4]イギリス〔イングランド〕では小麦がとくに重要であったが、北部では他の穀物も栽培され、小麦以上に食べられもした。つまり、ライ麦、ソバ、オート麦、大麦、レンズ豆その他の豆類《ビーンズ》など――ふつうの豆類とさや豆を含む――がそれである。こうした炭水化物源のほうが、小麦より豊富で安価だっただけに、ヨーロッパでも貧しい地域では、それらが主食となっていた。

肉、乳製品、野菜、果物など、他の食品は何であれ、穀物の補助でしかなかった。こうした食品が補助となり、デンプン質を基礎とする食品が主となったのは、食糧資源が豊かでなく、乏しかったからである。「西ヨーロッパではどこでも、当局がすべての穀物取引を規制・管理しようとしたことから判断すれば、穀物こそが貧民の食糧の核をなしていたことはまちがいない」と書いた史家もある。[*5] イギリスでは南部の人びとでさえ、小麦が凶作だと、ライ麦やオート麦、大麦に転換したし、ましてや北部の人びととともなると、すでに常時この種の穀物が頼みの綱であった。「かれらは、パン用穀物に豆類、さや豆類を併用し、ふつうの作況の年なら、ミルク、チーズ、バターなどをも消費したことは明らかである。しかし、凶作の年、たとえば一五九五〜九七年のような「穀物高騰《ディア》」の年には、乳製品さえ価格が高くなりすぎて、極貧層には手が届かなくなった。[*6] 穀物不足の年には、貧民は「小麦から「馬の穀物《ホース・コーン》」や大豆、エンドウ、オート麦、ソラ豆、レンズ豆などに転換した」とは、一六世紀末のウィリアム・ハリソンの言葉である。[*7] こうした人びとは、もとより乳製品の類はほんの少ししか食べてはいなかったのだが、それにしても、それを放棄することでかなりの量の豆類が得られるとなれば、おそらくそうしたに違いない。多くのイギリス人が、そもそも何も食べるものがないという状態に陥ったことも、むろん少なくはなかったように思われる。かれらにしても、豊作の年であれば、パンはたらふく食べることができたはずである。[*8]しかし、それ以外となると、家禽《かきん》と家畜、それに野鳥、野ウサギ、魚など――生肉であれ、加工品であれ――からタンパク質を少々と、野菜と果物が少しずつ、という程度であっただろう。

民衆のあいだで、新鮮な果物に対する警戒心がきわめて強かったのは、おそらく大量に食べるとじっさいに危険だったからであろうが、新鮮な果物に対する恐怖心は、〔ギリシアの医学者〕ガレノスの偏見にその淵源があろう。[*9]それに、夏期に猛威をふるい、一七世紀末ごろまではなお非常に死亡率の高かった乳・幼児の下痢症が、そうした恐怖心をいっそう煽ったと思われる。（食道楽《グルメ》の美食家《ボン・ヴィヴァン》として後述する）サー・ヒュー・プラットは、一五九六年の飢饉に際して、所領の住民に次のような厳しい忠告をした。すなわち、小麦粉が足りないときは、「ソラ豆やエンドウ豆をきれいな湯で煮るべきである。二、三度煮なおしてみると、不思議に味が変わる。というのは、湯はその悪臭の大部分を吸い出し、自ら吸収してしまうからである。それから豆を乾かし……それでパンをつくればよい」[*10]、と。小麦粉の代用になる栽培穀物がいっさい得られなくても、貧民は「カッコウパイント」と呼ばれるエアロンの根、つまりイモ〔*Arum maculatum*〕で立派なパンをつくることができると称して、プラットは慰めを見いだしている。[*11]こうしてみると、慢性的・全国的な欠乏があったとまではいえないにしても、逆に一般に満足すべき食生活であったなどともいえないことがわかろう。

一三四七・四八年に腺ペストの大流行がはじまってから一五世紀初頭までの時期は、ヨーロッパの人口が激減した時代であり、一四五〇年頃までは、人口はふたたび増勢に転じることもなかった。この黒死病がヨーロッパの経済活動に与えた痛手は、一七世紀中頃まで修復されなかったのである。この間の数世紀は、ヨーロッパの農業がしきりに労働力を希求した時期でもあったわけだが、人口がふたたび増加しはじめたときにも、イギリス農業の生産性は低い水準で低迷していた。パン用穀物の生産にかんして、経済史家ブライアン・マーフィは次のように述べている。すなわち、「収穫の状態からいえば、一四八一〜八二年、一五〇二年、一五二〇〜二一年、一五二六〜二九年、一五三一〜三二年、一五三五年、一五四五年、一五四九〜五一年、一五五五〜五六年、一五六二年、一五七三年、一五八五〜八六年、一五九四〜九七年、一六〇八年、一六一二〜一三年、一六二一〜二二年、一六三〇年、一六三七年の各年には、扶養すべき家族のある、ごく平均的な賃金労働者には、パンを買ってしまえばあとにはほとんど何も残らなかったように思われる」[*12]、と。均等に散らばっているわけではないが、平均していえば、この一五〇年間には五年に一度ずつの割合で、こうした不作の年があったことになる。マーフィの見解では、こうした不作は、「パン用穀物に対する動物の侵害」の結果――つまり、羊毛生産と穀物生産の競合という、例の一六世紀イギリスの決定的に重要な経済問題――であった、という。

一七世紀には、状況はかなり変化した。一六四〇年から一七四〇年までのあいだに、イギリスの人口はおよそ五〇〇万人から五五〇万人強までになった。前世紀に比べれば、かなり低い増加率であるが、栄養不良のため、病気にかかりやすい人が多くなったことと、ジンを飲む習慣がひろがったことが、ときとして相互に絡み合って影響した結果であったといえよう。一六六〇〜六一年、一六七三〜七四年、一六九一〜九三年、一七〇八〜一〇年、一七二五〜二九年、一七三九〜四〇年がいずれも凶作であったから、この八〇年間に凶作は四年に一度の割合で襲った勘定であり、状況がいっそう悪化したことがわかる。しかし、輸出統計に何らかの意味があるとすれば、この時代までにイギリスでは穀物は十分に足りるようになったはずだ、とマーフィはいう。一六九七年から一七四〇年までのあいだ、イギリスは穀物の純輸出国となっていた。つまり、一七二八年と二九年の二年間を除いて、この期間を一貫してイギリスは、輸入量を上回る穀物を輸出したのである。しかし、穀物輸出が続いていたといっても、「なおその間にも空腹をかかえた人は無数にいた。というのは、パンの価格も下がってはいたが、それでもそれを買うおカネのないひともいたからである」[*13]。穀物需給には余剰があったようにみえるが、問題は労働者階級の所得が不足していたことにある。マーフィが言いたいのは、このことである。

とすれば、砂糖、その他の目新しい食品がイギリス人の食卓にのぼりはじめた時代は、なお多くの――ほとんどの、とはいえないにしても――人びとにとっては、食事は乏しく、不足でさえあった時代なのである。当時、砂糖がどんな位置を占めていたかを理解しようとすれば、こうした食生活史、栄養摂取の歴史、農業史などの光に照らしてみることが不可欠である。

イギリスにはじめて砂糖が導入されてから、流行りの食品になった一七世紀末までの期間は、なお、農業生産に限界があり、食事もごく乏しかった時代であったことを忘れてはならない。一七世紀末ともなれば、金持ちはしばしば砂糖を消費するようになり、それを手に入れるために、大量の他の食品を犠牲にする者も多くなった。もっとも、このように砂糖の消費がふえたとはいえ、それがなければ多くの人びとの基礎食品の摂取量がふえただろうと言い切るのも、いささか早計にすぎよう。じっさい、よほど長い期間をとっても、イギリス人の食卓に新たに加わった食品といえば、砂糖とその他若干の新食品しかなかった。砂糖がなぜ受け容れられたかを知ろうとすれば、何よりもまず、イギリス人が砂糖の用い方をどのようにして学んだかを知っておく必要がある。

砂糖の用途

サトウキビ糖――蔗糖《しょとう》――は、いわば変幻自在の、多様な形態で使える物質である。北部ヨーロッパで使われはじめたときでも、それは単純な何か一定の物質というわけではなかった。すでに、液体シロップ状のものから固い結晶体まで、暗褐色（「赤」）から純《ボーン・》白《ホワイト》――その他いろいろな色がある――まで、純度の点でもごく低いものからほとんど一〇〇パーセントのものまで、じつに多様な砂糖が存在したのである。より純度の高い砂糖が好まれたのは、何よりもまず審美的な理由からであったが、すでに医薬用、料理用としても、純度の高い、純白の砂糖への引き合いがみられた。砂糖は、一般的に純度が高くなればなるほど、たいていの他の食品とよく調和するようになるし、保存もそれだけ容易になる。次つぎと新しいタイプの砂糖がとくに好まれるようになり、その傾向がいわばひとつの文化として慣習化するというのが、砂糖の歴史そのものであったというべきである。そうした好みに合わせて、多様な品種が出現したのは、そのためである。

ここでの目的からすれば、砂糖にはほんらい五つの主要な用途、ないし「機能」があった、といえよう。すなわち、医薬品、香料、装飾用素材、甘味料、保存料としてのそれである。もっとも、これらの用途は、しばしば相互の区別が難しいこともある。たとえば、香料として用いられる砂糖と甘味料としての砂糖とは、主として同時に併用される他の成分との量的な比率が違うだけである。それに、砂糖のいろいろな用途というのは、何かきちんとした順に並んでいるようなものではなく、相互に重なりあい、絡み合っているものである。同時にひとつ以上の目的に役立つという事実は、砂糖の際立った利点とさえみなされている。こうした用途がいろいろと開発され、区別され、近代生活にしっかりと根づかせられたのちに、はじめて食糧としての砂糖の使用法が生じた、というのが正しい言い方であろう。この最後の変化は、ようやく一八世紀末になって生じたものである。このときまでに、砂糖はその伝統的な使用法の枠を越え、少なくともイギリスでは、じっさいにその古くからの中心－周辺関係――つまり、大半の人類が共有している複合炭水化物と香辛料の関係――を革命的に逆転させたのである。

砂糖の使用法をことごとく説明することは、ほとんど不可能に近いが、やってみる意味のあることでもある。ある意味では、そうすれば、消費者が砂糖にはいろいろな使い方があるのだということに気付いていった筋道が多少とも明らかになろうし、その結果、自分でも新しい使い方を工夫したことが明らかにもなろう。砂糖の新しい使い方がイギリスに伝わったのは、たいてい、この稀有でただならぬ物質に長らく慣れ親しんできた地域からであり、しかも何か新しいタイプの砂糖といっしょに入ってきたということができる。しかし、同じ砂糖も、それを使う人が変わると、その効用や意味がいくらか変わってしまい、様相が一変するのは避けがたいことであった。主要な砂糖の利用法を、その変化をもたらした背景のなかで一瞥しておくことは、こうした変化がどのようにして起こるのかを知るうえで、有益であろう。

香料としての砂糖とは、料理に強い甘みをつけることなく、その香りを微妙に変えるような方法で用いた砂糖のことである。この限りでは、いわばサフランやセイジ、ナツメグなどと同じ役割をするわけだ。現代社会では、砂糖はあまりにもふんだんに使われているので、こんな利用法は量的に少なくて問題外のようにも思われるが、熟練した料理人なら誰でも、この古くからある習慣に十分親しんでいるはずである。装飾用に砂糖を用いるには、アラビアゴム——アラビアゴムノキやアラビアゴムモドキなどの木から採取される——や油脂、水、それにピーナッツ、とくに甘皮をとったアーモンドなどと混ぜ合わせなければならない。はじめそれは、軟らかい粘土状ないしペースト状をなしているが、これを型に流し込んで固める。固まったところで飾りつけ、色をほどこして展示したうえ、最後に食するのである。こういう、いわばいささか逸脱した利用法は、砂糖を薬品として使ったことから生じたようで、医師が砂糖の性質をあれこれ観察し、記録していたことがもとになっているものと思われる。しかし、イギリスでは、砂糖はまず香料や薬品として、用いられるようになったことはまちがいない。その後も、砂糖を薬品として用いる習慣は、何世紀にもわたって続いた。じっさい、あまり重要ではなくなってきたにしても、いままでもまったくなくなったわけでもない。甘味料としての砂糖の用法は歴然としていて、説明の必要もなかろう。しかし、香料から甘味料への移行は、歴史的にみて重要であった。なぜなら、この移行が経済的に可能になったとき、イギリスにおける砂糖の利用法は質的な転換を遂げた、といえるからである。最後に、保存料としての用法も、もっとも古い砂糖の利用法のひとつである。イギリスでは、砂糖史全体を通じてこの機能は重要であったが、近代になると、これも質・量両面でかなり異質なものになった。

これらの利用法が相互に重なり合っていることは、容易にわかることである。たとえば、装飾に用いられた砂糖は、あとで食べるのがふつうであったし、糖衣錠に用いられた砂糖は保存用でもあれば、医薬用でもあった。果物をシロップや半結晶体の砂糖に漬けて保存する場合でも、果物といっしょにシロップや砂糖も食べるわけで、そうなると後者は甘味料としての役割も果たしていた、といえよう。とはいえ、砂糖の消費量が着実にふえてゆくにつれて、新たな利用法が付け加えられ、いつの間にか古いそれが忘れられていったことも事実である。砂糖の消費量と消費形態の違いは、人びとの社会的・経済的地位の差を示していた。

特権階級の香料

一一〇〇年頃、はじめてヨーロッパにもたらされた砂糖は、香料――胡椒、ナツメグ、メイス、ジンジャー、カルダモン〔ショウズク〕、コリアンダー、バンウコン〔ジンジャーに近い〕、サフランその他――のなかに分類されていた。こういう香料はたいてい、非常に珍しく、エキゾティックで、高価な熱帯産輸入品であったから、そもそもそんなものを使えるほどの人であっても、ほんの少しずつ大事に用いるのがやっとだったのである。[*14] 近代社会では、甘みは「香料の味」とみなされず、むしろありとあらゆる味――「苦甘い《ビタースウィート》」というときの苦味や、「甘酸っぱい」というときの酸味、「ホット・ソーセージ」と「スウィート・ソーセージ」というときの前者の味、つまりピリッとした辛味など

——と対立する味と考えられている。したがって、いまでは砂糖を香料の一種というのは無理だが、北部ヨーロッパで大半の人びとが知るようになるはるか以前には、砂糖は薬品兼香料として、東地中海やエジプト、北アフリカ一帯で知られていたのである。その薬効は、当時の医師たち——インドからスペインまでのイスラム世界で活躍したイスラム教に改宗したユダヤ人、ペルシア人、ネストリウス派キリスト教徒を含めて——によって、十分に確認されていた。薬品として砂糖を用いる習慣は、その後しだいに、アラビアの薬物学を通じて、ヨーロッパの医療に浸透してきたのである。

少なくとも十字軍以来、砂糖は香料として西ヨーロッパの有力者、富裕者層に賞揚されてきた。ここで「香料《スパイス》」といっているのは、ウェブスターの百科辞典の定義に従って、「食品、ソース、ピクルスなどに味をつけるのに用いる香りのよい植物」の意味である。現代人は砂糖を香料とみることには慣れていない。むしろ、「砂糖と香料」という表現のほうがふつうである。こうした表現にみられる心性は、砂糖の使い方や意味が、香料との関係からいっても、西洋人の食品体系における甘みのそれからいっても、一一〇〇年以後、大変化を遂げたことを証明している。

一四世紀には——この頃になると、イギリス人の生活に占める砂糖の位置について、かなり確かなことがいえる——〔フランス人ジャン・ド・〕ジョアンヴィルの『年代記』をみると、ヨーロッパ人が香料の起源と性質について無知であったという通説がまちがいであることがわかるのだが、そこではなお、砂糖が香料に含まれている。ナイル川に魅せられ、その源流は遥かなる地上の楽園にあるに違いないと信じたジョアンヴィルは、次のように記述している。

この川がエジプトに入る直前のところでは、手慣れた人びとが夜分、川面に網を投げる。朝になって引きあげてみると、重量を測って売買されるものがいっぱい引っかかってくる。すなわち、ジンジャー、ダイオウ〔ルバーブ〕、沈香、シナモンなどである。これらのものは、ヨーロッパの森で風が枯木をゆるがすように、遥かなる地上の楽園から流れてくるのだという。かくして、この川に落ちた地上の楽園の枯木、それが商人の手でわれわれに売られているのである。*15

〔フランス王〕サン＝ルイの友人でもあれば、その伝記作者でもあったこのジョアンヴィルが、香料がナイル川からすくい上げられると本気で信じていたのかどうかはわからないが、かれの記述は、砂糖を含めてほとんどが熱帯産であった香料のエキゾティックな性格をよく示してはいる。

ヨーロッパの特権階級のあいだで香料の人気が高かった理由は、いろいろあげられている。なかでも、一五〇〇年頃までは、冬場に家畜の飼料がいつも不足していたために、秋口に大量の家畜を殺さざるをえなかった結果、加工肉——塩漬け、燻製、香料を振ったもの、そしてときには腐った肉まで——を食べざるをえなかったという事実が指摘されている。しかし、そうまでいわなくてもおそらく、香料の香り——刺すようなものであれ、塩辛いものであれ、酸味のものであれ、苦味であれ、脂っ濃いものであれ、辛いものであれ、その他どんな味のものであれ——が、当時の単調な食事の内容をどれほど楽しいものにしてくれたかを考えるだけで、十分であろう。それに、香料はまた、消化をも助ける。食糧が十分にはなかった時代にも、食べ物に飽きることもありうる。ヨーロッパの豊かで、上流階層の人びとは、その食事を消化しやすい、変化に富んだ、コントラストのはっきりしたものにしたいと切望しており、かれら一流の感覚で味のよいものにもしたいと念じていた。

香料がむやみに使われたのは、食物についての中世人特有の考え方が、多少とも原因になっていた。宴会で供される大量の肉ばかりか、日常の食事で出るそれでさえ、消化器にはかなりの負担になることが知られていたから、人びとは、シナモンやカルダモン〔ショウズク〕、ジンジャー、その他の香料をいっぱい摂って、胃の活動を活発にしようとしたのである。食卓にむかっているときでなくても、消化をたすけ、食欲を充たすためと称して、かれらは香料入り砂糖菓子をむやみに食べたものである。それに、ながく保存しすぎた肉や魚がしばしば食卓に供せられたこの時代には、腐りかけの臭気消しに香料が利用された。ともあれ、理由が何であったにせよ、本当に必要であったかどうかもよくはわからないが、ほとんどの料理は香料づけになっていた。おそらく東洋産だからという理由からだろうが、原則としては、砂糖も香料のなかに入れられていた。[*16]

こうした香料のなかでは、砂糖の使用が際立っていた。アダム・ド・モレインズが書いた『イギリスの政策を駁《ばく》す』（一四三六年）といえば、要するに海上におけるイギリスの権力への賛歌であったが、そこでは、ヴェネツィア経由で行なわれる輸入を片端から批判しているにもかかわらず、砂糖ばかりは例外扱いになっている。

ヴェネツィアやフィレンツェの大ガレー船が満載するのは、
自己満足のものばかり。
ありとあらゆる香料類に、食品類。
スウィート・ワインをはじめ、あらゆるガラクタ類と、
役にも立たぬクズ、あくた。
もの真似猿やアフリカ猿だけが好むものばかりだ。
どれもこれもが、われわれの目をくらませるが、

買い取ってなが持ちのするものなどありはせぬ。

薬種でさえも、ド・モレインズにいわせれば、必要ではない。しかし、そのかれでさえ、次のように言い足しているのである。

かりに例外といえるものがあるとすれば、
それは砂糖以外にはない。わが言を信じよ。[*17]

記録に残っている限り、イギリスで最古の料理の本をみても、調味料または香料としての砂糖の重要性は見まごうべくもない。じっさい、そういう使い方をした例は、史料にもときどき表われる。最初の記述史料といえるものは——先のベーダ師のものを除いての話だが——、パイプ・ロールズと通称されているヘンリ二世時代(一一五四~八九年)の王室財政の公文書のなかにある。この砂糖は、香料として用いられ、宮廷が直接買い入れている。ただし、購入量はほんのわずかで、当時は、王族やごく豊かな人たちでなければ、砂糖を用いることができなかったことを示している。一二二六年、ときの国王ヘンリ三世は、もしもいっときにそんなに大量の砂糖が手に入るものなら、ウィンチェスターの大市で、できれば三ポンド〔約一・五キロ〕ほどの砂糖を入手してほしいと、ウィンチェスター市長に要請した。[18]

一三世紀を通じて砂糖は、かたまりとしても、重量ででも売られ、価格は大金持ちでなければ手が出せないほどではあったが、かなりの地方都市でも売られてはいたようである。[19]「ベザの砂糖」と呼ばれる品種が、もっとも広汎に供されており、「キプロスおよびアレクサンドリアの市場からのものが、高級品とされていた」[20]。もっとも、この時代の砂糖はすべて、地名付きで呼ばれていたことも事実である。たとえば、一二九九年の会計簿《ロール》に出てくる「マラケシ糖《ズカー・マロケス》」をはじめ、「シチリア糖」、「バーバリ糖」などの用例が、『オクスフォード英語辞典』に拾われている。一二四三年になると、ヘンリ三世は他の香料とともに、三〇〇ポンドもの「ロッシュ糖」――おそらく、かたまりのもの――を発注することさえできるようになった。[21] エドワード一世治下の一二八七年には、王室は六七七ポンドのふつうの砂糖のほか、三〇〇ポンドの紫色糖、一九〇〇ポンドのバラ色糖を使用した。[22] しかも、翌年には、王室の砂糖消費量は六二五八ポンドにはね上がった。[23]

なお高価なものではあったが、香料としての砂糖の人気は、すでに広くひろがっていた。レスター伯爵夫人が一二六五年に七カ月にわたって記録した会計簿もよく知られているが――歴史学者マーガレット・ラバージュが、これを使って貴族の家政をヴィヴィドに描き出した――、そこでもしばしば砂糖に言及されている。「砂糖は中世末まで知られておらず、それ以前は、もっぱら蜂蜜だけが甘味料として用いられていた、というのが通説である。しかし、いろいろな会計簿を詳細に検討してみると、一三世紀中頃には、富裕な家庭では経常的に消費されていたことがわかる」とラバージュは主張している。[*24] スウィンフィールド司教の一二八九年から九〇年にかけての家計簿では、「一〇〇ポンドの砂糖――ほとんどは固形の粗糖――とカンゾウ、それに一二ポンドの砂糖漬け果実」[*25] の購入が記録されている。同じ年のヘリフォード司教の家政文書《ロール》にも、ヘリフォードとロス・オン・ワイでの砂糖購入の記録がみえる。[*26]

レスター伯爵夫人の記録には、「並の砂糖」と粉末状の精白糖がともに登場する。「並の砂糖」とは、おそらく精白が不完全な結晶糖のかたまりで、砂糖は、白ければ白いほど、値段も高かった。伯爵夫人の家庭では、家計簿の残っている一二六五年の七カ月間で、（両タイプの）砂糖が五五ポンド購入されている。しかし、伯爵夫人の家庭はまた、五三ポンドの胡椒――おそらく「干した胡椒の実《ピペル・ニグルム》」――をも同時に買っており、これも砂糖が香料の一種として使われていた証拠といえるかもしれない。

次の一四世紀には、各種の砂糖の輸入量がしだいに増えていった。しかし、それも、砂糖がより下層の人びとにも消費されるようになったからというのではなく、特権階級の人びとがいままで以上に多くの砂糖を使うようになったということであるようだ。一五世紀初頭までには、砂糖の輸入はかなりの量に達した。たとえば、アレクサンデル・ドルドのガレー船は、一四四三年、比較的純度の高い「キュート」糖――フランス語の「濃縮《キュ》シロップ《イ》」が語源か――を含む二三ケースの砂糖をもち込んだ。これよりは精白度の低い赤砂糖で、一部は不純物をのぞき、半ば結晶化したものも、箱《チェスト》で輸入された。これは、のちに、一五世紀中頃の食品店の財産目録では「カッソナード」の名で出てくる「カソン糖」のことであろう。この品種は、さらに精糖されたのかもしれないが、次の世紀にならないと、専門の精糖業者は出現しなかったように思われる。

糖蜜は明らかに一三世紀末までにイギリス人に知られており、他の形態の砂糖と区別されていた。それはシチリアで赤砂糖その他の砂糖とともに生産されたもので、毎年訪れるフランドルのガレー船で、ヴェネツィア商人がもたらした[*27]（糖蜜を船倉に入れて運ぶことが禁じられていたのは、温度が上がりすぎて腐敗するのを避けるためであっただろう。ちなみに、糖蜜からつくられるラム酒については、一七世紀初頭まで何の史料も得られない[*28]）。

大西洋諸島の砂糖生産が、北アフリカや地中海のそれにとって代わった一五世紀末頃には、価格もかなり下がったのだが、その後一六世紀中頃には反転してふたたび上昇する。したがって、砂糖は相変わらず高価な「舶来品」であり続けた。有力者にとっては宴会や儀式に欠かせないものになりつつあったが、なお、ほとんどのイギリス人にとっては高嶺の花で、ふつうの商品というよりは贅沢品であった。一四四六年に作成されたある商店主の資産目録では、サフラン、芳香剤というよりスパイスとして使われた粉末状のビャクダン、砂糖などが、眼鏡、聖職者用の帽子、その他、とうてい日用必需品とは言いにくいものといっしょに記録されている。[*29] とはいえ、有力者・富裕者層にとっては、すでに砂糖が決定的に重要になっていたことは、史料によってかんたんに裏付けられる。砂糖がイギリスの特権階級に知られるようになった一四世紀末頃には、調理法の載っている最初の料理本が現われる。こういう調理法をみると、砂糖が食品ほんらいの味を強めたり、隠したりする味覚のスペクトル――方形のものではなく、三角錐状の――の一部を占めるものと意識されていたことがわかる。肉・魚・野菜などに、いささか見さかいなしに砂糖を使う習慣は、当時、それがスパイスとみなされていた証拠でもあろう。

初期の料理の本を読みあさり、解釈を加えたウィリアム・ハズリットは、「肉と甘味の何とも不自然な併用」を嘲笑し、その起源は「アーサー王のバグ・プディングと有史前の習慣」にあると主張しているが、これは多分まちがいである。とまれ、ハズリットによれば、「果物と動物性食品の併用は――たとえば、脂肪とプラムの併用は――、われわれ「アーサー王以後人」の眼には胸くそが悪くなるようなものだが、にもかかわらず、エリザベス時代やジェイムズ一世時代にまで、一部残存してきた。否、われわれの祖父の代でさえ、必ずしも喉を通らないほどではなかったようである」[*30] という。じっさい、ハズリットは、いまでもこの「併用」の習慣は必ずしも姿を消していないことを、認めている。しかし、かれがこの習慣を、神話の世界から延々と続いてきた伝統と考えているのは、明らかにまちがいである。それに、「今日では、スグリのゼリーやリンゴ・ソースといった補助的な料理として、形を変えて残っているにすぎない」[*31]などといっているのも正しくない。一四世紀末頃の砂糖の使い方で目立った特徴となっているのは、しばしば蜂蜜と併用されたことである。この二つの物質は、味が違うだけでなく――もちろん、味は違うのだが――、相互作用で味がよくなる、と考えられていたようである。しかし、ここでもまた、これらの甘味料が香料とみなされていたことが、調理法そのもののなかに表われている。すなわち、魚や肉に用いるソース、米粉をベースとする塩味に加えて、強烈なスパイスを効かせた固形食、スパイスの効いた飲料――スパイスが効きすぎている場合には、精白糖を入れて和らげる――、等々である。[*32]

砂糖とその他の香料の組み合わせは、ひたすら甘い味とはいえない料理でも、それどころか、どちらかというと甘い味とさえいえない料理でもみられた。粉々にしたり、つぶしてドロドロにした料理の場合、もとの味が隠れてよくわからなくなるほど、香料をふりかけることも少なくなかった。「名前だけは変わっても、どの料理もどの料理も、ワインや香料や香り野菜をふりかけるので、主な材料の形がわからなくなり、軟らかい粥状になっている。何でもかでもつぶされ、小さく刻まれ、他の素材の味がほとんどわからなくなるほど強い香りの香料と混ぜ合わせてしまうのだ」[*33]。おそらく食卓にフォークがなかったことが、このような結果をもたらしたのであろう。しかし、そのことだけでは、香料が多用された理由は説明できない。イギリス中世の料理を論じた歴史家ウィリアム・ミードは、砂糖なしの料理はほとんどあげていないほどである。そのうえ、かれもハズリットと同じく、砂糖の濫用に憤慨しているようにもみえる。「砂糖まぶしの牡蠣《かき》ほど胸くその悪いものは、ほかにはない。それなのに、古い料理法のなかでは、そんな組み合わせがときどき勧められているのである」[*34]。たしかに、かれが引用しているたとえば「粗糖味付け肉汁、牡蠣入り」の項をみると、牡蠣ソース、エール、パン、ジンジャー、サフラン、粉胡椒、塩、それに砂糖などをいっしょに使っている。もっとも、それぞれの分量が書かれていないので、牡蠣が本当に甘い味がするほどであったかどうかは定かでない。ただ、こんな調理を施された牡蠣は、いまふつうに考えるような牡蠣料理の味はしなかっただろうことも、確実である。それでも、ロックフェラー一族のような牡蠣好きなら、ミードほどにはショックを受けないかもしれないが。

おそらく、ハズリットやミードのような論者でも、甘みそのものに反対しているのではなく、むしろ甘みと他の味とを混ぜ合わせることに嫌悪感を示しているのである。しかし、こうした好みが時の経過にともなって、ときにはかなり急激にも変化しうるものであることは確実である。たとえば、ミードは砂糖を豚肉のフライに使う習慣を嘆いている――「こんな〔変な〕味付けは、いまではしない」[*35]と主張している――ものの、『二冊の一五世紀の料理書』に注釈を加えた一九世紀末のトマス・オースティンによれば、豚肉は、「オクスフォードのセント・ジョンズ・カレッジでは、ごく近年まで砂糖を用いて調理されていた」[36]としている。一三九〇年頃にリチャード二世の主任料理番であった人物が編纂した『カレーのいろいろ』には、砂糖が明らかに一種のスパイスとして使われていた料理が何十種類も出てくる。たとえば、「イガードゥース」（フランス語の「エグルドゥース」）は、ウサギないし仔山羊の肉に甘酸っぱいソースをかけた料理だが、その調理法は次のとおりである。

ウサギまたは仔山羊を生のまま叩いて細かくし、白い油であげる。干しブドウもフライにしておく。玉ネギは少しゆでたのちに、刻んで油であげる。これらの素材に、赤ワイン、砂糖、粉胡椒、ジンジャー、シナモン、塩を入れ、白い油と混ぜ合わせて供する。[37]

さらにいっそう状況をよく示しているのは、「〔香料・砂糖・ブドウ酒でつくる〕コーデル〔スープ〕づけチキン」の料理法である。すなわち、

チキンを上等のスープ《ブロス》のなかでゆであげ、突きつぶす。次に卵の黄身とスープを混ぜ合わせたうえ、ジンジャーの粉末、たっぷりめの砂糖、それにサフラン、塩をふりかけ、火にかけるが、沸騰はさせない。一羽丸ごとか、切身にしたうえ、ソースに浸して供する。[38]

砂糖を主体とする料理も、焼き菓子風のものとワインを使うものを中心に多数あげられているが、肉料理、魚料理、鳥料理、野菜料理などでも、一般に、香料を使う以上は、シナモン、ジンジャー、サフラン、塩、バンウコン、ビャクダンなどとともに、砂糖が使われているのがふつうであった。

こうした、香料として砂糖を使う習慣は、一六世紀に頂点に達したということができよう。この直後から、香料については、価格も、供給の具合も、消費の習慣も、いっきょに激変した。砂糖そのものが豊富になるにつれて、砂糖を香料として用いる習慣がむしろ消滅していったのは、さして異とするにはあたらない。しかし、砂糖のこういう使い方が、周辺領域ではいまだに残っているという事実に一言言及しておくのも、無意味ではあるまい。たとえば、祭日用のクッキーやビスケットでは、砂糖と香料――ジンジャー、シナモン、胡椒など――が併用されるのがふつうであるし、アヒルやガチョウを使った祭日用料理でも、果物のジャム、赤砂糖、甘ったるいソースが併用される。祭日用のハム料理も、クローヴ、マスタード、赤砂糖、その他の香料で味付けされるのがふつうである。こうしてみると、まるで砂糖が祭儀用の特別の食品になったようにもみえるが、それは正しくない。使用法が変わったのではなく、こうした香料としての砂糖の使用は、かねて人類学者が主張してきたことの正しさを証明しているだけだ、というべきであろう。すなわち、祭礼には、日常生活においてはとっくに忘れ去られた過去の生活習慣が残っているのだ、ということである。砂糖が何よりも香料として使われたような世界は、とうの昔に消滅した。いまや砂糖は至るところにあふれている。しかし、祭日にジンジャーブレッドのクッキーを焼いて食べる習慣は、挨拶のために帽子に手をやる習慣や、食事のまえにお祈りをする習慣と同じく、その起源をはるか昔〔の日常生活〕に辿ることができるのである。

ステイタスの象徴——砂糖デコレーション

北アフリカ、とくにエジプトから入ってヨーロッパ全域にひろがったデコレーションとして砂糖を使う習慣は、一六世紀までに、貴族からさらに下の階層に普及しはじめていた。装飾用に砂糖を用いる習慣をよく理解するためには、製糖工程上の二つの特徴を検討しなければならない。まず、精糖工程があり、そこでは、煮沸と化学物質の投入によって、結晶していない、黒ずんだ不純物を除去し、ますます純白で、化学的にも純粋なものにすることになる。ヨーロッパ人の純白糖好みは、古くから砂糖消費の習慣のあったアラブ人の好みの引き写しかもしれない。しかし、白さと純粋さとを結びつける発想は、ヨーロッパ自体でも古代から認められる。医薬として処方されるのがもっぱら純白糖であり、治療用に砂糖と併用すべしとされた食品も、チキンやクリームなど、白い食品が圧倒的に多かったのも、そのためである。

中世の城の模型。イギリスは，ウェスト・サセックス州のレストランのシェフたちによる作品（1977年）。かつての王室砂糖職人の作品も，たぶん，このようなものだったであろう。

第二に、砂糖には食品保存料としての働きがあるが、純度の高い砂糖であればあるほど、この効果が高いという事実がある。もちろん、昆虫や動物でこれを食べるものもあれば、湿気にあまり長期間さらしておくこともできないのだが、条件さえよければ、砂糖漬けにしたものは、かなり保存が効くことも記憶しておかなければならない。

砂糖のもつこうした二つの特徴のほか、さらにもうひとつ言っておくべきことがある。すなわち、砂糖は、固体状のものであれ、液体状のものであれ、他の食品と混ぜ合わせるのが簡単だという事実がそれである。ヨーロッパで砂糖と共に用いられる食品のなかで、もっとも重要なのはアーモンドで、この両者を併用する習慣は、明らかに中東や北アフリカからひろがった。〔アーモンドの粉と砂糖でつくる〕マジパンは、ヨーロッパでは一二世紀末以前には知られていないが[*39]、中東ではそれより以前から知られ、つくられているのである。砂糖はまた、アーモンド・オイルや米、香料入り飲料水、その他各種のガム類ともいっしょに用いられた。一六・一七世紀の史料には、こうした組み合わせの用法が多数みられる。それらがすべてエジプトでも容易にみつかるというわけにはいかないが、エジプトとの関連――ことにヴェネツィアを介しての関連――はありそうに思われる。

　こうした用法の重要な特徴は、最後に彫刻の形をとったものがつくられることである。すなわち、保存も効くし、食べることもできるが、美的な鑑賞にも耐えるようにされるのがふつうなのである。一一世紀のカリフ、ザーヒルは、折からの飢饉、インフレ、疫病の流行にもかかわらず、イスラムの祭日を「砂糖菓子でできた美術作品」で祝った、といわれている。この作品には、いずれも砂糖でできた七つの巨大な――テーブル大の――宮殿と一五七人の人間が含まれていた。一〇四〇年にエジプトを旅行したペルシア人ナーシル・ホスローの報告では、ときのスルタンは、断食月《ラマダーン》のために七万三〇〇〇キロの砂糖を用い、祭壇に砂糖でできた実物大の樹木一本、その他の巨大な展示物を置いていた、という。一四一二年に亡くなったグズリの残したすぐれた報告でも、カリフの祭礼では、砂糖製のモスクがつくられ、祭りの終わりになると、貧民が招待されてこれを食べた、とある。[*40]

ヨーロッパにも、これに似た習慣がひろがったのは、けだし当然である。マジパンやそれに似た砂糖菓子は、一三世紀フランスの王室では、祝宴用としてごくふつうに使われていた。[*41]大陸の菓子職人がフランスからイギリスに渡り、その技術を伝えたのは、それからまもない頃であった。マジパンの類というのは、主として砂糖と油、砕いたナッツ、植物性のガムなどを使ってつくった、固い粘土状の物質である。この保存可能な甘い「粘土」からは、好みの大きさの、ほとんどあらゆる形のものを彫り出すことができ、できた彫像を焼いたり、固めたりすることもできた。こういう飾りものは「細工もの《サトルティ》」と呼ばれ、宴会の「コース」と「コース」の合い間——各「コース」はそれぞれ、数種類の料理で成りたっていた——に、展示された。たとえば、一四〇三年に行なわれたイギリス国王ヘンリ四世とナバラのホアンナとの結婚式では、「肉類」の三コース——各コースはいくつかの料理から成っており、じっさいには肉ばかりというわけではない——のあとに「魚」の三コースが続くという具合であったが、各セットの最後は、「細工もの《ソトルト》」で締めくくられた。たとえば、

はじめのコース

フィレ肉のガランティン——ヴァイアンド・リアル（米、香料、ワイン、蜂蜜とともに供

される料理）――大きな肉切れ（牛肉か羊肉）――白鳥――脂ののった雄鶏――チュウィテイと呼ばれるプディング――「細工もの」[*42]

「細工もの」は、動物、モノ、建物などをかたどったもので、砂糖は貴重で、高価なものであったから、こうした作品は人びとを魅了し、よろこんで食べられもしたのである。しかし、その原料が貴重品で、しかもそれが大量に必要であったという事実は、こういう〔「細工もの」を楽しむという〕習慣が、最初は国王や貴族、騎士、教会くらいに限られていたことをも意味している。もともと、こうした飾りものは、ただそれがきれいで、しかも食べられるということのゆえに重要だったのである。しかし、時の経過につれて、ほんらい菓子職人たちの創造意欲の産物であったものが、本質的に政治的なシンボルに変質させられてしまい、その結果、「細工もの」はますます重要性を増していった。「こうした砂糖でできた紋章《エンブレム》には、有力者への追従だけでなく、宗教上の異端や政治家に対する批判がこめられていたこともある」[*43]と、一論者は主張している。「砂糖菓子やマジパンは、城郭、塔、馬、熊、猿など、いろいろな形につくられ」、何らかの主張を表明するための表現形式となったのである。たとえば、ヘンリ六世の戴冠式で使われた二種類の「細工もの」には、詳細な献辞が添えられているのだが、それをみると、彫刻ができ、メッセージが書け、皆で眺めて賞賛することのできる食べ物、言いかえれば、食べるまえに読める食べ物が、いささか奇妙な意味をもっていたことが、ひしひしと感じられる。ひとつは、聖エドワードと聖ルイスの「細工もの《ソティルティ》」。二人とも、それぞれの家紋のついた武具で武装しており、両者のあいだには、国王ヘンリとおぼしき人物が、これも家紋つきの武具に身を固めており、二人は、聖書のなかの次の一句を口にしている。いわく、「同じ家紋をもつ二人の完全な王をみよ」、と。

いまひとつは、〔ウィクリフにはじまる〕宗教上の異端であるロラード派を批判することをめざした「めざまし《ウォーナー》」――一般に、「コース」に先立って供される「細工もの」を表わした言葉――である。これは、「皇帝と今は亡き国王、かれらのガーター勲章つきマント、かれらのまえにひざまずく今の国王」を表わしていた。

皇帝ジギスムントは、
異端に対してその絶大な力を示し、
さらに、かくも高貴なる騎士ヘンリ五世も、
キリストの正義のために武勲をたてた。
教会を守り、ロラード派の輩を亡ぼした。

砂糖を型に流し込んでつくったもので，なかにジョージ5世の胸像がある。在位25周年記念（1935年）の作品。昔の王室砂糖職人の仕事をほうふつとさせる。

これぞ、まことの国王たる証なり。[44]

各コースには、いずれもこれと同様の飾りものがつき、それに添えられた献辞には、新国王の権利・徳性・権力などのほか、しばしばかれの施政方針までが書き込まれていた。この種のディスプレイがきわめて特権的なものでありえたのは、もとより、そこで使われる材料の珍しさのゆえであった。国王ででもない限り、これほど大量の砂糖を入手できる者はほとんどいなかったのである。しかし、同時に、主人の富と権力、ステイタスなどを誇示する、魅力的な食べ物を客に供しうるということ自体、国王にとっては格別のよろこびであったに違いない。国王の権力の象徴であるこの奇妙な食べ物を口にすることで、来客たちは王権の強大さを確認することになったわけだ。

手のこんだ、甘口のこの食べ物が、社会的地位の確認手段として機能したことは、明らかである。それからほどなくして、一論者が、いまや自らの宴会でも「貴族のそれにしばしば十分対抗できる」ような料理を出したいと苦慮する商人たちの有様を描き出したのも、けだし当然であった。

こういう場合にも、次のようなものが供された。すなわち、いろいろな花、ハーブ、木、動物、魚、鳥、果実などをかたどった、ありとあらゆる色彩のゼリー、奇抜なマジパン、色鮮やかで、多様な名称のタルト、外国産および国産の果実の年季ものの砂糖漬け、すなわち、フルーツ・シロップ《サケット》、マルメロのマーマレード、ふつうの果物のマーマレード、マジパン、砂糖パン、ジンジャーブレッド、フィレンツェ風パイ、各種の野鳥、鹿肉、その他異国風の菓子類など。しかもこうしたものは、どれもこれも、砂糖で甘みをつけたのである[*45]。

一六世紀までには、国王のみならず、大商人もまたショーの提供者となり、こうしたかたちでの砂糖の消費者となった、といえよう。

砂糖はなお、貴重な舶来品であり、主として貴族の消費する奢侈品であったから、一四世紀にその輸入が安定するやいなや、人びとの希求するところとなった。しかし、砂糖がアピールしたのは、ただ香料としてだけでも、また直接食べるためだけでさえもなかった。砂糖が有力者のあいだで広く消費されるようになるにつれて、砂糖の消費はこの国の商業の力と密接に関係するようになった。それに、儀礼的な用法がひろまって、いろいろな砂糖の消費形態がその一点に関連づけられると、砂糖にはますますシンボル的な意味が強まり、「砂糖熱」のヴォルテージも上がっていったのである。

トマス・ウォートンの『イギリス詩歌史』（一八二四年）をみると、一五世紀頃になると、権力や権威のある種の象徴として、宴会がますます重要性をおびてきたことを示す材料が多数認められる。事情は、学者や聖職者のあいだにおいてさえ同じであった。学者の宴会があまりにも派手になったので、一四三四年には次のような法令が発せられた。すなわち、いかなる学位取得者も、「三〇〇〇トゥール・グロス以上の費用のかかる祝宴を開いてはならない」、と。……しかし、にもかかわらず、たとえば、のちのヨーク司教ネヴィルは、一四五二年、学位《マスター・オヴ・アーツ》を取得したとき、多数の学者や外国人を招待して、九〇〇品の高級料理と二種類の余興で丸二日間歓待した。……こうした学問への崇敬や学問のための諸制度への関心の高まりは、大学関係者だけには限られなかったのである。

当時は衒学的傾向がこれほどひどかったので、一五〇三年、大司教ウェアラムがオクスフォード大学の総長に就任した際には、祝宴の最初のコースに奇妙な料理を出した。すなわち、この料理は、オクスフォード大学の八つの塔をかたどってあり、それぞれの塔には、総長の先導をする式典係《ビードル》がいた。塔の下には、国王の人形もおかれており、その国王に対して、正装した大勢の博士たちに囲まれた総長ウェアラムがラテン語の詩四編を捧げ、国王がこれに応えている、という趣向になっていた。

ウォートンが「奇妙な料理」と呼んでいるのは、すべて砂糖でできた「細工もの」のこと

アミアンのノートルダム大聖堂の縮尺模型（80分の1）。砂糖職人ユベール・ラームが，1977年につくったもの。2万個の角砂糖と，80キログラムのグレーズが使われた。高さ1.5メートル，長さ1.78メートル，幅0.91メートル。

である。[*46]
一六世紀末になれば確実だが、おそらくもっと早い時点でも、「細工もの」を使うのは、もはや貴族だけでも、またとびきり豊かな家族だけというわけでもなくなったように思われる。むろん、ごく質素なものでさえ、なおかなり上流の家庭でなければ、そのようなこ

前頁の模型の細部

とはありえなかったことも事実なのだが。一六世紀の料理本であるパートリッジの著作といえば、以後のほとんどの料理本に多少とも剽窃されているほどの古典なのだが、この本では、香料として砂糖を用いるような調理法——鶏の焼肉、ユウガオのフライ、ローストした砂糖味付けウサギ肉、牛の舌の焼肉など——に大部分のページが割かれている。そのうえ、そこには、マジパンのようなもののつくり方も載せられている。

> 甘皮をとったアーモンド、……白砂糖、……バラ香水、ダマスク・バラの香水を……用いる。アーモンドにこうした香水を少量加えつつ、叩きつぶし、細かくなるまでひく。それを火であぶり、ふくらませる。さらに、砂糖を加えてもう一度きめ細かくなるまで叩きつぶす。それに砂糖水を加え……ついで、マジパンをつくる。ついで、緑のハシバミの小枝で環をつくり、この環をウェハースのケーキにのせる。……ケーキの外にはみ出た部分を全部切り取り、暖炉にかける。……水分のあるうちに色とりどりの糖衣果実《コンフェト》をさし込む。完全に乾燥させると、マジパンは何年でも保存がきく。この食品はたいへん口当たりがよく、病弱な人びと——とくに長期の重病で食欲を失っている人びと——にも、大いに好まれる[*47]……。

これこそ、砂糖が半永久的に保存の利く装飾的な食品として、他の材料といっしょに用いられ、薬品としての効果も期待されている例ということになろう。これを見ただけでも、砂糖の使用を単純に分類することがいかに困難かがわかろうというものである。もっとあとの章では、パートリッジは、デコレーションとしての砂糖の用法をいっそう強調している。砂糖漬け果実は、動物の形のつくりものや気のきいた詩文などで飾られ、金箔をちりばめられている（砂糖と金のつながり、ほかにもアーモンドやバラの香水などとの珍しい貴重品との結びつきはきわめて重要である）。まず、トラガカントガムにバラの香水を加え、さらにレモン汁と卵白、「細かい粉になるまでつぶした純白糖」をも加えて、軟らかいペーストをつくれ、とパートリッジは指示している。次に、「これをいろいろな形につくる。すなわち、あらゆる種類の果物その他の素晴らしいものをつくるのである。そのうえ、大皿、皿、グラス、カップなどの食器類も、これでつくってしまう」。こうして出来上がった飾りものは、人びとの目を楽しませたあとは、客に食べてもらうのである。かれはいう、「宴会の最後には、みんなでこれを食べてしまう。大皿、皿、グラス、カップなどもみんなこわして〔食べてしまうのである〕。というのは、このペーストはたいへんおいしく、風味があるからである」[*48]。

パートリッジ以降の料理本は──少なくとも、以後数十年間のそれは──基本的に、パートリッジの延長でしかなかった。たとえば、パートリッジの書物よりやや遅れて出版されたのがサー・ヒュー・プラットの『貴婦人のよろこび──美容と料理』で、少なくとも一一版を重ねるほどのベスト・セラーとなった。この本には、「砂糖細工の腕をあげる」方法なるものが、こと細かに書き込まれている。「ボタン、くちばしの鋭い鳥、小鳥、蛇、かたつむり、蛙、バラ、チャイブ、靴、スリッパ、鍵、ナイフ、手袋、文字、結び紐、その他いろいろな形の宴会用クッキー《ヤンボール》を手早くつくる方法」などが記されているのである。[*49]

一六六〇年頃になると、富裕な人びとは、こうした「ボタン、くちばしの鋭い鳥、小鳥、蛇」くらいでは、まったくつまらないと思われるほど大規模な「細工もの」を使いはじめた。ロバート・メイといえば、エリザベス時代からジェイムズ一世、チャールズ一世、クロムウェルの時代を経て、チャールズ二世の時代まで、「細工もの」が祝宴には欠かせないものとなっていた時代を生き抜いたプロの料理人であった。貴族ではないが大金持ちになった人びとに、かれが勧めているのは、まさしく国王のやり方を真似ることであった。いわば菓子職人の大逆罪にあたるようなことを主張しているのである。大金持ちではあるが、なお丸ごとマジパンの「細工もの」を飾るほどのことまではできない人びとに対して、かれは次のように勧めている。いわく、「ペーストのボードに船型をつくること」。それから、砂糖であっと驚くような彫りものをつくってディスプレイすべく、詳細な計画を示すのである。それには雄鹿の飾りものが載せられ、その脇腹にささった矢を抜くと、雄鹿はクラレット・ワインの「血」を流す。戦艦にむかって大砲をぶっ放すお城もあれば、生きているままの蛙や小鳥などでいっぱいの、金箔張りの砂糖パイもある。メイのディスプレイは、貴婦人たちが火薬の臭いを打ち消すために、香水入りの卵の殻を投げあうところで終わる。「こうした「細工もの」は、イギリスに家政を上手に切り盛りする平民がいなかった過去には、貴族だけの楽しみであった。その時代には、貴族はじっさいに武器をとって闘っていたのだが、いまではこのような真に迫った、見事な細工によって模倣されるばかりになったのだ」[*50]、とかれはいう。

国王や大主教たちが、砂糖で壮大な城や馬上の騎士たちをつくって誇示したのに対し、野心に富んだ上流階級人は、「コースで出るペースト」製の戦艦と、マジパン製の大砲を組み合わせて、自らの宴会の食卓でよく似た社会的効果を得ることを狙ったのである。こうした人びとのなかには、おそらく新興の貴族もいれば、豊かな商人やジェントリもいたと思われる。消費を通じて客に強烈な印象を与え、自らのステイタスを誇示するためのこうしたテクニックは、どんどん下層のほうへ浸透していった。もっとも、そのほとんどは、以前に比べると壮大さに欠けるものであったこともまちがいないのだが。一七四七年には、ハナ・グラスの名著『料理の技術』が上梓された。ここには、読者層の財力に合わせて多少修正されてはいるが、「細工もの」の分類に入る調理法が少なくとも二つは載っている。ひとつは、いわゆるジャンブル――サー・ヒュー・プラットが一世紀以上まえに「ヤンボール」と呼んだクッキー――にかんするもので、小麦粉、砂糖、卵白、バター、アーモンドを混ぜ合わせ、バラの香水でこね、これを焼く。焼き上がったジャンブルを、好みの形に切る。「ジャンブルはお好みの形に切って下さい。……可愛い形に切れば、それで立派な一品になります」[*51]、とグラス夫人はいう。グラス夫人のあげているもうひとつの「細工もの」は、「ハリネズミ《ヘッジホッグ》」と称するものである。食べるまえに眺めて観賞することになっ

船の模型だが，台座も手が込んでいる。全部，砂糖のペーストでできている。タテマツ・ヒロオミの作品。

ているマジパンの一種で、細かくつぶしたアーモンド、オレンジの果汁、卵黄、砂糖、バターを混ぜ合わせてペーストにし、ハリネズミの型に流し込む。「ついで、甘皮をとった棒状のアーモンドをいっぱい差し込み、ハリネズミの針にみせかける」。この料理の変型版で、もう少し手の込んだものとしては、サフラン、カタバミ、ナツメグ、メイス、シトロン、オレンジの皮──サフランが高価すぎる場合は、コチニールを用いる──を用いるものがあり、「最初のコースに、熱いものをさっと出す」べきだ、という。

グラス夫人が一七六〇年に出した、高級菓子の本には、一〇種類ものデザートを含む、非常に手の込んだディスプレイがいくつも掲載されている。食卓は、「菓子屋で買った」飾りもので飾りつけられ、「何年も何年も利用された」。垣根があり、公園の砂利道があり、「小さな中国風寺院」があり、ディスプレイの天井や底、側面などには、「果物、あらゆる種類のナッツ、クリーム、ゼリー、〔クリームとワイン、砂糖などでつくった〕シラバブ、ビスケット等々を並べる。テーブルに余裕さえあれば、好きなだけ多くの皿をならべることもできる」。このような記述をみると、それがヘンリ四世や大司教ウェアラムの宴会料理の遥かな末裔であったことがわかろう。しかし、この間にはあまりにも永い年月が流れており、砂糖の価格も低下して入手も容易になっていたから、ステイタス・シンボルとしてこれを用いる階層も、中産階級にまで下がってきていた。

国王のシンボルであった「細工もの」が、ブルジョワの楽しみになってしまったことを鋭く指摘しているのは、リチャード・ウォーナー師の『料理の古典』(一七九一年)である。「今日、われわれが目にするあの立派なデザートの飾りもの、すなわち、中国の建物、田園《アルカディアン》詩に登場する恋人たち、鳥、魚、獣、異教の神話からとった想像上の主人公たちなどの、何とも奇妙で統一のとれないゴッタまぜは、要するに、かつてのイギリスの「細工《ソテイル》もの《ティーズ》」の生き残り――否、いまの人間の耳にはそのほうが快くひびくのなら、「その洗練されたもの」というべきか――であるにすぎない*52」。

もはや、客に砂糖を使った料理を供することは、上流階級のしるしなどではなくなった。少なくとも、西ヨーロッパのたいていの社会層にとって、そういえることが多くなってしまったのである。食卓が寓喩《アレゴリ》の場になることもなくなり、砂糖菓子に字を書くなどということは、セント・ヴァレンタイン祭か、クリスマス、誕生日、結婚式のときくらいに限られることになってしまった。しかし、このように、一種の象徴としてはその使用範囲が狭められたようにみえる砂糖は、他の形態の用法を通じて、人びとの日常生活に浸透していった。したがって、この変化は砂糖の重要性が増したことを示しているのであって、決してその逆ではない。ジンジャーブレッドの家やハート型キャンディ、キャンディ・コーン、鶏やウサギの型抜きをした砂糖菓子のような古くさい砂糖の用法は、かつては宮廷や富裕な階層の人びとの楽しみであったが、いまでは子供の玩具となってしまっている。

したがって、シンボルとしての砂糖の意味は薄れていったが、それとは逆に、砂糖の経済的意味や食品としての意味は、ほとんど着実に高まっていった。砂糖がしだいに安価になり、豊富になるにつれて、権力のシンボルとしての価値は当然なくなっていったのに対し、利潤の源泉としての意義は、どんどん高まっていったからである。事情がこのようであったから、シンボルとしての砂糖の意味が低下したということは、ある意味では、一種のナゾかけのようなものなのである。もうひとつ別の問いを発しない限り、ことの真相には迫れない。すなわち、砂糖がシンボルとして機能しがたくなってきたといっても、それは誰にとってのシンボルであったのか、ということが問題なのである。甘みと権力のつながりを明らかにしようとするのであれば、シンボル操作の行なわれた社会の内部の階層構成がどうなっており、それぞれの階層とシンボルがどのように照応しているのかを見なければならない。

かつて、温かいパイのなかから生きたままでとび出してきた蛙や小鳥は、いまは見られない。冷たいパイのなかから小人がとび出し、剣を振りかざしつつ進み出て、チャールズ一世とその新婚の王妃にうやうやしく挨拶をしたというのはあまりにも有名だが、これがその種の趣向の最後になったことも事実である。四二羽のツグミとマジパンの城も、これが最後となった。一九世紀までには、この種の「料理ドラマ」は、中産階級の人びとにさえ、人気がなくなってしまったといえよう。そのかわり、こうした古くからの砂糖の意味づけは、社会の下層のほうにひろがってゆき、新しい意味が立ち現われてきたのである。

砂糖でつくったイギリス王室公式馬車の縮尺模型（80分の1）。砂糖職人メアリ・フォードとその夫の手になるもので，エリザベス2世の在位25周年記念（1977年）としてつくられた。

砂糖がますます下層へ、またより広汎にひろがってゆくにつれて、それを消費しうる人びとが特別の階層であることを意味する、などということはなくなったが、同時にそれは、まったく新しい何かになったのである。一八世紀には、有力者にとっては、砂糖の生産や輸送、精糖、徴税などの過程が、そこで動くおカネの額が膨大なものになるにつれて、それだけ効果的な権力の源泉となった。貧民の口にさえはいるようになってしまった砂糖が、その特殊な意味を失ったのは、むしろ当然のことであった。しかし、そうなると今度は、貧しい人びとにも少しでも多くの砂糖が消費できるようにすることが、営利行為であると同時に、愛国的な行為とさえなったのである。

近年の研究では、砂糖のような初期の輸入物が、イギリスでは奢侈品といえるものであった点が強調されており、それがのちには、果物や穀物のような、もっと一般的な主要食品の大量輸入にとって代わられる、というのである。*53 しかし、これには批判的な見解もあり、奢侈品と大量消費財《ステイプル》とをあまり対照的に考えすぎると、支配者の社会的結合を確立・維持するうえで、いわゆる「奢侈品」がもっていたあまりにも重大な社会的意味を見落としがちになる、と主張している。たとえば、人類学者ジェイン・シュナイダーはいう。「商業と社会の階層構成との関係で問題になるのは、奢侈禁止法を厳格に適用し、ステイタス・シンボルを独占することによって、上流階級が自らを他と区別しようとした、ということだけではなかった。保護者と被保護者の関係や贈与を通じ、エキゾティックで貴重な商品を緻密な計算にもとづいて分配することなどによって、半周縁的・中間的な位置にある多様な社会集団を、直接、意識的に操作する意味もあったのだ」*54、と。この主張は十分に説得的である。というのは、砂糖のような「奢侈品」の重要性は、そのカサや重量では測れないし、それが支配階層の社会生活において果たしていた役割を考えない限り、理解できないと思われるからである。したがって、個々のこうした奢侈品がもつ特性や、ひとつの文化として慣習化してしまったその特有の利用法にこそ、決定的な意味がある、というべきなのだ。別の言い方をすれば、こうも言えよう。すなわち、たとえば砂糖と金は、ともに奢侈的な舶来品であった。薬としても使われたという点でも、両者には、わずかながら共通点も認められる。とはいえ、この二つの商品の生産量を同じくらいにすることは困難であったし、使用法にもまた、よほど差があった。金にしても、そのうちにかなり貧しい人にも売買ができるような日がくることになるが、だからといって、金を砂糖同様に生産し、消費することはいまもって不可能である。つまり、個々の奢侈品の本質的――「文化的に利用しうる」――特徴をみない限り、その意味を十分に知ることはできないのである。砂糖についていえば、それは、国王の奢侈品から庶民が「王様のような」贅沢をするための道具へと変容させられたのである。いわば、砂糖はひとつのステイタスから別のそれへ、その使用権が買い取られ、移転された奢侈品なのである。このように考えれば、砂糖がいわばまがいもののステイタス平準化手段のひとつと化したことがわかる。こうなると、富裕な人びと、権力をもつ人びとが、旧来のシンボリックな意味を着実に失いつつあった砂糖の消費を拒否しはじめたことは、いうまでもない。

砂糖をきらさない薬屋

砂糖が薬品として特殊な地位を占めるようになったのは、薬学にかんする古典古代の文献がイスラムを経由して、中世のヨーロッパに伝わった結果であった。ギリシア時代の文献に砂糖のことがあまり出てこないのは、〔そのギリシアの〕ガレノスの理論が、十字軍以降の数世紀間、ヨーロッパの薬学に広く浸透していたことからすれば、いささか興味深い。砂糖という言葉が出てきても、それがじっさいには何を指しているのか、必ずしも明確でないし、ギリシア人が砂糖——サトウキビのジュースからつくった蔗糖——について、本当に知っていたかどうかはあやしい。しかし、ガレノス風の体液病理学説を信奉したペルシアからスペインまでの、イスラム教徒やユダヤ人、キリスト教徒の医師がそれを知っていたことはまちがいない。こうした医師の活動の中心となったのは、スペイン（とくにトレド）、サレルノ（シチリア）、ジュンディーシャープール（ペルシアのフージスターンの三角州）などであった。砂糖がおぼろげにしか知られていなかったギリシアの医学システムを採用、修正して、そこに砂糖を組み込むことによって、ヨーロッパの医療に砂糖をもち込んだのは、誰よりもまずかれらであった。

近代になると、砂糖は人間の健康の観点からも、食品としても、栄養学的にも、いろいろ取り沙汰されるようになるので、それがかつては一種の秘薬ないし万能薬とみなされていたことなど、想像するのもなかなか容易ではない。しかし、じっさいのところそれは、ひとが考えるほどはるかな昔のことでもなかったのである。九世紀イラクのアラビア語文書、『商業提要』[*55]には、ペルシアとトルキスタンにおけるサトウキビからの製糖にふれている部分がある。ペルシアのフワーリズム（ホラズム）地方の都市ヒヴァから、ジャコウと甘い砂糖がもち込まれた記録もあれば、ペルシア湾の都市アフワーズから砂糖菓子がきた記録もある。ペルシア中央部のイスファハーンからは、フルーツ・シロップ、マルメロ、サフランが、ファールス地方（おそらくシーラーズか）からは、バラ香水のシロップやスイレンの軟膏、ジャスミンの軟膏などが流入した。アフワーズ近郊のブシャリ（ブシェール）からは、砂糖漬けのケッパーさえもが流入したのである。サトウキビそのものとともに、アラブ人によって西方へもち込まれたこれらの物資は、スペインを経由して、香料ないし薬品としてヨーロッパに伝えられた。ライム、ダイダイ、レモン、バナナ、タマリンド、カシア、ミロバランなども、同じ経路でヨーロッパに流入した。これらはいずれも、医薬品とみなされていたが、なかでも砂糖は目立った存在であった。一〇世紀から一四世紀にかけて、キンディー、タバリー、アブール・ダシムその他がアラビア語で書いた薬学書では、砂糖がもっとも重要な薬品成分となっている。

アラビア薬学書は、処方書（アクラーバーディーン）を基礎として、主要な調合薬ごとに部ないし章にわけられている。アラビア薬学の専門家マーティン・レヴィによれば、「アクラーバーディーンの構成は、ガレノスの『医薬構成論』にその起源がある。しかも、驚いたことに、一九世紀になっても、それが薬学書の形式として、十分に通用していたのである」[*56]。調剤のタイプによって分類しているこうした薬学書の形式をみると、砂糖の医薬品としての役割がとくに目立っている。たとえば、「シロップ」——アラビア語では「シユルバ」――という項目があり、「二本の指をつけて引き上げ、静かに開くと、ねばりつくような感じがする程度にまで濃縮したジュース」と説明されている。「そもそも砂糖および蜂蜜――あるいは、そのどちらか――が、薬の濃縮用ないし甘味付けに加えられることもしばしばであった」[*57]。もうひとつの項目、「ロブ」〔砂糖入り濃縮フルーツ・ジュース〕――アラビア語でいう「ルッブ」――についても、同様であった。これを調合するには、果物と花弁を砂糖湯に漬け、全体を煮詰めることが必要であった。さらに、〔飲みにくい薬の甘みとして用いられる〕「ジュレプ」――ペルシア語の「グル」と「アーブ」〔「バラ」と「香水」の意〕の合成語で、アラビア語では「ジュラーブ」――というのは、「ロブ」よりは薄いもので、「しばしば砂糖も加えられた」[*58]、という。そのほか、トローチ、煎じ薬、煮出し薬、湿布剤、粉薬、糖衣錠、ねり薬、下剤、芳香性トローチ《トリフェラス》〔アロマティク・エレクチアリーズ〕、解毒剤等々にも、砂糖が用いられている。砂糖は、あらゆる種類の薬物に、素材として含まれており、しばしば重要な役割を果たしていたのである[*59]。

すでにみたように、ガレノスやヒポクラテスの原本には、砂糖を意味しているのではないかと思われる言葉が散見される。しかし、それも頻繁に、というほどではないし、正確には何を指しているのかも定かではない。したがって、ガレノスの薬学に砂糖を導入――少なくとも、大規模にそれを導入――したことは、しきりにギリシア・ローマの薬学の吸収をはかったイスラム教徒の医学者たちの、独自の新工夫であった。ヨーロッパ人は、こうしたアラビアの科学を、アラビア語テキストのラテン語訳をつうじて大いに吸収したが、それには二つの経路があった。ひとつは、とくに紀元一〇〇〇年から一三〇〇年にかけて、スペイン経由でサレルノ学派に入って継承されたもの、いまひとつは、ビザンティン帝国を経由したものである。ペルシアのアヴィセンナ（イブン・シーナー、九八〇〜一〇三七年）といえば、「私にかんする限り、砂糖菓子こそ〔万能〕薬である」と断定し、『アヴィセンナ医学典範』を著わした人物であるが、かれなどは、じつに一七世紀頃に至るまで、ヨーロッパの薬学の世界でその権威を保っていたものである。

さらに、十字軍がヨーロッパに砂糖についての新たな知識をもたらすと、砂糖の医療用その他の用法がいっきょにひろがった。ギリシアの医師シメオン・セツは、薬としての砂糖に言及している（一〇七五年頃）し、一二世紀のビザンティン皇帝マヌエル・コムネーノスに仕えたシネシオスも、バラの砂糖漬けを熱さましとして勧めている。イタリアでは、〔ベネディクト派修道士で翻訳家であった〕コンスタンティヌス・アフリカヌスが、薬としての砂糖の用法にふれ、固体状の砂糖と液体状のそれとを、内服用および外用薬として記述している。一一世紀中頃、サレルノの医学校に滞在中にかれが訳した（おそらく編集もした）『現代の秘法』は、ヨーロッパ自体の医学における状況の変化を示している。というのは、西部ラテン世界の翻訳者たちは、アラビア語かペルシア語、またはその両方ができたので、かれらのおかげで北ヨーロッパの人びとは、祖先から伝わったギリシア・ローマのそれだけでなく、イスラム世界の医学をそっくり手に入れることができたからである。『現代の秘法』の後代の版――一二四〇～五〇年のもの――では、熱病、咳、胸の病、口唇のあれ、胃病に効く、とされている。この時代では、砂糖というものは、いかに少量といえども、なおごく富裕な人びとにしか手の届かない貴重品であった。したがって、それほどには豊かではないが、同様の療法を求める患者には、砂糖のかわりに蜂蜜が処方されることもあった。

砂糖を含む強壮薬《トニック》が処方されるようになったのも、それから間もなくのこと――イギリスでも、砂糖に言及した初期の文献が急増する一三世紀のこと――であった。シエナのアルデブランド（一二八七年没）やアルナルドゥス・ヴィラノヴァヌス（一二三五？～一三一一年？）などは、しきりに砂糖を薬として処方している。米粉、ミルク、鶏の胸肉および砂糖でつくられた「アルバ・コメスティオ」というのは、スペインの伝統的料理「マハール・ブランコ」によく似たものと思われるが、これを驚異的な健康食品として推奨したのが、アルナルドゥスであった。[*60] フランス語でいう「ル・グラン・クィジニエ」も白パン、〔甘皮をとったアーモンドとアラビアゴム、砂糖でつくる〕アーモンド乳剤、去勢雄鶏の胸肉、砂糖、ジンジャーでつくられ、食品であると同時に薬品ともみなされた。アルナルドゥスはまた、レモンないし薄切りレモンをキャンディにする方法や松ボックリの仁、アーモンド、ヘイゼルナッツ、〔地中海産のセリの一種である〕アニス、ジンジャー、〔これも地中海原産のセリ科の植物〕コエンドロ、バラなどの保存法をも記述しているが、かれの説では、そのいずれにも最上質の砂糖が必要なのであった。こうしてここでも、砂糖のいろいろな使用法が、相互に交錯していることがわかる。すなわち、保存料としてのそれ、食品そのものとしてのそれ、香料としての使用法、装飾用、薬用のそれが混在しているのである。砂糖を薬品と考える考え方は、さらに数世紀間、微動だにしなかった。

一二世紀には、砂糖の薬としての性格如何をめぐって、重要な神学上の論争が展開されたが、そこから早くも垣間みえることは、砂糖が道徳的な批判に晒されることはまずなかったという事実である。香料入りの砂糖は食品なのか、それを口にすれば、断食を破ったことになるのか、などということが問題だったのだが、それが食品ではなく、薬品だと太鼓判を押したのは、誰あろうトマス・アクィナスそのひとだったのである。かれはいう、「香料入り砂糖は、それ自体で栄養があるけれども、栄養をつけることをめざしてではなく、消化の促進のために口にするものである。したがって、それを食べたからといって、断食を破ったことにはならないこと、他の薬品の場合と同断である」*61、と。こうしてアクィナスは、この不可思議な砂糖なるものに特権的な地位を与えたのである。誰にとっても、どんな役割をも果たしうる、変幻自在の神秘的な存在、それが砂糖だというわけだ。茶、コーヒー、チョコレート、煙草、ラム酒、砂糖など、一七世紀から二〇世紀にかけてヨーロッパでその消費が激増した熱帯物産――ここでいう「薬品でもあった食品《ドラッグ・フーズ》」――のうち、砂糖だけが宗教からの迫害をまぬがれたのである。とすれば、砂糖のもっていたこの特殊な「世俗的」徳性については、いま少し言及する必要があろう。

砂糖、ことに高度に精白されたそれが、特殊な生理的効果を生み出すことは、よく知られている。しかし、砂糖がもつこの種の効果は、アルコールのそれほど一目瞭然とはしていないし、茶やコーヒー、チョコレートのようなカフェインを大量に含む飲料や、はじめて使用した瞬間から、呼吸、心臓の鼓動、肌の色等々に急激な変化が起こる煙草などに比べても、見やすいものではない。子供に大量の糖分を与えると、とくにはじめての場合には、目立った行動変化が生じるが、成人の場合はその変化もはるかに小さい。しかも、砂糖を含めて、これらの食品の生理的効果は、投与期間が長期化すればするほど、投与量が多くなればなるほど、しだいに弱くなり、見わけにくくなるように思われる。むろん、こう言ったからといって、これらの食品が長期的に及ぼす栄養学的、薬学的な効果とは関係がない。ただ、目に見える、直接知覚しうる効果についてだけの話なのだが。ともあれ、茶やコーヒー、ラム酒、煙草などについてはあれほどかまびすしかった宗教に基礎をおく批判が、砂糖についてはは存在しなかったのは、まさしくそれを口にしても、顔面が紅潮したり、千鳥足になったり、めまいがしたり、陶酔状態になったり、声の調子が変わってしまったり、ろれつが廻らなくなったり、やたら動きまわるようになるなど、カフェイン、アルコール、ニコチンの投与でおこるいろいろな徴候が生じないことが、原因であった可能性がきわめて高い[*62]。

砂糖の薬効については、アクィナス以外の哲学者兼医学者たちも言及している。たとえば、アルベルトゥス・マグヌスはその著『植物論』(一二五〇~五五年頃)において、全体的に好意的な意見を、体液学説の用語を使って表明している。「砂糖はその甘さが証明しているように、本質的に湿っぽく、熱いものであるが、年とともに乾燥してくるものである。砂糖には緩和作用や溶解作用があり、声がれや胸の痛みを和らげる一方で、喉の渇き――といっても蜂蜜ほどひどくはない――やときによっては嘔吐を惹き起こすこともある。しかし良い状態にあって、胆汁が含まれていない場合には、お腹にもよい[*63]」。黒死病の治療法として喧伝されたものはどれをとっても、砂糖が重要な役割を果たしている。一四世紀に書かれたペストにかんする著作を総括したカール・ズードホフの論集によれば、「どんな処方箋にも砂糖が欠けていることはまずない。貧民の薬には高価なねり薬の代用品として加えられ、金持ちの薬には、宝石や真珠の代用品として処方されたからである[*64]」。

砂糖が宝石や貴金属と同一視されたのは、「細工もの」の残映とでもいうべきであろう。貴重なものを、文字どおりそっくりそのまま消費するということ以上にわかりやすく、劇的な特権の表示方法がほかにあるだろうか。とすれば、砕いた宝石を飲み込むことによって、身体の病気の治癒を願う者がいたのも不思議ではあるまい。しかし、このことを、すでにみてきた「細工もの」との関係で考えてみるとどうだろう。他人が欲するものを破壊することができる——消費してしまうことによって、文字どおり破壊できる——ということは、ひとつの特権であり、それも現代人の生活や価値観にも合わないわけではない。ただ、近代のブルジョワ倫理にいささか合わないのは、それがあまりにもあけすけだという点である。平等主義の観点からいえば、他人のねたみを買いそうな消費は、そんなにあからさまになされてはならない。それでは、その消費を行なう者の非平等主義的な動機が白日の下に晒されてしまう、というのがその理由であろう。階層秩序が確固としていて明確である限りは——王権は正義であると民衆が認めている限りは——、貴族の奢侈は奢侈とみなされないのがふつうである。じっさい、勃興しつつあった中産階級の奢侈よりは、貴族と貧民のそれのほうが、それぞれの階層を基準として説明するのが容易であるように思われる。旧来の階層秩序が崩壊すると、必然的に特定の消費形態について、これまで受容されていた倫理観に影響を与えることになる。砕いたダイヤモンドを食べるわけにはいかない人びとは、それができる特権階級に反発するようになるかもしれない。この二つの社会集団の溝は、結局のところ、砂糖を食用にすることで埋められたのかもしれない。砂糖の消費そのものよりも、それを通して垣間みえる社会変動のほうが重要だというのは、まさにこのためである。

一三世紀から一八世紀までのヨーロッパの医療では、砂糖があまりにも重宝されたので、まったく絶望的な状態ないし望みのない状態を示すのに、「砂糖をきらした薬屋のような」

という表現が使われるようにさえなった。砂糖がしだいに普及する一方で、蜂蜜がますます高くなってくると、砂糖が処方される機会が目立って多くなった（蜂蜜が砂糖に代替される現象は薬品に限られていたわけではない。のちには、食品としても、保存料としても、前者は後者に代替されるようになってゆく）。

とはいえ、薬品としての砂糖の使用法が普及するにつれて、いくつか重要な論争も生じた。近代薬学上の砂糖について略述した生化学者で薬理学者でもあったポール・ピッテンガーは、砂糖のみで二四種類の用法をリスト・アップしている。そのうち、少なくとも一六は、すでに一四世紀以前にイスラム世界の医学者に知られており、じっさいに使われていたことはほぼまちがいない。[*65] はじめは外国文明――それもしだいに疑念をもって見られはじめた文明――からの借りものであった一「薬品」が、これほど頻繁かつ多様に用いられるようになっていたのだから、ヨーロッパの医学や薬学がより自立的な展望をもつようになってくると、ついには砂糖の薬効について、若干の疑念が生じるようになったのも当然である。ヨーロッパの医学が全面的に反砂糖の立場に立つようなことは、今世紀の初頭までは絶対になかったけれども、日常的な医療活動でどこまで砂糖に頼るべきか、という点では論争が生じたのである。なかには、ガレノスの医学そのものの解釈にまで及ぶ論争もあった。一六世紀には、医学上の権威による砂糖批判が、十字軍以来全ヨーロッパで流行となった反イスラム偏見の一部とさえなった。

ミゲル・セルベート（ミカエル・セルヴェトゥス、一五一一〜五三年）とレオンハルト・フックス（一五〇一〜五六年）が論争の主役であった。早熟で、自信過剰の若いスペイン人神学者であったセルベートは、（まったく無邪気にもジャン・カルヴァンに保護を求めたあげく）、結局火刑台でその生涯を終えることになったのだが、アラブ世界の医療用シロップ類に対する批判者であった。自ら医療を実践したことこそないが、解剖助手の経験もあれば、パリ大学の講義を聞いたこともあったかれは、「アラビア派」の医学を攻撃する論文を二編ものしている。そのうち、あとから書かれた『シロップ類について』では、ガレノスの学説を曲解するものとして、いわゆる「アラビア学派」――とくにアヴィセンナとマナルドゥス――を攻撃している。[*66]

パラケルスス（一四九三？〜一五四一年）も、砂糖やシロップをむやみに広汎に用いる風潮には批判的であった。それらがイスラムの処方書に含まれていること自体にも反対であったものと思われるが、かれが主として批判の対象としたのは砂糖そのものというよりは、〔それを濫用する〕医師であったようにみえる。かれは言う、「砂糖と胆汁を混ぜるのは、良いものと悪しきものを混合することであって、友たるべき薬剤師を、薬を砂糖や蜂蜜とごちゃまぜにするというたわけたことをする無分別な何でも屋たちと同列に置くことである」[*67]、と。しかし、同時にまたかれは、砂糖が「天然の薬品のひとつ」であることも認めており、保存料としての効用も認めていた。かれが反対したのは、主としては砂糖をアロエヤリンドウのような苦い薬品と併用することに対してであった。そういう用い方をすると、砂糖がそれらの薬効を殺すというのが、かれの考え方であった。砂糖はその甘みによって毒物の味をわからなくするので、犯罪に用いられる惧れがあると称する論者もあった。砂糖に敵対的というほどではないが、その治療効果には疑問を表明する者もいた。たとえば、ヒエロニムス著『新薬草論』(一五三九年)では、砂糖は「薬というよりは金持ちの贅沢品だ」とみなされているが、これは同時代人の多くは納得しない解釈でもあった。ヒエロニムスは、砂糖がウイキョウやコエンドロの実、スミレ、バラ、モモの花、オレンジの皮などをキャンディにするのに都合がよく、そうしたキャンディ類は「胃腸の病気に効く」としているが、すぐあとに次のように付言もしている。いわく、「砂糖が買えない人は、それらを熱湯で煎じてもよい」[*68]と。

とはいえ、一六世紀までには、砂糖を薬品として用いる習慣が、ヨーロッパで広汎に定着した。著作家たちは、その用法をひとつひとつ特記するようになった。タベルナエモンタヌス(一五一五頃～九〇年)は、なお砂糖の欠点をひとつは認めたものの、全体としては非常に好意的に評価した。

マデイラ島ないしカナリア諸島産の上質白砂糖は、適度に摂取する限り、血液を浄め、身体と精神——ことに胸・肺・喉——を強くする。しかし、〔ガレノスのいう四体液(性質）のうち）「熱い」性質の人、つまり胆汁質の人にとっては、砂糖がすぐに胆汁に変わるものだけに、よくない。それはまた、歯をもろくし、虫歯になりやすくする。粉状で用いると眼に良いし、気化させれば、傷口にひろく塗ることができて、風邪一般に効く。ミルクとミョウバンなどといっしょに用いれば、ワインの精製にも役立つ。単純な砂糖水でもよいが、それにシナモン、ザクロ、マルメロの汁などを加えると、咳と熱に効く。砂糖入りワインにシナモンを加えると、老人の強壮剤となり、とくにバラ入りの砂糖シロップは、アルナルドゥス・ヴィリャノヴァヌスが推奨している。氷砂糖を用いると、これらすべての薬効がもっと顕著に認められる。*69

一六世紀末以降、イギリスでは医学書に砂糖にかんする叙述がごく一般的にみられるようになる。ヴォーンの『自然および人為による健康指針』によれば、「砂糖は障害を和らげ、除去する。それはまた、痰を切り、腎臓の働きを助け、腹部の苦痛を取り除く」。*70 米を「ミルクと砂糖に浸して服用すると、胸やけに卓効あり、子種に恵まれるようになり、下痢を止める効果もある」。イチゴを「ワインで洗浄したうえ、多めの砂糖とともに服用すると、胆汁を減らし、肝臓を冷やし、食欲を増す」。*71 しかし、ヴォーンはなおタベルナエモンタヌスと同じような留保条件をつけてもいる。いわく、砂糖は「熱い」物質で、すぐにも胆汁に変わってしまう。したがって、酢《ヴィネガー》か強い酒に混ぜるのでなければ、ふつうの肉といっしょに用いることには賛成できない。とくに若者や「熱い」体質の人には勧められない。というのは、砂糖を常用しすぎているひとは、たえず喉が渇いて、血液も熱くなっているし、歯は黒ずんで、虫歯になっているからである。薬としては、水で服用すれば熱さましとして卓効があるし、シロップ状にして用いても、いくつかの病気に効く。ビールで服用するのがもっとも効果がある。*72

ヴォーンは、とどのつまり、砂糖は「耳鳴り」や水腫、しゃく、咳、下痢、鬱病、その他多数の症状に効果ありとして、推奨している。

一六二〇年に一書をものしたトバイアス・ヴェンナーは、まずはじめに、砂糖を医学的見地から蜂蜜と対比し、ついで、当時用いられていた諸種の砂糖の違いを論じて、啓蒙的な役割を果たした。かれによれば、蜂蜜は、「熱さ」「乾燥性」の点では第二級だが、浄化力や溶解性のある物質である——当時流行のガレノス派の（体液説の）専門用語が駆使されている——のに対し、

砂糖は、適度な「熱さ」と「湿気」があり、浄化力にすぐれているので、胸や肺の障害によい。しかし、痰には蜂蜜ほどの効果はない。……砂糖はどんな年齢の人にも、ど

んな体質の人にもよい。しかし、これに反して蜂蜜は、身体に合わない人が多く、ことに胆汁質の人や身体中にガス《ウィンド》のたまりやすい人にはよくない。……水と砂糖を混ぜただけのものは、「熱い」、胆汁質の、「乾燥性」の体質の人の胸の痰を切るのにとくによい。……砂糖というものは、白ければ白いほど純粋で、健康によい。そのことは、製・精糖の過程をみれば明白になる。それは、ちょうど塩の精白過程と同じである。砂糖というのは要するに一種のキビ、つまり葦状のものの搾り汁にすぎず、それを煮つめるわけだが、その点でも製塩と同じである。こうして最初にできる粗糖は、あらくて赤い色をしている。それは熱くて乾燥しており、味はタルトのごとく、浄化力に富んでいる。さらに煮沸し続けると、しだいに固まり、赤砂糖キャンディになる。これは光沢のあるもので、洗浄効果があり、排せつ力を強める。この赤粗糖にさらに水を加え、煮詰めるともっと白くなり、それほど「熱い」ものではなくなり、より「湿気の高い」ものになる。こうなると味もよくなり、胃にも穏やかである。この第二の種類の砂糖は、一般に並《コモン》・糖《シュガー》または台所糖《キチン・シュガー》と呼ばれている。これをみたび水で薄めて煮詰めると、素晴らしい性質になり、断然白くなる。味も比類なくよくなる。これこそは、最良の、もっとも純粋で、もっとも健康的な砂糖である……これをさらに煮詰めると、固くて光沢のある白いものができるが、これがいわゆる白砂糖キャンディ〔氷砂糖〕である。このタイプの砂糖は、胸の病気によく効く。というのは、それはそもそも他の種類の砂糖のように

「熱く」はないし、より純粋で、多少とも湿気があるからである。それは、舌・口・喉・気管のあれや乾きをみごとに和らげ、湿り気を与えるし、乾いた咳やその他胸の疾患に卓効があるので、「熱い」体質の人や「乾燥性」体質の人にならすべて適合的である。*73

一七世紀のこの種の家庭医学書はほとんど、砂糖の医薬品としての可能性については、大同小異のことしか言っておらず、つきなみに、四体液説の立場から砂糖の位置を論じ、ついで各種の（たいていはエキゾティックな）「処方」を記しているにすぎない。こうした処方のなかでかなり一般的なのは、胸からくる咳、喉あれ、呼吸困難——これらの用法は、部分的にはいまも生きている——、眼の疾患——こんな砂糖の用法は、いまではまったく見られない——、およびいろいろな胃腸病に対するものである。

一七・一八世紀になると、新たに医学上の反砂糖学派が勃興してきたのは、別に驚くにはあたるまい。ヴォーンの著作の第七版が現われた年に、ジェイムズ・ハートの『クリニック——万病の食餌療法』が出版され、当時の医師たちのあいだに生じつつあったいくつかの疑問をぶつけている。このあとなお一五〇年にもわたってヨーロッパの医学界の主流であり続ける体液学説的な思考法は、むろん当時なおきわめて強かったのだが、ハートは砂糖にかんして深刻な疑問をいくつか投げかけたのである。

いまやかつての蜂蜜の座は砂糖によって占められている。しかも、砂糖は蜂蜜よりはるかに高い評価を受けており、味もずっとよい。されば、健やかなるときも病めるときも、あらゆる場所で、頻繁に使用されているのもむべなるかな、というべきであろう。……砂糖は蜂蜜ほどには「熱く」はないし、「乾燥性」でもない。もっとも粗末な砂糖は褐色そのもので、浄化作用は一番強く、蜂蜜にきわめてよく似た性質をもっている。砂糖は胸や肺の病気の治療に効果がある。煮詰めて精製したものは、ふつう氷砂糖と呼ばれており、この目的のためには一番重宝されている。砂糖それ自体は下痢を止め、身体を浄化する作用があるのだが、摂りすぎると危険である。すなわち、過度に砂糖を摂取すると、キャンディ類やボンボンと同じで、血液が熱くなり、気管閉塞、悪液質からくる慢性疾患、結核などの症状を悪化させ、歯を痛め、黒ずませる。そのうえ、息をむかかするほど臭くする。したがって、とくに若者には、あまり砂糖に溺れないように気をつけさせるべきであろう。*74

一八世紀末に至るまで、砂糖派と反砂糖派の権威筋は、砂糖の医学的特性をめぐって大激論を闘わせた。しかし、砂糖のもつ医学上の効用と栄養源としてのそれがまったくの別ものというわけではないこと、今日と同様であった。フランス人ド・グランシエールが、イギリス人は砂糖を摂りすぎて、鬱の体質になっていると考えたのに対して、イギリス人のフレデリック・スレア博士は、砂糖こそはまさしく万能薬であり、その唯一の欠陥は貴婦人を太りすぎさせる可能性があることだ、と論じた。

スレアの書物は、この当時（一七一五年）としては、もっとも興味深いもののひとつだが、そもそも表題からして面白い。すなわち、『貴婦人たちに捧げる砂糖擁護論——ウィリス博士その他の医学者たち及び世間一般からの、偏見にもとづく非難に抗して』[*75]というのである。もっとも、スレアは気付いていなかったが、ウィリス博士との論争には負けていた。というのは、ウィリス博士は糖尿病の発見者であり、かれの砂糖批判はこの病気の研究からきたものだったからである。スレアのほうは、砂糖がすべての人間に有益であって、医学的にも無害であることを証明しようと懸命であった。しかし、かれの書物はそれ以上のことをも言っている。すなわち、献辞に続いて主張されているのは、女性の好みが男性のそれより優れているということである。理由は「粗野で洗練されない価値観に汚され、〔ウイスキーに蜂蜜を入れた〕ドラムを飲んだり、悪質な煙草をのんだり、煙草の一種である〔じっさいはナス科の植物で有毒〕インド・ヒヨスのもっと薄汚い汁を口にしたり、塩・酢漬けものを好むなど、より粗野な男性どもの好みに、それほど毒されていないからである」[*76]。女性こそは「砂糖という名の妖精の守護者《パトロネス》」となるだろう、というのがスレアの心から期待したことであった。「すでに近年、これまでよりはるかに多くの砂糖を彼女たちは消費しているのだから」、というのである。

このように砂糖を称賛したスレアは、ついで御婦人方に「ブレック＝ファーストとも呼ばれる朝食」を、パンとバター、ミルク、水のほか、コーヒーや茶、ココアに砂糖を入れたもので構成すれば、「これも驚くほど立派なものになる」と推奨している。砂糖にかんする自分の主張は、西インド諸島商人に歓迎されるだろうとは、かれ自ら認めるところである。

〔なぜなら、かれら西インド貿易商は〕かの甘い財宝を輸入しているのだから。まさにこの商品によって、もとは取るに足りない資産をしかもたなかった多数の人びとが、プランテーションをおこし、そこから膨大な富を得て、大いに豊かになって母国へ戻り、広大な所領を買い取ったし、いまも連日、買い取りつつある。

こうした貿易商の卸す商品を小売りした薬種・食料品屋たちも、この評判の悪い、スキャンダラスな商品の信用や名声を高めることに関心をもっている。というのは、かれらも、この商品によって富を築き、家族を富裕にしてきたのだからである。要するに、全国どこにいる家族でも、得られさえすれば、それを利用しようとしないような家族はひとつもないのだし、逆にそれが利用できなくなると、大いに不平を漏らし、不満に思う家族ばかりなのである。[*77]

しかし、砂糖の効用としてはいささか見当はずれのこうした議論をあれこれした挙句、スレアは砂糖の医療効果に話題を移し、ただちに「セイラム在のかの著名なオカルト師ターバーヴィル博士の」眼病の処方なるものを読者に提供する。いわく、「二かけらの氷砂糖、半かけらの真珠、一グレインの金箔を、徹底的に細かい粉にひき、乾いたときに、適量を眼に吹き込む*78」、というのである。ここで、われわれはふたたび医療のために砂糖と宝石・「細工もの」《プレシオシティ》の混合物が使われているのをみることになる。その起源は数世紀まえにさかのぼり、ペストの医薬と「細工もの」に発している。砂糖、真珠、金箔を混ぜて粉末にし、悪い眼に吹き込むというのは、はなはだ奇怪な感じもしよう。しかし、絶望的な状況に置かれた人間は何かを信じざるをえないし、その場合、高価なものにこそ力があると考えてしまうのもごく自然なことである点は、心にとめておく必要があろう。

スレアの言うところでは、砂糖の効用は奇跡につぐ奇跡である。ついでかれが主張するのは、「歯みがき《デンティフリス》」としての砂糖の効用である（スレアは、この処方で患者は目立って回復したと自賛している）。ハンド・ローションとしても外傷に効果があり、煙草の代わりに臭ぐのもよいし、赤ちゃんにも有効である。「学者の書いた本を読んだ大勢の上流階級の奥方たちが、砂糖を毛嫌いし、気の毒な赤ちゃんたちにそれを与えないでいるという話をきいているが、それこそひどく有害なことである*79」。かれはさらにいう。「子供が砂糖の味を好むことは、次のようにすれば、すぐにわかるはずである。すなわち、砂糖を入れたものと入れないものと二種類のパンがゆをつくってみると、子供たちは一方のほうにはむしゃぶりつくが、他方にはしかめ面をするはず。かれらは牛乳でさえ、砂糖を少々落として母乳と同じような味にしなければ、満足はしないだろう」[80]。

スレアの熱狂ぶりは、疑わしい限りであるが、だからと言って、かれの作品がたんなるもの好きであったというわけにはいかない。というのは、かれの著作は、たいていの人にとっては当時なお比較的新奇な商品であった砂糖の、じつに多様な側面に言及しているからである。イギリスの砂糖消費量は激増しつつあり、英領西インド諸島の砂糖生産も、ジャマイカの征服と奴隷貿易の着実な拡大にともなって、同じような歩調で増加していった。砂糖が医療用としても、また老若いずれの年齢の人びとにも、また保存料などとしても有効であることを強調したうえ、スレアは同時に砂糖がいかに成功してきたかという点にも言及し、いっそうの関心を呼びおこそうとしている。かれは言う、「私はいささか自重して」、

砂糖の効用の半数には言及しないできた。読者諸賢には、菓子店、つまり富裕階級に砂糖菓子をおさめる店に聞いてもらいたい。というより、むしろ大宴会を見てもらいたい。盛大な宴会で供されるデザートには、おしゃべり好きの御婦人方が、宴のあとでひとつ

ひとつのお菓子について賛辞を捧げられるが、そうした魅力的なお菓子には、いずれも人工的に砂糖が加えられている。砂糖は、がんらいインド産のキビの一種にすぎないのだが、蜂の巣から採れる甘い蜜よりも、もっとすばらしい、もっとおいしいものである。[*81]

同時代人ジョン・オルドミクソンも、同様の感情を表明している。

〔砂糖は〕、商業に役立つばかりでなく、医師や薬剤師もそれなしではやってゆけないものである。というのは、ほとんど三〇〇種近い薬品が砂糖からつくられているからである。ほとんどすべての菓子類も、砂糖を甘味料および保存料として用いているわけで、たいていの果物は、砂糖がなければむしろ有害になるだろう。砂糖なしでは、最上級の焼き菓子《ペーストリ》はつくれないし、貴婦人の私室に置かれている上質の〔リキュールの一種〕コーディアルもつくれない。砂糖菓子《コンサーヴズ》はなおさらである。酪農製品にしても、かの高貴なるジュースの助けなしには、いまのように多様な料理にはなりえなかったはずである。[*82]

薬としては、一八世紀末から一九世紀になると、砂糖はしだいに批判的にみられるようになった。それが大衆的な甘味料・保存料となるにつれて、医療上の役割はしだいに影が薄くなっていったのである。しかし、砂糖はすでに大量に消費されるようになっていたのだから、それが医療用に使用され続けるか否かは、さして問題でもなかった。かつて砂糖が担わされた医療上の諸機能は、いまやもうひとつの新たな役割、つまりカロリー源としてのそれと融合していったのである。

茶と砂糖

甘味料としての砂糖は、三つのエキゾティックな輸入品――茶、コーヒー、チョコレート――と結びついて、重要性を増していった。この三種類の飲料のうち、茶はイギリス(連合王国)でもっとも重要な非アルコール性飲料となり、いまもそうなっている。これらの三種の輸入品はいずれも熱帯物産であり、一七世紀第三・四半期のイギリスでは新奇な商品であった。さらに、それらはいずれも、刺激性の物質を含んでいて、薬種として分類することが可能――この点では、煙草やラム酒と同じであったが、その効果や習慣性の点では差があった――であった。この三種の飲料はまた、イギリス人のお好みの飲料になるべく相互に競争をしたようなものなので、それぞれの飲料の存在そのものが、他の飲料の運命に多少とも影響を与えた、ということも事実である。

これら三つの飲料はどれも、苦味のある飲料である。苦味を好む傾向は――極度の苦味に対するそれですら――人間の味覚のごく「自然な」反応ということができるし、それはごく短期間に、強固に目覚めさせられてしまうもののようである。ちょっと例をあげるだけでも、クレソン、ビール、カタバミ、大根、わさび、ナス、苦瓜、ピクルス、キニーネなど、多様な食品が人気を得ている事実は、苦味に対する人間の許容度が非常に高いことを示唆している。「許容できる」ものを「好み」にかえるには、何らかの文化的に基礎をもつ慣習化の過程を要するが、それは、環境条件しだいではさして難しいことではない。

しかし、甘いものに対する嗜好は、もっと短期間に、新たな消費習慣として定着した。苦味のあるものには、いわば「苦味の個別性」とでもいうべき特質があり、たとえば、クレソンが好きだということは、ナスが好きだということとなんの関係もない。しかし、これに対して、砂糖が好きだということは、「甘み一般」が好きだということを意味している。苦味のあるものに砂糖を加えると、少なくともそのすべてが甘くなるという意味で、みんなおなじ味になってしまう。茶とコーヒー、チョコレートについて面白いのは、これらはいずれもイギリスでは、ほぼ同じ時期に広く知られるようになった、苦味の強い飲料であるが、どれひとつとして、もともとの文化的背景においては、もっぱら甘味料とともに用いられていたわけではないという事実である。今日に至るまで、中国では茶は砂糖なしで飲まれているし、海外にいる中国人でさえ、そうしている（インドにおける飲茶の方法は、多少問題が別である。というのは、インドにおけるそれは、イギリスから輸出された習慣の影響がきわめて強いし、イギリス人の奨励をうけてはじめて本格的に広まったものだからである）。コーヒーは、しばしば砂糖をいれて飲まれているが、北アフリカや中東など古くから飲まれている地域でも、どこでても、いつでもそうしているというわけではない。チョコレートも、ふつう（いつもというわけではないが）、もともとの熱帯アメリカでは、甘味料なしで、食物の風味つけ、ないしソースとして使われていた。[*83]

コーヒーや茶、チョコレートがいつはじめてイギリスにもたらされたかについては、まず自信をもって答えられるが、イギリスでこれらの飲料に砂糖をいれるようになったのがいつか、という点になると、史料はほとんどない。熱い液体で、アルコール分がなく、苦味があってカロリーのない刺激物と、カロリーの豊かな、強烈に甘い物質との結びつきは、まったく新しい飲料の合成ともいえるので、それが最初にどのようにしてなされ、人びとにどのようにうけとられたかを示す詳しい情報がないのは、はがゆい限りである。コーヒーや茶を飲む習慣が完全に確立して一世紀以上も後になって、西インド諸島の開業医ベンジャミン・モズリーは、次のように言っている。すなわち、「コーヒーには、マスタードをいれるのが、われわれのあいだでは長年の習慣であった。……東洋では、クローブやシナモン、カルダモンなどを加えるが、ミルクや砂糖は使わない。ヨーロッパとアメリカ、西インド諸島では、香料は抜きで、ミルクと砂糖を入れて用いる」[*84]。しかし、かれがこのように述べているときには、すでにイギリス人がこれらの飲料を飲みはじめて一世紀以上の歳月が流れていたのである。しかし、ジョン・チェンバレンはその飲料についての論文のなかで、これら三種類の飲料は、その時点（一六八五年）には、砂糖といっしょに用いられている、と主張している。*85

結局のところは、茶が自家製の弱いビールにほぼ完全にとって代わり、ジンなどの強いアルコール性飲料ばかりか、（ヒッポクラスのような）砂糖入りワインにさえ挑戦することになった。はじめのうちは、これら三種類の新しい飲料は富裕で権力のある者にしか飲まれていなかったのだが、しだいに貧民にも好まれるようになり、のちには、かれらのあいだでも、他の非アルコール性飲料を押しのけて、飲まれるようになったのである。茶やその他の飲料が労働者階級にまで飲まれるようになる頃までには、すでに温めて、砂糖を入れて供されるようになっていた。一八世紀を通じて、民衆のカロリー摂取量は現実に減少していたようにも思われるし、かれらの食生活とイギリスの天候からすれば、温かくて甘い飲料はとくに歓迎されたと思われ、こうした飲料の人気は日増しに高まっていった。イギリス人がこうした新しい飲み物をどんどん飲むようになるにつれて、それらは二つの意味でますますイギリス的になっていった。すなわち、一方では〔イギリス風の〕儀礼化が進行し、他方では、少なくとも一、二世紀間は、それらのイギリス植民地での生産が激増していったのである。

一六六〇年から八五年までイギリスを支配したチャールズ二世の王妃キャサリンは、ポルトガルのブラガンザ家の出身であったが、「イギリスで最初に茶を飲んだ王妃」といわれている。これまでイギリスの上流階級では、男性のみならず女性までもが、エールやワイン、強いアルコール類などで「朝も昼も夜も頭をヒートさせ、しびれさせるのがふつうであった」[*86]が、それらに代えて、かのお好みの非アルコール性飲料を宮廷で流行らせたのは、彼女だといわれている。すでに一六六〇年には、ロンドンで茶の広告が出ている。すなわち、著名なガーウェイ飲料店が茶の薬効なるものを誇る広告を出しているのである。一六五七年までは、「上流階級のもてなしの際の主役として」のみ使われており、「王族や貴顕への贈り物にされた」[*87]、といわれている。しかし、「スルタンの妃の頭」亭なるコーヒーハウスが、すでに一六五八年九月三〇日付の『政治通報《メルクリウス・ポリティクス》』なるロンドンの新聞に茶の広告を出している。「中国ではチャと呼ばれ、他の国々ではテイとかティーとか呼ばれている、かの素晴らしい、すべての医師の推奨する中国の飲み物が、コーヒーハウス「スルタンの妃の頭」で売り出されています……」[*88]。

それから一年もしないうちに、トマス・ラッジの編集していた『新版政治通報』は次のように報じている。「近年は、ほとんど至るところでコーヒーと呼ばれるトルコ風の飲み物が売られているし、ティーと呼ばれる別の飲み物や、温かい飲み物であるチョコレートも同様である」。ロンドンで最初のコーヒーハウスは、一六五二年にトルコ商人によって開かれたようだが、この種の店は大陸でもイギリスでも、驚異的な速度でふえていった。一七世紀末、フランス人旅行者のミソンは、ロンドンのコーヒーハウスにいたく感激して、次のように述べている。「そこでは、ありとあらゆるニュースが得られる。立派な暖炉があって、好きなだけ坐っていてよい。コーヒーを一杯すすりながら、友人に会い、商談もできる。それでいて、お望みとあれば、ただの一ペニーで済ますこともできるのである」。[*89]
ドイツの歴史家アルノルト・ヘーレンは、一八世紀の事情を、こう説明している。

重商主義体制は、みじんもその力が衰えなかった。植民地物産、ことにコーヒーや砂糖、茶のヨーロッパにおける消費がふえはじめるにつれて、植民地の重要性は増す一方となったことを思えば、それも当然のことであった。これらの物産は、政治のみならず、社会生活の改良にもはかりしれないほど大きな影響を与えた。商業から得られた国民全体にとっての莫大な利益と関税から得られた各国政府にとってのそれは別にしても、政治折衝や商業上の取引、文人たちの交流などの中心として、コーヒーハウスが果たした役割は、どう言えばよいのか。一言でいえば、もしこれらの物産がなければ、ヨーロッパ諸国は、こんにちのような姿ではありえなかっただろうということである。[*90]

まもなくチョコレートが茶とコーヒーのあとを追った。チョコレートはコーヒーより値段が高く、富裕な階層のあいだで人気が高まった。チェンバレンが一六八五年に書いたこれら三種の飲料のたて方についての一論をみると、すでにこれらの飲料が（少量の）砂糖とともに用いられていることがわかるし、それを飲む習慣が徐々に社会全体にひろがりつつあったことも、よくわかる。

一ポンドでそれぞれの飲料がいくら買えるか、という話になると、茶がもっとも安上がりであることは、まもなく明らかになった。とはいえ、茶の人気がしだいに高くなったのは、それが相対的に安上がりだったからでもなければ、他の刺激性飲料に比べて何か本質的にすぐれたところがあったからでもない。理由は、その使われ方にあったのである。言いかえると、茶は、コーヒーやチョコレートより、混ぜものをしても平気なところがあったからである。*91じっさい、茶の場合は、他の飲料に比べて、ひどく薄いものでもがまんができた。おそらく茶は、薄くても甘ければ、同じくらい薄くて、同じくらい甘いコーヒーやチョコレートより、はるかにひとを満足させたはずである。ともあれ、このような茶の利点が明らかになったのも、輸入業者の策略によって、インドにおけるその栽培・製造に対する帝国の保護政策がとられるようになってからのことである。

イギリス東インド会社は、一六六〇年にその特許が再認可され、結局一六社に及んだ互いに競合するインド貿易会社――オランダ、フランス、デンマーク、オーストリア、スウェーデン、スペイン、プロイセン各国の会社――のひとつとなった。とはいえ、ジョン・カンパニーと仇名され、胡椒輸入会社としてスタートしながら、茶の輸入で重要性を増したイギリス東インド会社ほど、強力になり、大成功を収めた会社はほかにない。

東インド会社は早い時期に極東へ進出し、中国に到達した。この中国の茶こそは、のちにはインド支配の手段と化してゆくものである。……ジョン・カンパニーはその最盛期になると、……中国との茶貿易を独占した。供給量をコントロールし、イギリスへの輸入量に天井を設けて価格を固定しようとしたのである。それこそ、世界最大の茶独占体となったばかりか、イギリスで最初の飲料宣伝の主役ともなった。こうして同社は、イギリスにおける食生活革命を急がせる役割を果たした、ということができよう。すなわち、潜在的にはコーヒー愛飲国民となる可能性のあった〔イギリス人〕を、茶を愛飲する国民に変えてしまったのだが、それも、ほんの数年のうちにそうしてしまったのである。それはまた、諸国家――帝国と呼ばれるものを含めて――の強敵とさえなっていた。すなわち、領土を拡大し、貨幣を鋳造し、城砦を建設して軍隊を指揮し、諸外国と同盟関係を結んだり、宣戦を布告したり、講和条約を締結したりする権利を有していたのである。それはまた、民事および刑事の裁判権をも行使することができた。[*92]

茶がイギリスで人気を博しはじめると、その密貿易は重要な商売となった。と同時にそれは、国王の徴税役人にとっては、深刻な頭痛のタネとなった。一七〇〇年のイギリスへの合法的な輸入は、およそ二万ポンドほどに達した。[*93]一七一五年までには、（ジョン・カンパニーのおかげで）中国産の茶がロンドン市場に充満し、一七六〇年には、五〇〇〇万ポンド以上の輸入関税が支払われた。一八〇〇年には、合法的輸入だけで、総計二〇〇万ポンドにのぼった。しかし、一七六六年には、政府の試算でも、合法的輸入量と同額くらいの茶が、イギリスに密輸入されていた、という。同年、東インド会社は、競争相手のいかなる会社よりも多くの茶を――六〇〇万ポンド――中国から輸入した。政府がこの会社の政治行為や商業活動に介入するようになったのは、ようやく一八一三年のことであったし、会社の中国貿易独占権――貿易の中身はほとんど茶の輸入であった――が最終的に廃止になったのは、一八三三年になってからであった。

コーヒーやチョコレートについては、これに対応するような事実はない。西インド諸島産の砂糖の歴史には、ついにこのような独占は成立せず、砂糖植民地は相互に競争しあったものである。にもかかわらず、これら四つの物産の関係は――さらにラム酒（糖蜜）と煙草をも含めて――きわめて深く、また錯綜もしていた。茶はコーヒー、チョコレートにうち勝つことになり、長期的にみると、ビールやエールにさえ――ラム酒やジンには必ずしも歯が立たなかったけれども！――勝利をおさめたのだが、その理由は多様であった。しかし、そのなかでも、東インド会社の独占が成立し、インドでイギリス資本による茶の栽培が圧倒的優位を占める――政府の全面的支援もあった――ようになったことが大きな意味をもっていた。インド茶――といっても、ふつうはインドの葉と中国のそれを混合したものだったが――の生産は、ほかならぬ東インド会社の反対で、なかなか進展しなかっ

た。しかし、一八四〇年までには、その生産も定着し、

イギリスにおける中国茶時代の終焉が準備された。ベンティンク卿が茶問題検討委員会を設立して六年もしないうちに、政府はすでに市場に出すのに十分なほどの「英国産茶」の生産が可能になっていることを証明してみせた。……わずか三世代のうちに、イギリスの企業は、二〇〇万エーカーの土地と三六〇〇万ポンドの資本を使って、七八万八八四二エーカーの土地に茶を作付けし、年間四億三二九九万七九一六重量ポンドの茶を生産するに至った。そのために生み出された雇用は一二五万人分とみられる。それはまた、私人による蓄財と政府の財政収入のために、イギリス帝国全体のなかでも、もっとも儲かる収入源ともなった。[*94]［「　」は著者ミンツによる］

茶の成功は――茶ほどではないにしても、コーヒーやチョコレートの成功も――すなわち、砂糖の成功でもあった。西インド諸島関係者の立場からすれば、これらのエキゾティックな刺激性飲料のどれであれ、その消費がふえることは、いずれにせよ砂糖の消費がそれに伴うという意味で、きわめて望ましいことであった。茶はイギリス実業界の強烈な後押しを受けており、それが他の飲料との競争にうち勝ったのは、その味とは何の関係もない諸要因のためであった。苦味のある刺激物であったことだとか、熱くして飲むものであ

ったこととか、味のよい、甘みのある、しかもカロリーの高い飲料であったことなどが、その成功の重要な要因にあげられることも多い。しかし、コーヒーやチョコレートの生産とは違って、茶の生産は、単一の広大な植民地で、きわめて精力的に推進され、その地の利殖手段となったばかりか、支配のための権力の手段ともなった。当時のチョコレートやコーヒーについては、じっさいのところ、このようなことはとうてい言えない。かりに〔類似の現象があるとすれば〕、むしろ砂糖にかんしてであろう。

茶の成功は、現象的にはまことに急激であった。一八世紀のちょうど中頃までには、スコットランドでさえ、茶を常用する土地と化した。スコットランド人の法学者で神学者でもあったダンカン・フォーブズは、昔をふりかえってこう述べている。

しかし、東インド地方との貿易がはじまって……茶の価格が急落し、最下層の労働者たちでも買えるようになったとき、また、スウェーデンの商人たちが、ヨーテボーリにある同国の〔東インド〕会社で働いている多くのスコットランド人と接触をもち、最下層の人びとにさえこの薬種を愛飲する習慣をひろめたとき、さらにまた、茶に欠かすことのできない砂糖が、これまでは滅多に使わなかった極貧層の主婦にも手の届くものになったとき――その結果、湯やブランデーやラム酒に砂糖を入れられるようになったとき――、はたまた、茶とパンチが、すべてのビール・エール愛飲者たちにも飲まれ、親し

E. T. パリス「砂糖樽」(1846 年)
砂糖はこの絵にあるような大樽で輸出され，各地の食料品業者によって分配された。パリスはセンティメンタルで，どちらかというとあまり目立たない画家であったが，このようなロンドン風景を多く描いた。子供たちが，すでに空っぽになった樽に，まるで蠅のように群がっているのは，砂糖が 19 世紀イギリスの食事でいかに重要になっていたかを，みごとに示している。

まれるようになったとき、その影響は突如として、しかも劇的にあらわれたのである。[*95]

スコットランド人の歴史家デイヴィド・マクファソンは、一七八四年の茶関税の引き下げと、それよりいっそう激しかった茶消費量の急上昇ぶりを回顧して、一九世紀はじめに次のように書いている。

茶というものは、社会の中・下層民に醸造酒《モルト・リカー》に代わる安上がりな飲み物を提供した。醸造酒の価格は安くないので、中・下層民は、それを唯一の飲料としていては、必要な分量を十分に得ることができない。……要するに、われわれは商業・金融上きわめて有利な位置にいるために、世界の東の端からもち込まれた茶に〔西の端の〕西インド諸島からもたらされる砂糖を入れて飲むとしても――それぞれに船賃や保険料がかかるにもかかわらず……――、なおかつビールよりは安上がりになっているのである。[*96]

茶が安価であったという事実は、重要である。しかし、それだけでは、茶の消費量の激増ぶりは説明できない。聖職者デイヴィド・デイヴィスといえば、一八世紀末の農村生活の観察者として重要な人物であるが、かれは当時の他の食品にもまして、イギリス人が茶と砂糖を好むに至った環境条件をあれこれ拾いあげている。農村の貧民は、もし牛を飼うことができるなら、牛乳を生産し、それを飲むほうを好むはずである。しかし、ほとんどの人びとにとって、それが不可能になっている、というのがデイヴィスの見解である。じじつ、かれがあげているいくつもの家計の数字をつぶさにみれば、かれの見解の正しいことがわかる。それに、モルトには税金がかかったから、貧民にとっては、〔モルトを用いて〕弱いビールをつくることも、カネがかかりすぎて無理だったのである。

このような厳しい状況のもとでは、つまり、モルトが高価で、牛乳も入手がむずかしいという状況のもとでは、パンをしめらすのに、かれらに残された唯一の手段は、茶しかなかった。それこそ、かれらの最後の頼みの綱だったのだ。茶(とパン)なら、平均で週一シリング程度の出費で、家族全員が毎日一食ずつできたのである。貧民全体になりかわってあえていうのだが、もしこれ以上に安くて、もっとよい食品を教えてくれる者がいたら、かれらにとってそれほどありがたいことはほかにはないはずである。*97

デイヴィスは、茶に対する批判にはかなり敏感であった。

飲茶の風習は、必要以上にひろがっているということもできようが、貧しい労働者のあいだでは、なおそれほど一般化はしていない。人口比からいえば、茶消費量に占めるかれらの比率は比較的小さい。とくに、茶に支出される金額からいえば、そのようにいうことができる。

いまでも、茶は贅沢品だという考え方がある。熙春茶に精白糖とクリームを入れて飲むような場合は、それも事実に違いない。しかし、貧民が口にするのは、こんな種類の茶ではない。いちばん安物の茶の葉を少々用いて白湯に色をつけただけのものに、まったく精白していない粗糖を加えただけなのに、それが贅沢品などといわれているのだ。しかも、かれらがこれに依存するのは必要のためである。いまもしこれを奪われれば、かれらの食事はたちまちパンと水だけになってしまうだろう。飲茶の習慣は、貧民の窮状の原因ではなくて、結果なのだ。

とまれ、ヨーロッパにある国の民衆が、その日常の献立の一部として、地球の両端から輸入した二種類の商品を口にせざるをえないというのは、いささか奇妙なことではある。しかし、カネのかかる諸戦争の結果として高率の税が課せられ、諸般の事情からして、知らず知らずのうちにコストが上昇したために、本国で自然に採れる産物が、この国の比較的貧しい人びとには手が届かなくなり、外国物産に頼らざるをえないのだとすれば、それがかれらの責任ではないことも、いうまでもない。*98

もちろん、イギリス史上これほど早い時点で「民衆がその日常の献立の一部として、地球の両端から輸入した二種類の商品を口にせざるをえなかった」のは、まことに注目すべきことである。すでにおおかた賃金労働者の国となってしまったイギリスの経済について、そのことが何かを物語っているからというだけでなく、資本によって媒介された植民地と本国の関係がいかに深いかをも示しているからである。砂糖と茶は民衆の日常生活に不可欠になってしまったので、すでにこの頃までには、それらの供給をいかにして確保するかは、経済的にばかりか、政治的にも重要な課題となった。

サー・フレデリック・イーデンなど、イギリス農村生活の他の観察者たちも、茶と砂糖の消費の増加に注目している。イーデンは大量の個別家計のデータを集めたが、そのうち一七九七年にかんする二件のデータは、砂糖消費の趨勢をよく示している。最初のデータは、南部イギリスの六人家族で、年四六ポンドの収入がある。この年収は、当時としては驚異的と言っていいほど高い数値である。他方の、北部の家族は、もっと収入が少ない。こちらは六人家族ではなく、五人家族で食費支出が異常に少ない。にもかかわらず、年間二〇ポンドの食費支出のうち、茶と砂糖で一ポンド一二シリングが費やされており、糖蜜にも八シリング使っているので、あわせて購入食品の一〇パーセントに達していた。[*99]

一八世紀の社会改良家ジョナス・ハンウェイは、貧民が茶を飲むことを厳しく批判した。かれの興奮ぶりは、次の一文によく示されている。

労働者や職工が貴族の真似をするのは、わが国民にとって呪うべきことである。……庶民たる者が国産の健康によい食品で満足せず、そのよこしまな嗜好をみたすために、遥かかかなたの土地まで赴かなければならないとは、この国民は何たる愚行に陥っているのであろうか。……しばしば乞食が出没するというのに、……他方では茶を飲んでいるという町内もある。道路修理の労働者までが茶を飲んでいる姿にも、でくわすことがある。コークス運びの車のなかでさえ、茶が飲まれているのだ。これに負けないほど馬鹿げているのは、干草づくりにさえ、一杯いくらで売られている事実であろう。……パンの買えないような人でさえ、茶を買おうとする。……つまり、貧困だというだけでは、茶を遠ざけることにならないのである。[*100]

イギリス人の栄養摂取の歴史をたんねんに研究した現代の歴史家ジョン・バーネットは、やんわりとハンウェイを批判している。かれはいう、「当時の論者は、労働者の食事が贅沢すぎると、異口同音に非難し、うまくやりさえすれば、もっと多くの肉を食べ、食事にもっとバラエティをもたせることもできるはずだ、ということを論証するのに躍起になっている。白パンと茶はもはや奢侈品などではなく、飢え死にしないぎりぎりの食事であることなど、ほとんど誰も理解していないのだ。……週二オンスの茶――価格にして八ペンスか九ペンスであろう――で、冷たい夕食も温かい食事のように思えたのである」[*101]、と。

ビールの代わりに茶を飲むようになったことは、栄養学的には大きなロスであった、という研究者が多い。茶は、刺激物であるうえに、タンニンを含んでいるからよくない、というだけではない。それがほかの、もっと栄養のある食品にとって代わったという点でも、不都合であったというのである。「貧しい人びとは、温かい茶を飲むと何かあたたまるような錯覚を抱くことができたのだ。本当は、グラス一杯分の冷たいビールのほうが、はるかに実質的な食品だったはずなのだが」*102。

一七世紀後半から一八世紀末までのあいだに、砂糖が大衆消費財のひとつとなったのは、たんに茶のための甘味料として使われたからというだけではない。ハナ・グラース夫人の特別菓子づくりのテキスト（一七六〇年）といえば、おそらくこうした類の本としては最初のものであるのだが、一二版以上の版を重ね、広汎に読まれ、剽窃もされた。このテキストは、新興中産階級の出現にともなって生じたお上品な婦人《マトロン》たちと、肉体労働にあくせくする人びと《ドラッジ》を行動で結びつける役割を果たしたというべきであろう。それはまた、砂糖がいかに広くイギリス人の食生活に浸透しつつあったか、を示す恰好の材料ともなる。この開拓者的な著作は、砂糖製の彫刻や小さな「細工もの」を扱っているばかりか、甘みをつけたカスタード、パイ類、クリーム類なども出てくる。こうしたものをつくるには、ポート・ワイン、マデイラ・ワイン、甘口シェリー《サック》、卵、クリーム、レモン、オレンジ、香料に加えて、いろいろな種類の砂糖を大量に用いなければならなかった。新興の中産階級に焼き菓子《ペーストリ》その他のデザートのつくり方を教示しているグラース夫人の著作は、砂糖がもはや医薬品でも、香料でも、有力者の遊び道具でもなくなった――もとより有力者たちは、新しいやり方で砂糖を使って遊び続けようともしただろうが――ことを如実に物語っている。

貧民にとっては、茶を甘くすることに次ぐ砂糖の使い途は、複合炭水化物、ことにポリッジ〔オート麦の粥〕やパンを糖蜜（モラセス）で食べる方法である。「即席プディング」と呼ばれたものは、じっさいにはオートミールのポリッジであったが、それはふつうにはバターかミルク、または糖蜜とともに用いられた。*[103] 一八世紀には、そのうち、糖蜜を使う方法が一般化し、他の方法を駆逐してしまった。この場合、糖蜜は甘味料として用いられているわけだが、ポリッジはおそらく茶以上に甘くして食された。もっとも、茶も一般には、きわめて甘い状態で飲まれたのだが。

一八世紀前半には、労働者層の購買力がおそらく高まった、と思われる。*[104] 栄養摂取の状況はむしろ悪くなったとしても、そうなのである。その際、新たな刺激性の飲料を飲むとか、砂糖の摂取量を大幅にふやすなどということが、ふえた所得の使い途になった。同時にまたそれらの事実は、社会システムのより上のランクと張り合うための《エミュレイション》消費行動ともなっていたのである。もっとも、「エミュレイション」と言ってみたところで、あまり多くのことを説明したことにはならない。ひとつの習慣を誰から学ぶかということも大事だが、その習慣がいかなる条件の下で習得されるかということも、同様に重要なことなのである。新たに茶を飲み、砂糖を用いるようになった人びとの多くは、毎日の食事に十分満足していたわけではない。なかには、明らかに栄養不足のひともあり、またはその食品に飽きていたひとも、ノリ状の炭水化物ばかりでまいっていたひともいたのである。とすれば、温かい、液状の刺激物で、甘く、カロリー満点の飲料は、まさしく「的を射た」ことになるわけで、すでに栄養不良状態にあった人びとに対しては、とくにそうだったというべきであろう。

イギリス社会史の、ときによって辛らつな批評家であるC・R・フェイは、次のように記している。「ホッと一息ついて、心をやすめる役割を果たす茶は、もの言わぬ大衆の自然な飲み物で、入れるのもごくかんたんなので、世界最低の料理人たちにとって、天の賜物となった」[*105]。茶は、コーヒーやチョコレートよりも準備がかんたんであった(まもなく、価格も一番安くなった)。しかし、茶が結局は他の飲料に勝つようになったのには、東インド会社の活動が大いに関係していた。それに、茶がイギリス人の食生活を一変させたのだとしても、それには、砂糖の役割も同じくらいに大きかった。カロリー摂取量の増大には、砂糖の役割のほうがまちがいなく大きかった。

とまれ、こうした食品がイギリス人の食卓にのぼるようになった事実は、個々のイギリス人の消費習慣が、イギリスの外の世界、とりわけ帝国植民地と結びついていたことを物

フランスの製パン業者デュボワ・ベルナールの料理本所収の図版にみる，エレガントな19世紀のデザート。砂糖がその特殊なシンボルとしての意味を失って比較的安価なものになってしまったあとの，高級料理における位置をよく示している。

語っている。多くの人びとにとって、こうして食品選択の幅がひろがったことは、明らかに利益であった。そのことは、ときとして魅力たっぷりに、いささか皮肉なユーモアをもまじえて、主張されてきたことである。

ジャマイカと東インドをもう一年維持することになったのは、まことに喜ばしい。そうなると、茶と砂糖を一生使えるほど仕込む時間的余裕をもてるだろうからである。私が考えているのは、生活必需品のことだけであって、金やダイヤモンドを求めて狂奔することではないし、〔染料になる〕ログウッドを盗む快感のことを言っているのでもない。政府の支持者たちは、われわれをもとの島国の人間に戻し、つましく、穏やかで、高潔なりし古えのイギリス人のような質素な生活に戻すことしか考えておらず、茶や砂糖を知らなかった時代のイギリス人の暮らしや如何、などと問うている。然り。それがいまより良かったことは明らかであるかもしれない。しかし、あいにくなことに、私は二、三百年まえに生まれたわけではないので、薄いドングリのスープや蜂蜜をつけた大麦パンが極上の朝食だったのかどうか、はっきりとは思い出せない。（ホレイス・ウォルポールからサー・ホレイス・マンへの手紙。一七七九年一一月一五日付）*106

砂糖を飲料の甘味料として用いる習慣は、しばしばそうした飲料といっしょに、あるいはパンの代わりに用いられたパイ類とともにひろがった。この用法は、一九世紀になって砂糖価格が大幅に下落し、果実の砂糖漬けが大量につくられるようになってはじめて、その頂点に達した。しかし、茶その他のエキゾティックな飲料の消費量がふえるにつれて、家庭外で焼いたパンの消費量もふえていった。後者には、甘みがつけられていることが多かった。コーヒーハウスに感激した一七世紀末のフランス人旅行者、ミソンは、イギリスのプディングにも熱中したものである。「クリスマス・パイ」について、かれは次のように言っている。「この焼き菓子《ペーストリ》を何と何でつくるかは、まったくの秘密になっている。牛の舌、チキン、卵、砂糖、レーズン、レモン、オレンジの外皮、各種の香料などをきわめて巧妙に組み合わせてあるのだ」*107。もちろん、こんな御馳走は、一八世紀初頭には、イギリス社会の最下層民がいつでも味わえる快楽というわけにはいかなかった。とはいえ、砂糖がしだいに広く親しまれるようになるにつれて、パイやプディングの類もますます普及していった。赤砂糖（褐色糖）と糖蜜は、材料の穀物といっしょにするか、パンの表面に塗りつけるか、その他いろいろな方法で、パン焼き、プディングづくりなどで広く使われるようになったのである。

陽気で機智に富んだ『イギリス料理』（一九七四年）なる一書をものしたエリザベス・エヤートンは、イギリス人の虫歯について、かなり長々と述べたてている。

一八世紀初頭くらいまでは、多くの人びとにとって砂糖は、あまりにも高価で手の届かないものであった。しかし、ちょうどこの頃から、その価格は一ポンド〔約四五〇グラム強〕当たり六ペンスほどに低下した。いったんそうなると、円錐形の砂糖のかたまりをパイの皮に「こすりつける」とか、レーズンに砂糖を入れて甘みをつけるなどというやり方が、パイやタルトに砂糖をたっぷり入れるとか、プディングをつくるときにも「飾り花」といっしょに用いるといったところまで拡大された。世紀がすすむにつれ、いろいろな新しい使い方が工夫されてゆき、その数は膨大なものになった。〔それ以下では飢えるという〕貧困線をかろうじて上まわっているだけの家庭のごく質素な食事にさえ、まったくプディングが出ないわけではなくなったのである。

温かいプディング、冷たいプディング、蒸したプディング、焼いたプディング、パイ、タルト、クリーム、ゼリー、〔フルーツ・プディングの一種の〕シャルロットとベティー、〔ワイン入りカステラの〕トライフルに〔果物のつぶしたものにクリームをかけた〕フールをのせたもの、〔砂糖・香料入りクリーム・ワインの〕シラバブに〔不老長寿薬といわれた〕タンジーを添えたもの、〔牛乳を固めて冷やした〕ジャンケット、ミルク・プディング、スエット・プディングなど。総称として用いられた「プディング」という言葉は、イギリス料理史に残るいろいろな料理をカヴァーするものとして使われているので、いまはほとんど見られなくなったこうした素晴らしい料理に思いをはせるとき、心穏やかではいられないほどである。*108

新しい食品や飲料は、異様な速さで日常生活に組み込まれていったが、そうした新しい食品、飲料のほとんどいずれに対しても、砂糖は決定的に重要な役割を果たした。とはいえ、これだけ重要なものであっただけに、それが何であるか、どういう風に使うべきかをよく考えもしないで、ただ漫然と食卓に加える、というようなことはない。茶を飲むとか、糖蜜をつけたパンや糖蜜で甘くしたポリッジを食べるとか、甘いパンやケーキを焼くなどということは、いずれも出生、洗礼、結婚、埋葬など、人生の一大事に際して行なわれただけでなく、労働、レクリエーション、休息、祈りなど、要するに日常生活のほとんどあらゆる局面に、徐々に浸透していった。どんな文化の場合でも、こうした同化《アシミレイション》の過程というのは、いわば盗用《アプロプリエイション》の過程でもある。言いかえれば、この文化が、新しい、ふつうでないものを自らの一部として取り込む過程がそれである。

しかし、階層構成の複雑な社会にあっては、「文化」というものは、決して完全に統合的・均質的なシステムではありえない。人びとの行動や態度には著しい差異が、いろいろな次元で認められるのである。そうした差異は、思想・目的・信念などが活用され、操作され、変更されてゆく際のやり方に反映され、表現される。文化を構成する個々の「要素《マテリアル》」——物質的目標、それを表わす言葉、行動様式、思考様式を含む——は、貴族から庶民へ、あるいはその逆と、上方へでも下方へでも移転することができる。しかし、そのような移転が起こると、その意味づけもまた変化・修正を受けずには済まない。こうした拡散現象が、下から上への場合も、逆方向の場合と同じくらい容易に、同じくらいの頻度で生じると考えるのは、幼稚すぎるといえよう。富や権威、権力、影響力などが、拡散の仕方に影響を与えることはまちがいない事実である。

砂糖や茶、煙草などの物質、それらを用いるときの形態と用い方などは、それがイギリス社会のどの階層に定着するかによって、いささか違ってくる。それらに与えられた意味づけもまた、それによって違ってくる。そのうえ、たとえ階層が同じであっても、年齢や性や社会集団の規範の差なども、新しい消費習慣の制度化、再習得の過程に影響を与える。ときには老人が、あれこれの新しいモノによっていちばん影響を受けるが、また別の機会には、若妻たちがもっとも影響を受けることもある。砂糖といえば、典型的に上から下へ普及したモノであるが、それが下方へ普及してゆくにつれて、消費者にとってそれがもつ意味ないしもちうる意味が変わっていったこと、すでにみたとおりである。砂糖はいろいろな形態をとりえたから、砂糖に賦与される意味そのものも、香料として使われるか、医薬として使われるか、あるいは一種のデコレーションになるか、甘味料にするか、その他どんな方法で用いるかによって違ってきたし、それを用いる社会集団いかんによっても、まるで違ってきたのである。

一般的にいえば、砂糖をデコレーションとして使ったり、香料や医薬品として使ったりする習慣はしだいに影が薄くなっていったのに対し、甘味料や保存料としての用法はますます盛んになっていった。後者の場合、砂糖というものの特性がよりよく理解されているだけに、新しい意味づけがなされる可能性も大きくなった。砂糖は、いまやしだいに最上層から最下層に至るまでのイギリス社会の特徴となりはじめた「茶にまつわる諸事象《ティー・コンプレックス》」——ちょっと熟さない表現だが——の一部をなしていた。もっとも、イギリス社会自体は、いろいろな次元で複雑かつ深刻な差異を含んでもいたのだが。ともあれ、砂糖は茶そのものの甘味料となると同時に、おおかたのお茶受けとなった食べ物の重要な材料ともなった。むろん、結婚披露宴や誕生パーティ、葬式のようなセレモニーでは、砂糖製の彫像が記念に飾られることもあり、デコレーションとしての砂糖の用法には、なお儀礼的な意味あいが残っている。むろん、この場合もいまでは、問題になるセレモニーは国家次元の行事や高位聖職者の叙任にかかわる類のものではありえない。また、保存料としては、砂糖には、なお多くの潜在的可能性が残っていたといえよう。

　砂糖のこうした用法が、多少とも一般に普及してゆくにつれて、相互に異なる、二つのプロセスが進行した。それらは、いわば「儀礼化《リチュアライゼイション》」とでも呼ぶべき過程——ほかにもっとましな言葉でもあればよいのだが、とりあえずこう呼んでおく——の二つの側面を示すものである。「儀礼化」とは、新しい要素を〔既存の体系に〕編入《インコーポレイト》し、それに象徴的

砂糖のペーストでつくったミニチュア人形。当時（19世紀）のコスチュームをよく表わしている。

意味を与えなおすことである（儀礼には常習性《レギュラリティ》がなければならないし、適合性《フィットネス》や正当性、有効性などの実感《センス》も必要であって、いわゆる宗教的行為のことだけをさしているのではない）。ここでいう二つの側面のひとつは、「拡張過程《エクステンシフィケイション》」とでも呼ぶべきものである。すなわち、定期的、というよりむしろ日常的とさえいえるくらいの頻度で、砂糖に親しむ人びとがふえていった、ということである。砂糖、とくに安価な赤砂糖や糖蜜が、たとえほんのわずかずつでも、常習的に用いられるようになると、魅力的な奢侈品、貴重品としての地位はしだいに揺らいでいった。茶、コーヒー、チョコレート、アルコール性飲料などの甘味料、およびケーキ類、果物のデザートなどに入れるものとして、砂糖は一八世紀のうちにますます日常的・庶民的性格をおびるようになった。新たな食品が使われるようになって、砂糖を使う機会もふえると、それに対応して特別の意味づけがなされ、固定されていったが、その結果、砂糖消費の頻度も高くなり、量も大きくなったので、日常性はいっそう深められた。それはちょっとしたもてなし、といっても、なじみ深い、信頼のできる、当然のこととして期待もされる類のもてなしとなった。そういう意味では、砂糖は茶そのものや煙草と同様の経過を辿った、といえよう。砂糖がますますポピュラーになり、「気楽に使える」ものになってゆくにつれて、消費者は儀礼的な意味づけをするようになっていった。各々の消費者が、自分のおかれた社会的・文化的位置に応じた意味づけをするようになったのである。これもまた、それ自体「拡張過程」の一部というべきである。すなわち、過去に用いられた意味づけを放棄し、他の社会集団が与えた意味づけをも拒否して、新たな意味を賦与するのである。

これとは対照的に、「強化過程《インテンシフィケイション》」は、過去の用法からの連続性にこだわり、より古い意味づけに忠実になることである。「競争《エミュレイション》」としての意味をいっそう強める――おそらく、この言葉は、この際、いっそう的を射ている――ことになる。戴冠式や高位聖職者の叙任式、ナイトの叙勲式などは、社会全体に及ぶわけではない。しかし、砂糖は、まさに社会全体に及ぶ。つまり、「強化過程」とは、セレモニーの際に砂糖を用いることで、より古い用法に戻ることになるのだが、ただその際、かつてそうしたセレモニーにつきまとっていた社会的・政治的制約からはまったくフリーになっているという次第なのだ。すばらしい砂糖の衣と彫像のついたウェディング・ケーキ、祝祭日に獣肉や鳥類の肉に、香料や甘味料を使用する例、離別や出発――葬式を含めて――の儀式に甘い食べ物を使う例、さらには、辞書のなかでも、甘さの比喩が重要な役割を果たしているという事実などは、いずれもこうした〔意味づけの〕連続性を示しているといえよう。

砂糖に保存料としての働きがあることは、きわめて早い時期から知られていた。フルーツ・シロップ、ケッパーのキャンディ、ペルシア産の同様の保存料などの製造・輸出の記録が、すでに九世紀にはある。保存料としては、蜂蜜にも多少とも砂糖と同じような働きがある。砂糖には湿気を吸収する作用があり、微生物の生育を不可能にするので、砂糖漬けにすると、固型食品――牛肉ですら――はかなり長もちするのである。液状にした砂糖やシロップに漬けるか、結晶糖を用いて食品をはさむか包むかすればよいのである。

ヨーロッパでは、砂糖のこうした用法はほぼ一三世紀ないし一四世紀までに記録が残っており、おそらくはそれよりかなり以前から知られていたらしい。『薬学概論』（一四八八年）のなかでサラディーン・ダスクロは、濃い砂糖水を使って醗酵を防止する方法や、粉砂糖を厚く塗って畜産物を保存する方法を示している。パラケルススも、砂糖を腐敗防止に使う方法を記録している。[109]（砂糖に漬けて）保存された果物は、一五世紀までにはイギリス王室で珍重されたことがわかっているが、じっさいには、もっと以前から使われていたはずである。一四〇三年のヘンリ四世とナバルのホアンナとの結婚披露宴で、「なし《ベリー》のシロップ漬け」が供された事実は注目に値する。というのは、当時は、「果物を保存できる唯一の方法は、シロップで煮立てたうえ、思い切り香料をふる」ことだとされていたからである。[110] それからおよそ二世紀後、ノッティンガムシア・ウーラントホール在のミドルトン卿の家政書には、二ポンド一オンスの「マーマレード」を五シリング三ペンスという天文学的な価格で購入した――「輸入品であったこの種の保存果実が、いかに高価な贅沢品であったか」[111]を示している――記録がある。正確な換算はできないが、当時保存フルーツに使われた二ポンドというおカネは、やはり、ともにエキゾティックな輸入品であった胡椒やジンジャーなら一ポンド（四五〇グラム強）、バターならほぼ一四ポンド、チーズならじつに二九ポンドほども買える金額であったのだ。

　この種の美味は、このあと何世紀ものあいだ王室と最富裕層のみの食品であり続けた。しかし、砂糖の他の用法と同じように、より下層の人びとも、砂糖をこのように用いることを熱望していた。ソケイドと呼ばれた、キャンディ状の果物は、早くも一四世紀には地中海からイギリスに輸入された。ソケイドと呼ばれた、「いまでいうマーマレードを含んでいることの多いある種の保存〔果実〕」が、一六世紀の送り荷リストに出てくる。[*112] それに、一五六〇年の皮革商ギルドの祝宴には、砂糖漬け果実とともに、「マーマレード」や「サケット〔ソケイド〕」も供された。より下層の人びとに対しても、砂糖の使用は別に法によって禁じられていたわけではないので、かれらがたんなる潜在的消費者となっていたのは、砂糖が珍しいもので〔入手が難しく〕、高価すぎたからであるにすぎない。したがって、少なくともはじめのうちは、個々のギルド構成員の家庭の食卓にあらわれたというより、ギルドや都市当局の会食の際に供される可能性のほうが高かったこと、あらためていうまでもない。

　しかし、保存料として砂糖が使われたのだといっても、一九世紀以前の主要な用法は、それ以後のものとはかなり様子が違っていた。この旧来の用法は、ほぼ一八七五年頃から、果実保存用としての用法が重要性をますにつれ、ほとんど消滅してしまった。じっさい、そのとき以来、新しい用法は二度とその地位を譲りはしなかったのである。一四〇三年に行なわれたヘンリ四世の結婚披露宴では、「砂糖漬けのスモモ、砂糖製のバラの花、果物の砂糖菓子、セイジ、ジンジャー、カルダモン、ウイキョウ、ウイキョウの実、コエンドロ、シナモン、粉末サフランなどが出された」[*113]という。しかし、このリストは、いかにもいろいろな砂糖菓子のごちゃまぜである。まず最初に、キャンディ状のものもそうでないものもあるが、香料がくる。〔キャンディ状でない〕ふつうの香料が、金・銀製の高価な香料皿にのってくる。この皿には、透し細工が施され、家紋の彫刻もあり、しばしば宝石で表面が飾られてもいた。それこそ、貴族の男性が自己の身分や地位を顕示する手段そのものであった。さらに、こうした香料皿と同じくらい豪華かつ高価に装飾を施されたドラジュワールがあり、砂糖菓子がいっぱい詰められていた。ドラジュワールは、〔男性用〕の香料皿と並ぶ、女性専用の自己顕示手段であった。香料皿とドラジュワール、つまり砂糖菓子を入れる箱は、一七世紀末までは、特権階級の消費様式となっており、王室とのつながりやとりわけ富を連想させるものであった。[*114]

　一四世紀以来、イギリス国王のセレモニーの際の宴会では、砂糖菓子と香料が出るのがふつうであった。どちらも、二度目以降に出るワインに続いて出ることになっていた。カルダモン、シナモン、コエンドロなどの香料は、「ダイジェスティヴ」――英語以外の、フランス語やイタリア語では、この意味で使われることが比較的多い――つまり、消化促進剤であった。ドラジュワールに入れて供されたキャンディ状の菓子は、「ドラジェ」と呼ばれた。「ドラジュワール」という単語は近代の英語にはなくなっているが、「ドラジエ」のほうはいまも使われており、辞書には三つの意味が載っているが、そのいずれもが、重要なものである。第一の意味は「砂糖でくるんだナッツ」、第二のそれは「ケーキを飾るために使われる真珠状の菓子」、第三は「糖衣薬品」である。つまり、砂糖のもっとも古くからある、主だった用法が、この一語に要約されているのである。「砂糖菓子《コンフィト》」という言葉は――フランス語の「ジャム《コンフィチュール》」や英語の「菓子《コンフェクション》」と同族語――なお一般には（果物、ナッツ、種子など）何か固いものを核にして、それを砂糖で覆った菓子のことを意味している。

おそらくコンフィトの先駆は、砂糖キャンディ、つまり、ヴェネツィアの貿易商バルドゥチ・ペゴロッチの一四世紀の会計簿や一四世紀以降の王室会計簿に登場する「ズッケロ・ロサートとズッケロ・ヴィオラート」だったのだろう[*115]。しかし、これらの菓子類は、花がそのまま使われているのではなく、色と香りがとられているだけである。本物の「砂糖菓子《コンフィト》」は対象物を固めた砂糖で覆ったもので、ヴェネツィアまでは容易にさかのぼれるし、北アフリカや中東までも、そのうちにさかのぼれるはずである。ちなみに、「コンフェティ」という言葉が色紙を意味するようになるまえは、色つきのキャンディの意味で用いられており、いまでもたとえばロシア語などでは、そういう意味をもっている事実は面白い。もちろん、この言葉は、「コンフィト」や「菓子《コンフェクション》」と同系統の言葉である。

しかし、大部分のイギリス人にとっては、砂糖漬け果実ないしシロップ漬け果実が砂糖との最初の出会いなどであったはずはない。こうしたものは、労働者階級の人びとがひどく甘くした茶を飲みはじめたあとでも、なおかなりの贅沢品であったし、茶と同じくらいの速度で下層のほうにひろがったりはしなかったからである。一八世紀中頃までには、砂糖菓子やそれに類似の食品が中産階級にまで知られるようになっていたことは、まちがいない。それどころか、労働者層にしても、何らかのかたちでそれらに親しんではいた、と思われる。食品や菓子類というよりは医薬品を問題にしている書物のなかで、ポメットはこうしたキャンディ類に言及している。

> 花、種子、草の実、堅い木の実の核（仁）、果実などを、菓子屋が砂糖で覆い、「砂糖果実」などと名付けているものも無数にあるが、いちいち挙げてもきりがないし、本書の読者には、いささか退屈にすぎよう。店で売られているもので、もっとも一般的なのは、キャラウェイ〔ヒメウイキョウ〕の実の菓子、コエンドロ、小粒砂糖菓子《ノンパレイユ》——ただのオリス〔ニオイアヤメ〕を砂糖でくるんだものなのだが——ということになろう。パリで流行っているのは、グリーンのアニスである。このほかアーモンド菓子、チョコレート、コーヒー、メギの実、ピスタチオの実などがある。*116

これらは、保存料として砂糖を用いるといっても、かなり古い使い方である。いまだに残っているにしても、取るに足りない程度にすぎず、いまではおおかたはまったく別のやり方になっている。飲料に甘みをつけるために使われるようになるにつれて、保存料としての砂糖もイギリスの経済およびイギリス人の日常生活において、まったく新しい位置を占めるようになった。というのは、砂糖漬けの果実がイギリス人の食卓で大量に用いられ、そのことがかれらの食事の特徴となってしまうからである。ここでもまた、かつては貴重な商品だったものが、ごくふつうのものになってしまい、高価な御馳走であったものが、安上がりの食品になってしまって、それに付随する諸変化を可能にしたのである。一四世紀の王室付きシェフたちの「なしの《ペリー》シロップ漬け」は、ついに一九世紀のティプツリー社、ケイラー社、クロス・アンド・ブラックウェル社、シヴァーズ社その他の缶詰会社のジャムやマーマレードになり至ったのである。イギリス人のあいだでは、伝統的に果物を恐れる傾向がごく一般的にみられたので、ゼリーやジャム、マーマレードの製造業者や商人は、多少の抵抗と不信にうち勝つ必要があった。そのうえ、製品価格を引き下げられるほど安上がりで安全な保存料がみつかるまでは、こうした甘味食品類は大量生産のしようもなかった。しかし、一九世紀中頃には、自由貿易を求める運動が大勝利を収めた結果、砂糖価格が急落したために、ジャムの消費は労働者階級にまでひろがった。同時に、もっと他のかたちの砂糖消費も、価格の低下に伴って、激増した。こうした砂糖の消費の変化は、そのほかの献立や味覚の変化とも微妙に絡みあっていた。ジャムと労働者階級——アンゲリキ・トローデの重要な論文から借用した言葉だが――は、ようやく一八七〇年頃から相互に結びつきをもつようになったにすぎない。半液体状および液体状の甘味料である糖蜜がプロレタリアートの食卓や味覚に侵入したのは、それより少し以前のことであった。糖蜜は、ジャムやゼリーとはまるで違うが、新たな消費者たちに保存料を「売りつける」のに、何らかの助けにはなっただろうと思われる。糖蜜は、はじめのうちはモラセスと呼ばれる形態のままであったが、しだいに透明で、金色をした蜂蜜をまねたシロップ状のものになり、一九世紀末までには値段もよほど安くなった。[*117]

エドワード・スミスが蒐集した一八六四年のランカスターの職工たちの献立と味覚にかんする記録によると、かれらは主としてはパンとオートミール、ベーコン、ごく少量のバター、糖蜜、それに茶とコーヒーを食している。安いジャムが市場にあらわれたのは八〇年代のことだが、たちまち人気を博した。そうしたジャムは、表むきは何か果物でできていることになっていたが、じっさいにはそんなものはほとんど入っておらず、一番安い果物か野菜の繊維に適当に色と匂いをつけただけのものであった。しかし、とにかく甘いものだったから、貧しい家庭では人気が高かったのである。こうして、貧民の子供たちにとっては、パンとジャムというのが、三度の食事のうち二度までの献立となったのである。[*118]

ジョン・バーネットによれば、一九世紀中頃には、「労働者階級の八〇ないし九〇パーセントはパンを主食としていた」[*119]。したがって、この時点ですでに、砂糖を食べている人びと、とくに紅茶に入れてそれを食べている人びとが大勢いたことになるが、かれらの食事がひどく炭水化物に片寄っていたことも事実である。ほかにはどんなものを食べていたのか。労働者家庭の献立を構成した多様な食品は、相互に関連しあっており、砂糖の位置を確かめるにしても、それらをひとつひとつ別々に考えるのは適切でない。スコットランドのデータのいくつかは、とくに役に立つ。というのは、そこではパン食とジャムの使用が結びつけられていて、当時スコットランド社会ではなお他の諸変化が起こっていなかったことからして、この結合がいかに旧来のパターンを打破するのに力があったかがわかるからである。

この点では、一八世紀中葉から第一次大戦頃まで――この頃までには、〔スコットランドやウェールズを含む〕イギリス国内の食生活上の地域差がほとんど無視できるほどになったと考えられている――のスコットランド人の食生活史を扱ったR・H・キャンベルの研究が有益である。理由はほかでもない。それをみると、砂糖がしだいに庶民の好んで選択する食品として浸透してゆく様子がよくわかるのである。一九世紀のスコットランドでは、（「ハインド」と称する）常雇いの農業労働者は、報酬の最大限三分の二までを食糧を含む現物で支給された。しかし、土地をもたないこれらの労働者たちでも、臨時雇いの農業労働者よりはよいものを食べていたのである。しかし、このやり方では雇主の権力が強くなりすぎているという批判が一般化したことも一因となって、現物支給制度はしだいに衰えていった。その結果、ハインドたちの食生活も悪化していったのである。キャンベルはいう。「選択の自由が生じた結果、かえって栄養状態は悪化した」[*120]——別に珍しい成りゆきでもないが——と。とはいえ、スコットランドの労働者たちは、自ら食品を選択する自由を与えられても、なお一九世紀のほとんどを通じてオートミールを食べ続けた。オートミールが安い食品だったので、相変わらずいろいろなかたちでオートミールを食べ続けた。オートミールは、同じくらい安価に得られる他の食品ではとても期待できないほど、重要な栄養素を含んでいたから、それが安かったということで、賃金水準が同じならば、〔スコットランドの労働者のほうが〕イングランドの労働者よりも、はるかに良い栄養状態が保障されたのである。

ところが、キャンベルが世紀末のスコットランド工業都市——エディンバラ、グラスゴー、ダンディー——にかんする比較データを示しているところでは、まったく様子が違ってくる。ここではタンパク質不足、とくに動物性タンパク質の不足が目立っている。理由は明白で、「パンとバターと茶を摂りすぎて、農村の食事であったポリッジ〔オートミール〕とミルクを食べないからだ」[*121]という。キャンベル自身も、エディンバラの調査員たちと同じように、次のような問いを出している。すなわち、「人びとはなぜもっと満足のできる、しかも安価な農村風の食事を摂らなかったのか。食品を選択できるようになったにもかかわらず、なぜ賢明な選択がなされなかったのか」、と。ただし、かれが到達した解答は当時の調査員たちのそれとは違っている。

調査員たちの結論はこうだ。「調理済のパンを食べるか、調理しなければならないオートミールを食べるか、という問題になると、要はなまけ心がことを決定してしまい、家族が迷惑をするのだ」[*122]、と。しかし、キャンベルにいわせると、「ダンディーの調査で明らかにされた状況こそが」、

現金収入がふえると栄養摂取の水準が低下するというパラドクスをよく説明する。すなわち、ジュート麻工業はその構造上、女性労働の機会を与えたのだが、その結果、ダンディーでは、多くの主婦が働きに出ることになった。ところが、こうして主婦が働きに出るようになると、栄養摂取の水準はさらに、激しく低下した。「母親が働いていると、〔工場の〕〝食事の時間〟では、ポリッジやスープ《ブロス》を準備する暇がない。……〔こうして〕朝食と昼食はパンとバターになってしまう。学校の昼食時間は、工場の〝食事の時間〟とは一致していないので、子供たちは自分で家の鍵をあけ、〝食いもの〟を自分で口にするしかないのだ……。

主婦に時間的な余裕がなくなったこと自体が、質の劣った食品を選択するようになっ

た事実を十分に説明する。安上がりにするとか、栄養の水準を保つとかいった配慮よりは、時間を節約する必要性のほうが選択を決めたのである。……こうして、いちばん目立った現象が、パンの消費量の増大ということであった。ダンディーでみられた一例では、総支出一二シリング一一ペンス〔一シリングは一二ペンス〕の家庭で、六シリング五ペンスをパンに費やしているケースがある。父母と五人の子供からなる家族が、週五六重量ポンドのパンを食べた例もある。……野菜スープをつくることは、都会ではほとんどなくなった。スコットランドの食習慣に従って、野菜スープが広く飲まれている限りは、ほかのかたちで摂る野菜はほとんど問題にならなかった。主婦が働きに出なければならなかったところでは、野菜スープを準備することは、実際問題として不可能であった。ダンディーでは、調査員のみたところ、野菜スープ用のポットは母親が自宅にいる家庭だけの「ほとんど不可欠ともいえる目印」となっていたのである。[*123]

ジョン・バーネットの〔次のような〕説明は、キャンベルの主張にうまく適合するだけでなく、本書が砂糖にかんして展開しようとしている議論とも整合する。

白パンと紅茶とは、一〇〇年のあいだに、金持ちの奢侈品から、貧困線に近い階層の食事の象徴へと変化した。〔より下層の者が少し上流の生活を真似るという〕社会的模倣も一因ではあったが、もっとも重要な要因というわけではなかった。豊かな人びとにとっては、それらはたんに献立に新しく付け加わった一品というわけだったが、貧民にとってはあまりにもしばしば食事そのものになってしまい、それ以下では飢え死にする以外にない、ぎりぎりのメニューとなったのである。奇妙なことに、それらは、ひとが生きてゆくためにもっとも安上がりの食事といってもいいほどになっていた。白パンは、肉やバター、チーズといっしょに食べれば良いに決まっているが、そんなものがまったくなくても食べられないわけではない。紅茶が一杯ありさえすれば、冷たい食事も温かいものに変わってしまい、快適で楽しいものになってしまったのだ。一九世紀中頃には一重量ポンド六シリングか八シリングであった茶は、なお奢侈品であったが、労働者階級の家庭の平均消費量は二オンス程度で、お湯に色をつけるのにそれでは不足となると、しばしばこがしたトーストの粉まで使っていたのだから、贅沢ということはまずなかった。それに、工業化初期の状況からいえば、このタイプの食事なら、どこででも食べられ、ほとんどあるいはまったく準備を必要としなかった。*124

しかし、もっと決定的な証明は、ジャムに起こった変化から得られる。一八七〇年代以後、ジャムは重要な食品になったが、とくに労働者階級にとってはそうであった。この時代の自由貿易政策が、ジャム製造工業の勃興と繁栄を可能にした。砂糖関税が廃止されて砂糖価格が下がり、供給も豊かになった。ジャムはその重量の五〇ないし六五パーセントが砂糖からなっている。……ジャムや保存料の製造工業の生産物は、そのほとんどが国内消費用であった。……都会の労働者階級が食べる果物といえば、ほとんどがジャムのかたちでのことであった。一八四〇年代以来、パンを主食とした人びとは砂糖に溺れはじめた。もっと状態が悪くなると、糖蜜に頼った。糖蜜は、バターの代わりにパンに塗りつけるか、砂糖の代わりに紅茶に入れて用いた。一八六〇年代には、労働者の家計支出にもプディングやカラントのケーキがよく現われる。〔貧民の社会調査で知られる〕シーボーム・ラウントリーが農村労働者にかんする研究のために面接した貧しい家族も、ジャムを買ったり、つくったりしていた。つくる場合は、落ちた果物を拾ってくるか、盗んできたかであるのがふつうだった。母親は、よほど生活が苦しくならない限り、ジャムを入れたジャーのふたを開けることをためらったりはしなかった。というのは、子供たちはジャムをつければ、パンをたくさん食べたからである。ともあれ、ジャム製造業者たちは、もっとも高価な保存料をも製造していたブラックウェル社とシヴァーズ社を例外として、一九〇五年には各社とも、その最大かつもっとも利益の多い市場が、労働者階級にあることを認めていた。労働者にとってジャムというものはかつては奢侈品であったが、いまや必需品となり、より高価なバターの代用品として使われている、というのである。[*125]

これらの観察からは、いくつか重要なことが引き出せる。第一に、少なくとも一九世紀のイギリスでは、食品選択はある程度まで時間的余裕の有無の問題であって、相対的なコストのみが基準になっていたのではなかったことは明らかである。第二には、食費のなかでは調理用燃料費の支出がかなりのウェイトをもっており、これを削減できる食品を好む傾向も明らかに認められる。第三には、家族内での分業が、イギリスの食品選択の展開をもたらしたということである。すなわち、妻が賃金を得るために働きに出ることは、たとえそれで家族の収入がふえたにしても、その家族の食生活にとっては制約的なものとなったという事実がある。それに、上の議論ではあまり目立っていないが、砂糖史にとっては同じくらいの重要性をもっているのが、次の事実である。すなわち、家族の内部でも、食品に含まれる栄養価は平等に分配されていたわけではない、ということは十分に証明できる。じっさい、のちにみるように、「「稼ぎ手」に十分な食事をしてもらわなければ」という考え方が、文化的・慣習的に強調されてきた結果、妻子は組織的に栄養不良の状態におかれていたことが、かんたんに証明できるからである。

砂糖とその副産物は、工場制度下の労働者に異常とも思えるほど受け入れられた。時間の節約になるという点が強調されたし、〔工場制度下での〕婦人や子供の労働が、低賃金の割には重労働でもあったからだ。家庭内でパンを焼く習慣の衰退は、伝統的な調理法の体系——燃料費の点でも、時間的にも、高くついた——から、今風にいえば、「簡便食（コンヴィニエンス・イーティング）」とでもいうものに移行したのである。甘みをつけた保存食は、ほとんど無限に腐りもせず、凍りもせず、安くて、子供たちに好まれ、店で買ったパンには、もっと値段の高いバターよりよく合ったので、ちょうど紅茶がミルクや自家製ビールにとって代わったように、ポリッジを追い越し、それに代わってしまった。じっさいのところ、この簡便食は、賃金労働に従事する妻を、一日一ないし二食の準備から解放したのである。しかも同時にそれは、家族全員に膨大なカロリーを供給することにもなった。温かい茶は、仕事をしている大人にとってばかりか、仕事をしていない子供にとってさえも、しばしば温かい食事にとって代わったのである。こうした諸変化は、いわばイギリス社会の近代化の不可分な一部をなしていた。その結果もたらされる社会学的変化は、世界の他の地域の近代化についても、その表徴となってゆく。

労働者の甘いデザート（「スウィート」）の成立

一七〇〇年以前のイギリスでは、医薬用以外の砂糖の用法としては、装飾用、保存料としての用法を別にしても、三つの形態があった。香料ないし「ドラジェ」としての用法、甘みをつけたアルコール性飲料、および甘い焼き菓子の類である。結局のところ、何百万というイギリス労働者の家庭で食べられる「スウィート」（デザート）になったのは、他の何にもまして、この最後の焼き菓子であった。したがって、こうした料理が標準化されたことこそが、イギリスの食生活史と砂糖そのものの歴史に共通する特徴なのである。

甘い焼き菓子類は、一五世紀以前のイギリスの料理の本にはあまり出てこないが、それ以後はごく一般的になる。一五世紀の二つの著作をもとにしてオースティンが刊行した選集には、「焼き菓子あれこれ《ベイクト・メテイス》」と題する章があり、卵黄、クリーム、サフランを含む多様な香料および砂糖（場合により、糖蜜）などを混ぜ、ペーストリのカップか貝殻か船《バルケット》型に入れて、カスタードに焼く料理法が載っている。[*126] その後、世紀がすすむにつれて、こうした料理はますます普及したが、それらが食事のなかに占める位置は、砂糖の消費史のもっとのちの時代まで、確定はしなかった。私見によれば、特定のコースと甘みとが結びついたのは、甘いものが安くなり、十分得られるようになって、人びとが毎回、毎回の食事についてそういうことを考えられるようになってからのことであっただろう。食事ごとに、それも「スウィート」の出るべき順番のときに、必ず甘いものを食べるなどということは、自然でもなければ、必然的なことでもない。それが西ヨーロッパの食事の共通の特徴となったのは、たかだか過去二世紀ぐらいにすぎないと思われるし、それが食事の最後のコースになったのは、もっと新しいことでさえあるだろう。しかし、いまやそれはあまりにも定着してしまったので、それとはまったく異なった食事のパターンは想像もしにくいくらいである。西ヨーロッパで食事のときに供される料理の順番をみると、ある味覚（甘み）とあるコース（デザート）の結びつきが断然強いことがわかるのだが、とすれば、この結びつきがどうして生まれてきたのか、検討に値しよう。

おそらく、料理の最後に「スウィート」のコースがくるかたちが最終的に確定したのは、ようやく一七世紀末のことであり、それもなお社会の最上層部においてだけであっただろう。中世の宴会では、「たとえデザートが出されるにしても、その順番などはあまり気にされてはいなかった」[*127]、とミードはいう。「細工もの」の展示——ときには食べることも——が定着したのちも、「スウィート」のコースが出てくる順番はまちまちであった。たとえば、ヘンリ四世の戴冠式の祝宴では、多くのコースのなかの第三番目に「糖蜜《ドウーセティ》」があり、メニューの最後には「スウィート」はない。砂糖漬け果実は、いつ出されるか決ってはいなかったようで、「砂糖漬けのマルメロ」は、第三コースのはじめのあたりで供されている。同様に、ヘンリの結婚式の祝宴では、三つのコースはすべて「細工もの」でクライマックスに至る仕掛けになっていたが、それ以外で、唯ひとつデザートのコースにあたる可能性のあったのがアーモンドのクリームとシロップ漬けのナシで、第三コースの最初に出された。ミードに言わせると、一五世紀にも、スウィートは今日と同じように好まれたのだが、ただ中世の人びとは料理の出てくる順番には無頓着だったのだ、ということとになる。*128

一五世紀のフランス王室では、デザートのコースが食べられはじめる。二人の貴族が国王とその宮廷人たちのために催した宴会では、料理は七つのコースからなっていた。デザートは、第五コースからはじまったようで、タルト、カスタード、一盛りのクリーム、オレンジ、「シトロンの砂糖菓子」などがそれにあった。第六のコースはウェハースと赤い〔ワイン・ベースの飲料〕ヒッポクラスからなり、第七コースは「細工もの」であった。すべての「細工もの」には、国王の紋章がついていた。イギリスにデザートが出現するのは、フランス宮廷のもの真似からであるらしいというのがミードの説だが、いかにもありそうなことである。

イギリスの労働者階級がデザートを食べるようになったのは、支配階級の真似をしたのだと考えておくのはやさしいが、そうした解釈はいささか安易にすぎる。イギリスの貧民たちが最初に砂糖を使うようになったのは、飲茶の習慣の一部としてであり、その飲茶の風は、支配階級から下層民へ、都市から農村へ、急速にひろがっていった。しかし、茶その他の刺激性飲料がひろく消費されるようになったといっても、それらは食事の一部として消費されたのではない。茶も砂糖も、はじめは伝統的な家庭食とは違うところで消費されたのであり、それらが食事のなかに入ってきたのは、ややのちのことである。じっさいそれらは、はじめのうち、家庭よりは仕事に結びついた食品だったのである。

準備がかんたんで、温かい飲み物といっしょに摂取されたカフェインのような刺激物とカロリー豊かな砂糖とは、最初のエキゾティックな外来の「間食」であったといっても、納得できよう。いったんこの習慣が身につくと、こうした食品の組み合わせは、家庭の食事にも入り込んでくる。砂糖が安くなると、まず糖蜜が使いやすくなり、まもなくプディングも安くなった。とくに店で焼いたパンがどこでも買えるようになると、なおさらであった。以上のような順序であったということは、必ずしも証明できないけれども、ほぼそのとおりであったと考えて大過あるまい。そこから考えられることは、デザートのコースは貧民にとって、最初の重要な砂糖の使用例だったわけではなく、第三の使用例であったということである。

デザートが定着する――ふつう「プディング」というかたちで――のは、一九世紀、それもとくに世紀末のことで、そうなると砂糖の消費量はいっそう激増した。しかし、そのことは、むろんイギリス人の献立や食事の構造にかんして起こった諸変化と無関係だったはずはない。そうした変化のなかでも根本的といえそうなもののひとつは、パンと小麦粉の消費の減少である。他の食品が得やすくなり、値段も下がったことが、その原因であった。砂糖がそうした食品のひとつであったことは、いうまでもない。パンと小麦粉の消費量の減少は二〇世紀になっても続いたし、イギリスのみならず、アメリカでも同じ現象がみられた。この傾向は、砂糖消費の増加カーヴを相殺するものであり、肉類――少なくと

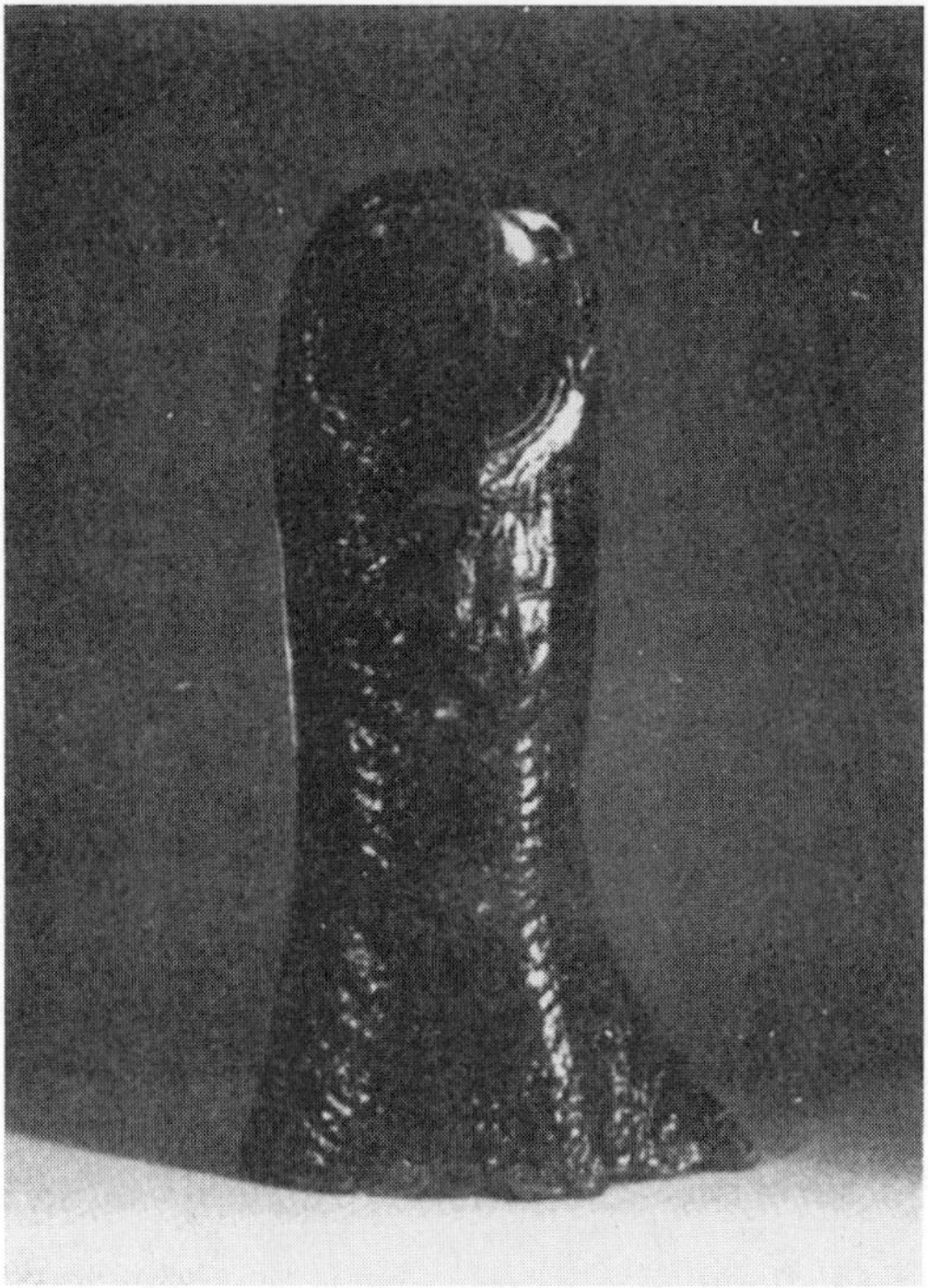

〈シーザーの親指〉と題された作品。砂糖の歴史の上で，芸術と食欲とが交差しているようすがよくわかる。このように繊細な作品では，砂糖ペーストが，あたかも粘土か石のごとく使われている。

も脂肪――消費量の増大とも相殺しあうものであった。しかし、こうした変化が労働者層の食事が改善されたことを示しているのか、あるいは、そうした諸変化の結果、労働者の食生活が改善されることになったのか、これらの点はなお判然としない[*129]。

平均の総カロリー摂取量の上昇に砂糖が果たした役割からすると、砂糖は複合炭水化物を補完した一面もあるが、他方では、それにとって代わるような側面もあったように思われる。焼き菓子《ペーストリ》、即席プディング、ジャムを塗ったパン、糖蜜プディング、ビスケット、タルト、菓子パン、キャンディなどが、一七五〇年以後しだいにイギリス人の食卓にのぼることが多くなり、一八五〇年以後は洪水のごとくあふれだした。これらの食品は、砂糖が粉状の複合炭水化物に混合して使われる可能性を、ほとんど無限といってもいいほどに高めた。温かい飲み物には砂糖を入れるのが習慣になり、こうした飲料とともに、甘みをつけて焼いたものを食べることも多くなった。紅茶やコーヒー、チョコレート――もっとも一般的には紅茶――を食事の際や、仕事が一休みになったとき、起床時、寝るときなどに飲む習慣が広くひろがったのである。焼いたパンや菓子の類とこれらの飲料との結びつきも、必ずそうしなければならないというわけでもなかったが、同様にごく一般的になった。

きちんと席について食べる昼食や夕食にかんしては、ほとんどの階級がデザートを取るようになったが、砂糖の消費はそれよりはるかに広い範囲にひろがっていった。要するに、小麦からつくる食品と温かい飲料には、どんなかたちにもせよ、たいてい砂糖がいっしょに使われるようになった。一九世紀初頭には、総カロリー摂取量のうち、砂糖から得られたカロリーは二パーセント程度であったと推定されているが、一世紀のちともなると、この数値は一四パーセント以上に達した。後者のこの数値はいささか驚異的なものだが、それでさえ、全国平均値で、年齢・性別・階級などによる砂糖消費量の差を考慮していない点で、低すぎる評価だといえるかもしれない。砂糖が貧民に対してはとくに魅力があった——他の、もっと栄養価の高い食品に代わって、飢えを充たすことができた——という事実は、むしろ利点であるようにもみえたのである。

イギリス人の虫歯とアルコール

一二世紀から一八世紀にかけて、次つぎと開発されてきた砂糖の様々な新用法は、結局、近代に至って、多様な目的のための大量消費をもたらした。こうした変化の進行——使い方がますます多様になり、使われる回数も多くなり、より大量に消費されるようになる——は、一九世紀後半のイギリスで特徴的な傾向となったのだが、まもなく他の工業国や工業化しつつある国々にも、ひろがった。今世紀に入ると、同様のプロセスが、より貧しい、非工業国でも起こった。はじめ香料や医薬品と考えられたものが、ついには基礎食品に変わってしまったのである。しかも、この場合、基礎食品のなかでも、特殊な食品となったのである。

砂糖というものは、異常ともいえるほど変幻自在であるために、その用法も多様であった。食物と薬品とは、人類がものを食べることと逆に断食することとを、健康を維持し、清純さを保つための手段とみなしはじめて以来、ものの考え方のうえでも、実践的にも、深く結びつけられてきた。その際、砂糖は何千年にもわたって、「食物」と「医薬品」とのかけ橋となってきたのである。[*130] しかし、すでにみたとおり、砂糖の用法は医療用にのみ限られていたのではない。一五世紀までには、ほとんどすべてのイギリス王室の行事では、近代人なら辟易しそうなほどふんだんに砂糖を使った砂糖菓子が不可欠となった。イギリス王室は、明らかに大陸諸国の国王や女王たち以上とさえいえるほど、甘みへの執着を示した。一六世紀にイギリスを旅行してエリザベス女王に会見したあるドイツ人は、次のように記している。「女王は六五歳だ（といわれている）が、非常に威厳がある。その顔は面長で、美しいけれども、シワがよっている。眼は細いが、黒い瞳で、感じがよい。鼻は多少曲がっており、口唇は薄く、歯は黒ずんでいる（たぶん、砂糖の使いすぎなのだろうが、イギリス人はたいていこの病気にかかっているようである）」。[*131] かれはさらに言葉をついで、イギリスでは、砂糖趣味に溺れられないだけ、貧民のほうが金持ちよりも健康なようにみえる、とさえいっている。むろん、このあとに続く数世紀のうちに、情況は激変した。イギリス人史家ウィリアム・B・ライはいう。「イギリス人男女のこの甘いもの好きは」、一六〇三年、駐英大使ビリャメディアーナ伯に随行してイギリスに来たスペイン人たちを驚かせた。カンタベリでは、格子窓を通して、紳士方《イダルゴ》をのぞき見しているイギリス人の貴婦人たち……に出くわしたことが出てくる。紳士方は「この好奇心の強い、不作法な美人たち」に、ボンボンや糖衣にくるんだナッツ類、砂糖菓子などをプレゼントしていたのである。卓上には、これらの菓子類がひろげられていたのだが、「彼女たちは、これらを大いに好んだ」ものである。というのは、彼女たちは、砂糖で甘みをつけたものでなければ、何ひとつ食べようとせず、ワインにも砂糖を入れて飲み、肉類にさえ砂糖を使うのがふつうだからである。*132

この出来事が報告された時代には、すでにスペインでは数世紀にわたって、いろいろな形態の砂糖が知られており、イギリスに砂糖を輸出するようになってからでも、一〇〇年以上の年月がすぎていた。スペインの外交官たちがイギリス人の虫歯に一驚を喫した一六〇三年といえば、イギリスが自らの最初の「砂糖植民地」から砂糖を輸入する半世紀もまえのことであった事実は、注目に値する。それに、ここでいう「好奇心の強い、不作法な美人たち」が召使いや乳しぼりの女などでなかったことも、確実である。

まったく同様に、イギリスにおける砂糖消費の歴史が、要するにイギリス人の生来の好みを証明しているにすぎない、などと言ってすますことができないこともまた明白である。アメリカ人の歴史家ジョン・ネフは、北ヨーロッパ人が砂糖を渇望したのは、地理的な要因にその起源があると主張した。かれの表現を借りれば、「北ヨーロッパにおける経済文化の成長は」、「地中海産のものに比べて、はるかに天然果汁の少ない」[*133]果物や野菜を利用することを意味したのである。そうした果物や野菜を食べやすくするために、甘みをつけざるをえなかった、とかれはいうのだ。しかし、ネフのこの主張は、あまり説得的とはいえない。リンゴやナシ、サクランボのような果実は、亜熱帯産の果実と同じくらい果汁を含んでいるともいえよう。そのうえ、たとえ近代の世界で、〔果実などに天然に含まれる糖分を別にして〕加工糖を一番高い比率で利用しているのが北ヨーロッパ諸国だという事実があるにしても、北方の人びとがとくに甘みに対する強い欲求をもっていたなどということを実証するのは容易ではない。華南からインド、ペルシア、北アフリカに至る亜熱帯の住民は、ヨーロッパ人が砂糖についてあれこれ知識を得るはるか以前から、砂糖を食べていたのだし、ヴェネツィア人にしても、はじめて砂糖に出くわしてそのとりこになったのは、つとに一〇世紀のことであった。[*134]

おそらく、イギリス人がとくに虫歯になりやすかったのは、アルコールにかんする文化的環境に起因するのではないだろうか。モルトからつくられるエールが、おそらく一〇〇〇年ほどのあいだイギリスの主なアルコール性飲料であった。一五世紀中頃になってようやく、ビールがその地位に挑戦するのである。エールは、それに含まれているモルトの糖分が完全に醗酵していない限り、苦いというより甘い味がする。一四二五年頃からホップが使われはじめるが、その結果、エールは永もちするようになったばかりか、いまや本当にビールといえるものになったし、味も苦味のあるものになったのである。苦味が強くなったからといって、甘いエールに慣れていた人びとが、それを飲まなくなるということはなかった。〔もとの〕エールのほうも、その後も飲み続けられた[*135]。古くからおなじみの甘いエールに加えて、新しい苦味のある飲料が飲めるようになった、というしだいである。したがって、果物や蜂蜜の甘み以外にも、人びとが甘みに親しむ可能性は維持されていたわけだ。

さらに、イギリスでは、エールのほかにも甘い飲料、ないし甘みをつけた飲料で以前から人気を博してきたものがあった。蜂蜜を原料とするアルコール類や蜂蜜を加えた飲料——ミード、メセグリン、ヒドロメル、ロードメル、オムファコメル、エノメル——も、そうした分類に入る飲料のひとつである。蜂蜜を醗酵させたのち蒸溜すれば、ミードができる。蒸溜するかわりにワイン、グレープジュース、バラ香水等々に混ぜると、右のようないささかエキゾティックな酒になる。しかし、蜂蜜は比較的高価だったし、一六世紀以前でさえ、それほど豊富なものでもなかった。しかも、一六世紀になって修道院が解散されてしまうと、蜂蜜生産は致命的な打撃を受けた。というのは、修道院解散によって、蜜ろうでつくるろうそくの唯一の重要な販売先が失われ、このために蜂蜜価格が急上昇し、蜂蜜をベースとする飲料の生産は激減した。[*136]

甘い飲料のもうひとつのカテゴリーは、砂糖とアルコール、とくにワインを結びつけた飲料である。〔シェイクスピア劇に登場する〕フォールスタッフの好物、砂糖入りサック酒はその一例である。しかし、この種の飲料でもっともよく知られているのは、ふつう砂糖と香料で風味をつけた甘いワインであるヒッポクラスであった。このヒッポクラスは、ワインと砂糖の輸入量がふえるに従って、古くからある蜂蜜入りワイン類や醗酵させた蜂蜜の飲料などにとって代わってしまう。ワインに砂糖を入れるイギリスの習慣は、たいへん目立っていた。つとに一五九八年、ヘルツナーは、イギリス人は「飲み物に大量の砂糖を入れる」[*137]と言っているし、一六一七年にイギリス人の飲み物についての習慣を論じたフィネス・モリソンも次のように論じている。「野卑で、下品な人びとはビールかエールをむやみに飲むが……ジェントルマンはワインしか飲まない。それも、たいていは砂糖を入れて飲むのである。ほかの国では、こんな目的に砂糖を使うのは、見たことがない。イギリス人がこんなに甘いもの好きだから、酒屋やジェントルマンの酒倉にあるものはともかく、飲み屋に置かれているワインは、人びとの好みに合わせて砂糖がいっぱい混ぜてあるのがふつうである」[*138]、と。

こうした観察は、イギリス人がとくに甘みに執着したことを示唆しているばかりか、かれらがすでに永年、甘味料入りの飲料に親しんでいたことをも示しているといえよう。コーヒー、チョコレート、紅茶といった薬品風の飲料に甘味料を入れるのがふつうになったのは、たんにそれらが苦いうえに、あまりなじみのない飲み物であったからだけではない。飲み物に砂糖を入れるような習慣が、ずっと以前からあったからでもあるのだ。「酔っ払うこともなくて元気のでる」飲料として、紅茶が追い求められたのは、ひとつには、それが甘い飲料であったという事実によるのであろう。それが甘いものであったために、もとから甘いか、〔砂糖などで〕甘みをつけたアルコール性飲料によって、とっくに虫歯だらけになっていたこの〔甘み好きの〕国民に歓迎されやすかったに違いないのである。いったん飲まれはじめると、もちろん、こんどは紅茶やコーヒー、チョコレートが、砂糖の消費量を急カーヴで上昇させるのに一役買うことになった。紅茶やコーヒー、チョコレートは、砂糖消費量の激増の不可欠な原因だったわけではないが、それを加速する役割を果たしたことも事実である。

紅茶やコーヒー、チョコレートが、アルコール性飲料にとって代わることはまったくなかった。前者は後者と張り合ったにすぎないのである。両者の競争はえんえんと続き、終わりがなかった。イギリス社会史にあっては、禁酒論争が両者の競争に決定的な影響を与えた。禁酒そのものは、倫理的な理由から主張されたものであった。すなわち、家族の保護や倹約、信頼性、正直、敬虔といった徳目が、理由としてあげられたのである。しかし、禁酒はまた、国民経済の問題であったことも事実である。すなわち、効率のよい、工場制に基礎をおく産業資本主義は、欠勤の多い、しょっちゅう酔っ払っているような労働者を使ってはうまくやっていけないということである。したがって、アルコール性飲料対非アルコール性飲料の争いは、たんにモラルの問題というのでもなければ、経済的・政治的な問題というだけでもなかった。それがたんなる「好み」の問題や「立派なマナー」の問題などではなかったことは確実なのだ。

一七世紀末・一八世紀には、イギリスでは全国のアルコール性飲料の消費量はふえたが、紅茶その他の「禁酒派」飲料の消費量も、それ以上に急増した。ジンは一七世紀にオランダから輸入されはじめたが、一七〇〇年頃までには、五〇万ガロン以上も輸入される年も多くなった。*[139] 一六九〇年には、フランスに対抗するために、穀物からつくるイギリス製「命の水《オー・ド・ヴィー》」の製造を認める法律が制定された。「イギリスのブランデー」と呼ばれた、国際競争のこの奇妙な副産物は、一八世紀のかなり後まで生産され続けた。*[140] エールとビールは一六世紀中頃以降は――一七〇〇年には、サイダーもリストに加えられた――、ライセンスを得た店でしか売れなかったが、「蒸溜酒《スピリット》」はライセンスなしで売れたうえ、税金も馬鹿馬鹿しいほど安かった。こうして、ジンの消費量は、一七三五年までに推定五〇〇万ガロン――すなわち一〇〇〇パーセントの成長――に達した。

しかし、強い蒸溜酒の原料となった穀物が値上がりしたため、ビールが人気を盛り返し、一八世紀中頃にはビールが茶と競争するようになった。さらに、ラム酒もこの競争に加わった。ラム酒は、一六九八年にはわずかに二〇七ガロンの輸入があっただけだが、一七七一年から七五年にかけては、年平均で二〇〇万ガロンを優に超えた。[*141] じっさい、この数値でもなお、いささか過小評価というべきかもしれない。というのは、ひとつには、イギリス本国内でも、精糖業で得られた副産物の糖蜜を原料として、ラム酒がつくられたし、いまひとつには、大量の密輸入があったからである。要するに、茶、コーヒー、チョコレートには、競争相手も多かったのだ。しかし、〔相互に競い合う〕こうした飲料の生産や消費には、砂糖が不可欠だったのである。

　結局のところ、茶が他の苦味のある、カフェインを含む飲料を抑えて勝利を収めたのには、いくつもの理由があった。すなわち、それ自体の風味を完全に損なうことなく、安上がりに飲めたこと、一八・一九世紀には――とくに一八三〇年代に東インド会社の独占が廃止されてからは――、その価格が着実に下落していったこと、また、それと関連したことだが、その生産がイギリス領の植民地に定着させられたこと、などがそれである。そのうえ、茶は、政府にとってめざましい税収源となりうることも、明らかになった。たとえば一番安価な中国産の茶「ボヒー茶」には、三五〇パーセントの関税が課されていたのである。

　とはいえ、政府にとって、茶というものは、たんに儲かる輸入品というだけのものではまったくなかった。たとえばリプトンのような――トワイニングなどの、リプトンの初期の競争相手を含めて――、世界史上最大、最重要な小売企業体がいくつか、茶の売買にかんして成立した。[142]「禁酒派」飲料として絶賛された茶は、大量のカロリーを含む食品としても推奨されたのである。一九世紀中頃までには禁酒運動のおかげで、ハンウェイに毛嫌いされた茶は、またとない天の恵みということになってしまった。その様子は、思いのこもった次の一文にも十分示唆されている。

いつの日かあなたとともに、私はみることになろう、
あなたの信奉者たちの、イギリスを飾るを。
よろこばしきかな。あなたに心奪われし若者たちの、
おろかしき者の目にのみ輝きてみゆる酒杯を避ける。
ついに、陽気な酒神《バッカス》、その花冠をなげすて、
愛と紅茶、ワインにうちかつまで。[143]

しかし、人びとの酒好きは消えてなくなったりはしなかったし、労働者階級の家族が、一夜にして絶対禁酒主義者になってしまうことなどありえなかった。労働者階級のアルコール消費は高い水準にとどまり、一八・一九世紀を通じて、全家計収入の三分の一ないし

ときによっては半額をさえ、〔アルコール性〕飲料に費やす家族も少なくはなかった。とはいえ、禁酒運動がとくに多少とも豊かな階層、つまりより熟練度の高い労働者のあいだで、酔っ払いを決定的に減少させたことはまちがいない。*144 アルコール中毒をしだいになくすか、せめて減少させる過程で、紅茶が果たした役割は決定的であった。ここでもまた、上流階級の行動様式が、どの程度規範の役割を果たしたかは、定かでない。禁酒運動は中産階級と上流階級のものの考え方や倫理観の産物に違いなかったが、だからといって、酒好きは労働者階級の専売特許というわけではなかったことも、いうまでもない。

「ハイ・ティー」から「中休み《ティー・ブレイク》」へ

砂糖が階層区分の表徴として意味があったことは、すでに強調した。つまり、人びとの社会的位置を確認し、またある人びとの地位を引きあげたり、劣位者と規定したりするのに、砂糖はきわめて有効だったのである。薬品としてであれ、香料としてであれ、保存料としてであれ、あるいはまたとりわけ「細工もの」のかたちをとった公的なディスプレイとしても、砂糖を用いることはすなわち、自己の地位を表明し、階梯のなかに位置づける役割を果たすことになった。近代化のプロセスで、奢侈品が果たした役割を強調する研究者のなかには、多少違った角度から、こうした一連の慣習をみてきたひともある。たとえば、ヴェルナー・ゾンバルトは、（ほかのいろいろなモノもそうだが）砂糖は資本主義の勃興に影響を与えたと主張し、その理由として、女性の奢侈品愛好癖が砂糖の生産をふやし、そのヨーロッパ各地への輸入を増大させたからだ、としている。

しかし、すでに以上の議論でひとつだけはっきりしていることは、甘味品の消費と女性優位との関連である。……だが、この（旧式の）女性崇拝と砂糖との結合は、経済史的にはきわめて重要な意味がある。なぜなら、初期資本主義時代に女性が優位に立つと、たちまち砂糖が愛用される嗜好品となり、しかもこの砂糖があったからこそ、コーヒー、ココア、紅茶といった興奮剤が、ヨーロッパでいちはやく、広汎に愛飲されるようになったからである。しかも、この四品種を扱う商業、ヨーロッパ各国の植民地におけるココア、コーヒー、砂糖の生産、ヨーロッパにおけるココアの加工および精糖業は、資本主義の発展に顕著な役割を果たした。*145〔金森誠也訳『恋愛とぜいたくと資本主義』、訳文変更〕

おそらく、この一節で、無条件に受け入れられるのは、最後のセンテンスだけであろう。「初期資本主義時代に女性が優位に立った」とは、いかにも不可解な——ほとんどミステリといってもいいくらいの——主張である。砂糖が人びとの愛用する嗜好品になってゆくについては、女性が重要な役割を果たしたという主張も、同様に理解しがたい。その次のセンテンスが示唆している因果関係——砂糖があって、カフェイン飲料を飲む習慣が保障されたのだという——も、このままでは納得しがたい。とはいえ、ゾンバルトが、女性と砂糖の使用とのあいだに何らかの関連をみようとしたのは、まちがいではない。というのは、〔そうすることで〕まさしくかれは、消費行動の前提となる環境のまじめな分析にむかっていた、といえるからである。砂糖と、砂糖といっしょに食された食品についていえば、こうした分析は、労働をながめ、時代の動向をみるとともに、性別や階級の違いをもみるということ——つまりは、西ヨーロッパで新たな経済秩序が勃興してくる時代の消費の社会学の全範囲に目くばりをするということ——になるからである。

砂糖は奢侈品としてはじまり、そのようなものとして、豊かで権力に与っている人びとの社会的地位を、目にみえるかたちで示すことになった。すでにみたように、香料皿とドラジュワールの違いは、一種の男性と女性の差異——同一の階層ないし身分に属する——を反映していたのかもしれない。こうした奢侈品が豊かな平民たちに利用されるようになると、それらの消費は急増し、使い方も多様化する。さらに、砂糖を日常生活の必需品とする階層が、国民全体のなかのますます大きい比率を占めるようになると、各種の砂糖はしだいに新しい文脈のなかに組み込まれ、その新たな消費者たちによって、儀礼化されていった。かつて貴族たちが用いた香料皿とドラジュワールは、それを用いた人びとの身分や地位を、他の人びととの関係——配偶者の関係、対等の関係および（排斥というかたちで）目下の者に対する関係――において確証し、宣言するものであった。同様に、次つぎと成立した新たな砂糖の用法はいずれも、同様の社会的・心理的機能を果たしてゆくのだが、その場合、そうした新たな用法を利用する人びとは、しだいに貴族以外の層にひろがり、人数もふえていった。

こうした新しいパターンのなかには、本質的には、上流社会の人びとの砂糖の用法と意味づけがより下層の人びとに移転されただけ――つまり、古い形式の「強化過程」――といえるものもあった。しかしまた、古い素材を新たな文脈で使うことを意味することもあったし、このほうがより一般的であった。新しい文脈で用いるということは、必然的に新しい、まえとは違う意味をもたせる――古い用法の「拡張過程」――ということでもあった。社交行為としての茶の発展は、こうした過程の説明に役立つはずである。

茶がはじめて現われたのは、一七世紀中頃のロンドンその他の都市のティーハウスやコーヒーハウスと、同じ時代の貴族やジェントリの食卓であり、それもいわばちょっと珍しいものとしてのことであったが、一八世紀の著作家たちは、すでに貧民にとって、とりわけ農村の労働者にとって、それはレジャー以上のものであったことを明らかにしている。砂糖入りの紅茶は、仕事の途中の一服の役割を果たした最初の食品なのである。ところが、いわゆるハイ・ティーとなるとまったく別で、こちらはひとつの社交行事であり、仕事を中止してしまって、一種の遊びとして行なうことになる。ハイ・ティーは、まもなく飲むことばかりか、ものを食べる機会ともなってしまう。一八世紀の中産階級の習慣では、昼食は軽く済ませたから、人びとは午後になるとおなかが空いたものである。

したがって、茶の需要は、茶が導入されるや否やいっきょに高まる必然性があった。もともと茶は、女性の特権のようなものであった。というのは、ディナーの時間が早かった時代には、男と女は別行動をとるのがふつうで、男はワインを重視していたからである。五時のティーというのは、紅茶がディナーが終わる時間に供されていたことを示している。ちょうどいま、フランス人の真似をして、昼食後にブラックのコーヒーを飲むのと同じである。五時のティーはまた、オンバやクリベッジ〔などのトランプのゲーム〕、バックギャモン、ホイストなどのまえに、茶が供されたことをも意味する。一杯の紅茶がこのように「軽食」に転化したのは、まったく女性の手によってであった。それは、甘口のワイン、……ビスケット、カップケーキなどが男性にも女性にも供された、かつてのフランスの「グーテ〔間食〕」の真似だったともいえよう。*146

イギリスの社会問題評論家P・モートン・シャンドによれば、ハイ・ティーの起源は大陸の慣習と貴族の生活習慣にあったという。しかし、労働者・貧民の場合は、たんなる模倣以上のものがあったように思われる。というのは、かれらにとっては、ハイ・ティーが社交の機会になるはるか以前に、飲み物としての紅茶が重要になっていたからである。とはいえ、物質を出来事に結びつけてゆくシャンドの理解の仕方には、多少印象主義的な手法だとはいえようが、なお説得的なものがある。

イギリス人の社交生活上、男と女を隔離する傾向が薄れはじめた頃には、紳士たちがポート・ワインやマデイラ・ワイン、シェリーなどを飲む時間に、客間の貴婦人たちには紅茶が出されていた。……〔しかし〕女性がだんだんしおらしさをなくし、男性も粗暴でなくなってくる――アルコールの暴飲をつつしむようになったのが、そのはじまりであった――と、マナーも柔和になって、相互の交流が盛んになった。かくして女性たちは、紅茶のカップをめぐる争いに勝利し、〔酒を入れる〕デカンターは、いまや文句なしに女の世界となった〔社交の〕場から追放されてしまった。ロマンティシズム時代初期の若い男性たちは、貴婦人たちの社交の世界に出入りできることをよろこびとし、女性の相手をするほうが、荒々しく、「一晩に三本」も酒をあけるような剛毅な連中と喫煙室でつきあうよりは、ずっと好ましいと思うようになったのである。男子専用の最後の聖域であった、例のロンドンのクラブで、はじめて午後のお茶《アフタヌーン・ティー》が供された年こそは、わが国の社交史上、もっとも重要な年である。……

午後のお茶は、まもなく生まれつき弱い女性の歯が虫歯になっていることの口実となった。……お茶というのは、一回の食事、つまり第二の朝食などとみなしてはならない。バター付きパンは隠れミノにすぎず、本当のお目あて――「お気に入り」――は、ちょっとしたケーキであった。男性たちが完全に女性の軍門に下り、エキストラの軽食を女性たちと同じ条件で摂ることを受け入れ、行動をともにしたのは、まもなくのことである。その結果、今日では、仕事中でも遊んでいるときでも、国内にいても外国にいても、お茶がなくてもいいというイギリス人の男性は滅多にいないのである。お茶は、それ自体が公然たる食事というのではないが、何かを食べる口実となる。茶は中休みであり、のろのろとしか過ぎてゆかない時間というものへの挑戦であり、言いかえればそれは、「一日のなかに穴をうがつ」ものである。……もうひとつの利点は、お茶はまったく時間に制約されないということである。かくしてそれは、午後四時から六時半まで、いつ何時でも注文できる。*147

茶とアルコールは、サロンが成立して、男がそこで行なわれる午後のお茶に惹かれるまでは、それぞれ女性と男性の飲み物であったというシャンドの推測は、一六六〇年代以降の中産階級にかんしては、正しいかもしれない。しかし、労働者階級については、これでは説明にならない。かれは、次のようにもいう。すなわち、「茶は、いったん富者のあいだで確立した慣習となると、下層中産階級もただちにこれを真似はじめた。しかし、この場合は、きわめて独得の形態をとった（私の知る限り、これに匹敵するものは、パブリック・スクールの重い「六時のお茶」くらいしかないほどである）」、と。[*148] シャンドの解釈では、ティー・タイムの導入によって、食事のパターン全体が変わったことになる。「夕食は、新たにもち込まれた上品なお茶のおかげで、一、二時間先におくらせられた。〔お茶と呼ばれている〕混成物は——婉曲に「茶といっしょに卵（魚）を食べる」などと表現することが多いが——、朝食の繰り返しのようなもので、「ハイ・ティー」の名で呼ばれている」。[*149] 茶や茶にまつわる慣習、「ティー・タイム」などは、背景となる階級如何によって、それぞれに違った文脈で意味をもっていた。栄養摂取の点でも、セレモニーとしても、それぞれに違った目的を与えられていたのである。

それから一世紀、労働者階級の食事における紅茶と砂糖の地位は、糖蜜、煙草、その他多くの輸入食品とともに、もはや確固たるものになった。これらのものは、新しい必需品になったのである。一八五〇年代以降、茶と砂糖の消費量は着実に上昇していった。砂糖でいえば、一八九〇年代には、年間一人当たり九〇ポンドをわずかに下回る程度にまで達したのである。すでに一八五六年でも、砂糖の消費量はたかだか一五〇年まえに比べて——この間に人口は三倍にもならなかったのに——四〇倍にもなったのである。[*150] 一八〇〇年代には、全国の年間消費量は三億（重量）ポンドほどであったのだが、関税が平準化されて価格が低下しはじめると消費は増加し、一八五二年には一〇億ポンドに達したが、その後も上昇は続いた。価格の低下がなければ、消費量がこれほど急速にふえることもなかったであろう。しかし、労働者の食事のなかで砂糖が占める位置はどんどん大きくなり、新たな砂糖の用法も、価格の低下にともなって、ふえていった。一八三二年から一八五四年までのあいだに、一人当たり消費量は五ポンドはふえたと考えられている。「召使いへの割当て量は」、一八五四年には「週四分の三ポンドないし一ポンドくらいであった」と推定している研究者もあり、これからすると、「成人一人当たりの年間消費量は、少なくとも五〇ポンドにのぼったといっても、過大評価とはいえない」[*151]という。じっさい、そのとおりで、一八七三年には、それはもっと高くなったし、一九〇一年には一人当たり消費量ははじめて九〇ポンドをこえた。

　こうした驚異的な数字をもってしてさえ、砂糖消費の社会的意味を正確に示しているとはいえない。というのは、一人当たりの数値というのは、全国平均値にすぎないからである。イギリス〔連合王国〕では、砂糖関税が平準化された一八五〇年以降、比較的貧しい階級の砂糖消費量のほうが、豊かな階級のそれを上回るようになったことはまちがいない。糖分の多い食品——糖蜜、ジャム、紅茶・菓子用の粗糖、プディング、焼き菓子——が、労働者階級の食事で比較的大きなカロリー源になった——食費支出のなかでは、それほど大きな比重を占めたとは思えないが——ばかりか、毎日のふつうの食事でも、糖分を含んだものがますます多くなった。子供たちは、ごく幼少の頃から砂糖に慣らされた。甘みをつけた紅茶は、毎食の一部となり、たいていの場合、ジャムやマーマレード、糖蜜などが用いられた。一九世紀末にはデザートがひとつのコースとして固定され、甘みをつけたコンデンスミルクが結局、「クリーム」となって、紅茶や調理済みの果実に添えられた。店で買う甘いビスケットが紅茶の友となり、紅茶はあらゆる階級にとって、客に対するもてなしの表徴となった。[*152] パンが他の食品にとって代わられはじめたのも、一九世紀末頃のことであった。このプロセスは、その後、多くの他の国々でも繰り返された。

パンの消費量が減ったのは、生活水準が上昇した証拠だというのが学界の通説であり、「パンと粉を示すカーヴの下降は、砂糖や砂糖菓子のカーヴの上昇と相殺しあう関係にあった」[*153] といわれる。しかし、砂糖消費の数値は、短期的にも長期的にも、生活水準の十分な指標とはなりにくい。[*154] 一八四〇年から一八五〇年までのあいだに、砂糖の価格は三〇パーセントも低下し、次の二〇年間にも二五パーセントは下落したのだから、消費が増加したのは、他の商品にくらべて砂糖が相対的に安くなったことの反映であり、必ずしも生活水準の上昇の証拠とはいえないのである。ともあれ、一九世紀後半には、一人当たりの砂糖消費量（およびすでに見たように、とりわけ労働者たちの砂糖消費量）は、急増した。

パンと粉の消費量の低下に伴って、肉と砂糖の消費がふえたというのが、ドラモンドとウィルブラハムの主張であるが、生産統計のほうから推定して、肉の消費が増加したとは思えないという者もある。イギリス〔連合王国〕全体で市場に出まわった人口一人当たり量からすると、一八八九年から一九一三年までの四分の一世紀を通じて、週間一人当たりで二・二〔重量〕ポンドくらいが得られた。しかし、この数値を先の分析に合わせて考えるためには、食肉消費の階級差や家庭内格差を考慮しなければならない。家庭内格差については、別の栄養史家デレク・オディが、次のように断定している。かれはいう、「とくに動物性食品の大半はかれ〔父親〕が、昼食ないし夕食の「食欲促進」用として食べてしまった」[*155]、と。かれはまた、「家族のための」肉がもっぱら父親に食べられてしまうのだが、母親はそれを道徳的に正しいと信じている、という一八六三年のエドワード・スミス博士の言葉を引用している。「しかし、じっさいの習慣は、はっきりと確立している。すなわち、労働者はほとんど毎日、肉やベーコンを食べたが、妻子は週に一回ぐらいしか食べておらず、しかも父親自身も家族も、このコースが父親が仕事をまっとうするためには不可欠であり、それを食べてこそ労働ができるのだ、と信じていたのである」[*156]。労働者階級の家族の食事を慎重に検討したペンバー・リーヴズ夫人も、次のように書いている。「肉は男性のために購入されるもので、男がうちにいる日曜の正餐にはいちばんおカネが使われる。肉は、翌日、男性が冷たいままで食べる」[*157]。

これらの観察は、一九世紀の労働者階級の食生活では、肉と砂糖が明らかにふえたことを示している。「パンは貧民の主食であり、肉が買えたり、砂糖を使うようなタイプの料理が食べられる状態であれば、ひとはパンなど食べない」[*158]のである。こういう言い方には、暗黙の仮説といえるようなものはあるが、一般的な法則は存在しない。食費支出が絶対額で――構成比からいっても――ふえていったのだとしても、それだけでは、食生活が改善されたことを十分に示す証拠とはならない。それに、文化によってパターンの決まってくる家庭内での消費格差をも視野に入れると、ことはまるで違ってみえる。すべてのひとの砂糖消費量はふえたけれども、女・子供は成人男子よりも多く摂取したし、すべてのメンバーが肉をいくらかは食べたが、成人男子は女・子供に比べて、不釣合いなほど多く食べたのである。

一九世紀末の食生活は、じっさいのところ不健康で、無駄の多いものであったと思われる理由がいくつもある。パンと、それほどではないがジャガイモとが主食であったが、肉に異様に高い比率のカネをかけても、金額の割にはほとんど得るものがない。わずかな量の「茶、ドリッピング（脂）、バター、ジャム、砂糖、青物」などは、「食品というより、香料とみたほうがよいかもしれない」[*159]とリーヴズ夫人はいう。オディもいう。こういう添えものは「デンプン質の比率の高い食事を、まともなものに感じられるようにするために」[*160]不可欠であった、と。しかし、働く夫は肉を食べ、妻子は砂糖を得た。つまり、「妻と三、四人の子供をもつ多くの労働者が、週一ポンドしか稼いでいなくても、健康で立派な働き手でありえたことは、すでによく知られている。知られていないのは、かれに十分な食事をしてもらうために、母親と子供たちは常時栄養不良に陥っているという事実であ

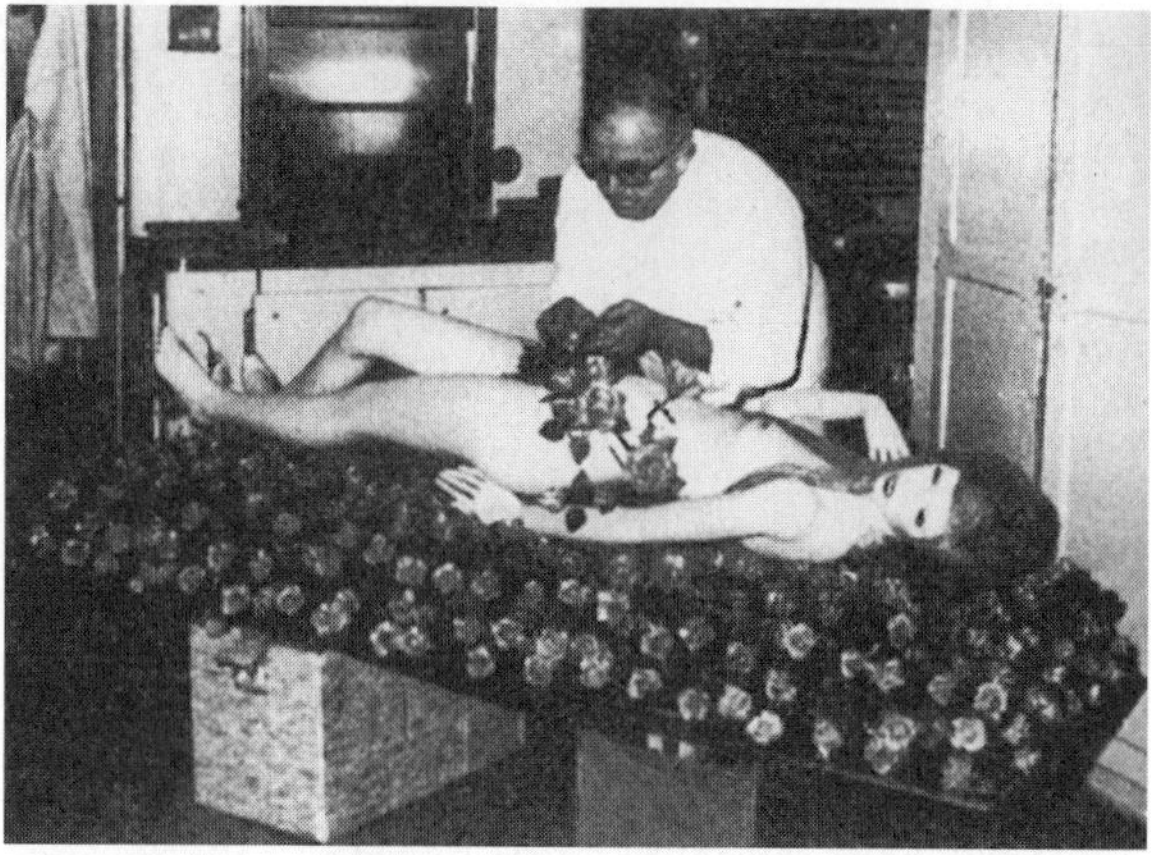

フランスの偉大な砂糖職人エティエンヌ・トロニアが，人物大の裸婦模型（チョコレート人形）に，最後の仕上げをしているところ。髪は砂糖の糸でできており，横たわっているベッドには，600もの砂糖製のバラが散りばめられている。

る。こういうことが起こるのは、母親が、家族全員の生活が夫の賃金に依存していることを知っているからだ」[*161]。リーヴズ夫人はジャガイモに「不動の昼食」というラヴェルを貼ったが、家族全員にとってそうだったわけではない。「糖蜜、すなわち町内の食料品屋の言い方でいえば「黄金のシロップ」が、おそらく臓物のプディングとともに食べられることになるだろうが、この二つが労働者の家族の母子の昼食となっているはずである」[*162]。「このことは、ある種の食品のあいだには、補完的な関係があることを明示している。ある種の脂肪や砂糖は、おおかたデンプンからなっている主食につける副食品の主要な成分ということになる。動物性食品がないので、砂糖がその代用品となっている。この事実がまた、主食として食べるデンプン性食品のタイプを決めた[*163]」。

ここでふたたび、中核＝炭水化物対周辺〔＝副食物〕原理に逆戻りすることになる。しかし、イギリスを筆頭に多くの西欧諸国では、近代化の系として、「周辺」――「周辺」食品としては、野菜や果物、肉などよりは脂肪加工物と砂糖のほうが代表的である――が、「中核」に追いつきはじめたのである。

あまりにもうまくない食品は、全般的な栄養不良を惹き起こす可能性があった。

限られた量ではあったが、労働者階級の食卓にのぼった動物性食品は、炭水化物からなる食品をいっそう多く摂取するための媒介物の役割を果たした。したがって、献立のなかの動物性食品が、経済上の理由で減らされると、こんどはデンプン性食品の消費量も減少した。……たとえば、この頃、週三〇シリング以下の収入しかなかった家族や成長期の子供をもつ家族などは、一日一人当たり二〇〇〇ないし二五〇〇カロリーと、タンパク質五〇〜六〇グラム程度しかとれなかったという結論は不可避であるように思われる。かりに、家庭内の食物分配が平均的なパターンどおりであったとすれば、父親が全タンパク質の不釣合いなほど大きな部分を取ってしまったはずであるが、肉体労働者、その妻、成長期の子供たちなど、それぞれに異なった生理的必要量が十分に充たされていたのかどうかは、判然としないことである。一九世紀後半の労働者階級の家庭を直接観察した記録……から引き出せる推論は、こうした条件の下では、女性と子供は栄養不良に陥っていただろうということである。*164

砂糖消費量の増大は、労働者階級の生活に、プラス・マイナス両面の影響を与えた。一方では、労働者階級の食生活がもともとカロリー不足の状態にあったとして、砂糖は少なくとも必要なカロリーをいくらか供給したことになる。砂糖消費量がふえたということは、ほとんど必然の結果として紅茶がより甘くなるということであり、ビスケットやデザートがより多く取られるようになった、ということであり、その結果、カロリー摂取量がふえたばかりか、バラエティも豊かになったということである。すでにみたように、ボイド・オーア卿は、砂糖消費量の増大という事実がイギリスの食生活史上、最大の変化であった、と主張している。*165 しかし、同時に、砂糖でカロリー摂取量はふえたとはいえ、他方では、もっとよい栄養分が犠牲になったことも事実である。砂糖が料理に使われるようになって、食事の準備とじっさいに食べる時間の合計が短縮されたのだが、だからといって、それで栄養摂取の状態がよくなったかどうかは、あやしい。議論が実質所得の問題から、今日風にいえば「ライフ・スタイル」の問題に移ってしまうと、絶対的な答えは出しにくくなるように思われる。
砂糖の利用法の多様化と砂糖消費量の増加は、食習慣や食事の内容の近代化をもたらす激変と軌を一にしていた。その種の変化のひとつが、調理済・保存食——とくに、といってもむろん唯一のというわけではないが、砂糖漬け食品——の普及であった。それらは、缶、ビン、その他各種の容器に詰められており、硬いものも軟らかいものもあり、固体状のものも液状のものもあった。媒体としての砂糖の使われ方はじつに多様だったのである。すなわち、果実のジャム、ゼリー、マーマレードおよび果実保存のためのそうしたものから、液状の砂糖——糖蜜、「黄金のシロップ」から、他の食品にそそぐか、それに混ぜるか、またはコンデンスミルク（これで労働者階級好みの「カスタード」をつくった）[*166]に加えたりした、菓子屋の単純なシロップに至るまで——を経て、ビスケット（アメリカの「クッキー」）やイギリスのものが有名なケーキに至るまで、さらに最終的には、チョコレート入りキャンディ（軟らかいもの）やチョコレートなしキャンディ（硬いもの）まで、多種多様だったのである。

こうした砂糖の使用法や製品の多様化から、一九世紀の終わり頃に制度化された、産業労働者の「中休み《ブレイク》」の習慣までは、ほんの一歩であった。この「中休み《ブレイク》」は、熱帯物産からつくられる食品の製造業者がパイオニアとなってはじめた社員用喫茶室《インダストリアル・カンティーン》——そこでは紅茶、コーヒー、ココア、ビスケット、キャンディなどが安く買える——の成立で、ますます促進された[*167]。言いかえれば、調理済食品《プリペアド・フーズ》の出現は、家庭外で、家族関係とは別の文脈のなかで食事をとる頻度を高めた。食品選択が自由になったこともあって、こうした諸傾向は、コースの順番や家族のディナーの場での社交的会話、食事の時間にかんする既存のパターンなどから、消費者を解放した、ともいえる。二〇世紀はじめまでには、砂糖は〔食事の〕時間を短縮した。というのは、砂糖は「即席《クイック》エネルギー」を与えたと思われるからである。その後、砂糖のこのような利点は、他の国々――そこでは、一九〇〇年以前のイギリス社会で起こった生活上の特徴的な変化のほとんどが繰り返された――に波及した。

イギリスにおける砂糖消費の歴史をみれば、二つの基本的な変化が明らかになる。すなわち、ひとつには、一七五〇年頃から甘みをつけた茶と糖蜜が普及しはじめたことであり、いまひとつには、一八五〇年頃からの大衆消費時代の幕開けである。一七五〇年から一八五〇年のあいだに、すべてのイギリス人が――どんなに孤立的な生活をしているひとであれ、どんなに貧しいひとであれ、また年齢や性別にも関係なく――砂糖を知った。しかも大半の人びとはそれが気に入ってしまい、購買能力以上に欲しがるようにもなってしまった。一八五〇年以後は、砂糖価格が急落したので、そうした購買意欲が実現されることにもなった。一六五〇年には珍しい貴重品であった砂糖が、一七五〇年には奢侈品となり、一八五〇年までには事実上の必需品となったのである。

それに、とくに一七五〇年以前には、砂糖の最大の消費者は富裕者階層であったのに、とくに一八五〇年以後は、それが貧民層になってしまったことも確実である。この事実は、珍奇な貴重品から日用品への砂糖の変身の最終局面でもあった。こうして砂糖は、労働の生産性と消費の関係についての資本主義的見解にいちばんぴったり合う消費財となったのである。資本主義的な本国経済がどんどん拡大していったので、そのなかでの砂糖の位置も、一七五〇年以前と一八五〇年では、まったく質的に違うものになった。この違いは、工業経済がどんどん発展していったこととつながっていたし、そのような〔本国〕経済と海外植民地との関係の変化にもつながっていた。

かつては、粗糖のような商品を生産する植民地は、本国経済に二重の意味で利益を与える、と考えられていた。利潤が直接本国の銀行に送られ、資本として再投資されるということがひとつ。植民地は、機械、繊維品、拷問用具、その他の工業製品などの本国製品のための市場となったということが、第二の点である。本国資本にとって、こうした潜在的利益の源泉が、どの程度の意味をもっていたかについては、学者のあいだで論争が続いているが、じつはこの他に、第三の潜在的利益もあった。すなわち、本国の労働者階級に煙草、茶、砂糖などのコストの低い、食糧代替物を供給したということがそれである。労働者のエネルギーを引きだし、生産性を高めるのに、積極的に寄与することで、こうした代替物は資本主義経済の損得の帳尻を合わせるうえでは、重要な意味をもっていた。とりわけ、資本主義が植民地セクターの併合によって、年を追って発展しつつあっただけに、その意味は大きかった。

一七五〇年から一八五〇年までの時期と一八五〇年から一九五〇年までの時期との違いをみれば、このことはいっそう明らかになる。先の時期にあっては、砂糖は――とくに紅茶と結びついたかたちで――紅茶を甘くし、容易に吸収できるカロリーを少々加えはしたが、イギリス労働者階級の食生活に重大な影響を与え、カロリー摂取量を激増させるというようなことはなかった。もっと重要なことに、おそらく甘い紅茶は、さもなければ味気のない炭水化物、とくにパンを大量に食べられるようにし、働く妻には時間の節約をもたらし、調理用の燃料費支出も少なくて済むようにしたのである。紅茶と砂糖は、「中核」=炭水化物に対して、「周辺」的な役割を果たした。一方、後者の時期になると、砂糖はカロリー摂取にますます寄与するようになった。というのは、この時期になると、砂糖は紅茶や〔コーンフレークスなどの〕穀物食品に使われるばかりか、他の多くの食品にも使われるようになり、その使用量がどんどんふえていったからである。同時に、植民地の利害が一部無視されるようになった、というより、植民地にかんする限りその優先順位が改変された、という方が当たっていよう。安い砂糖は、一九世紀を通じて、単一の食品としては、イギリス労働者階級の食卓を賑わせた最大の新顔であったが、いまやカロリーの点から言っても、最重要食品となったのである。一九〇〇年までには、平均一人当たりのカロリー摂取量のほとんど六分の一が、砂糖に依存するようになった。この数値を階級差、年齢差、家庭内格差などを考慮して修正すれば、労働者階級の女性や子供にかんしては、驚異的な結果がでるはずである。後者の時期には、中核と周辺の区別が消滅しはじめるのである。

　イギリスにおける砂糖消費の歴史は、重要な違いもいろいろあるものの、他の多くの国々でも繰り返された。世界中いたるところで、砂糖は、労働者・貧民のカロリー不足を補う役割を果たし、産業労働者の「中休み《ブレイク》」にまず最初に供される食品のひとつとなった。そのうえ、文化的・慣習的に決定された食物の家庭内分配の型、すなわち、高価なタンパク質食品は主として成人男子が独占したのに対し、砂糖はむしろ主に妻子のほうが多くとるといった型が、広汎に生きていたという多少の証拠もある。貧民の家庭での食物分配が不平等であったという事実は、子供たちから組織的にタンパク質を奪っていた点で、いわば一種の文化的にお墨付きを与えられた人口調節機構をなしていた、ともいえよう。「稀少な資源を幼児や子供の栄養源とするのはよくないという有力な議論があるが、おおっぴらにはされていない。極論すれば、就学前の子供を栄養失調で死なせるというのが、事実上、もっとも広汎に用いられた人口調節の方法なのである」[*168]。このような「人口調節」システムにおいて、砂糖がどんな役割をになわせられたかは、つらいことながら、見やすいことでもある。〔合衆国〕連邦政府が財政援助をしている学校の給食で、砂糖のむやみに入ったケチャップを「野菜」とみなしてしまおうというレーガン政権の試みは、その最近の証拠である。

これらの事実は、性別と砂糖消費の関係にも光をなげかける。男性の観察者たちは、誰も彼もが、女性は男性よりも甘いものが好きなのだという奇妙な予断をもっているものだ。それに、女性というものは、他の方法では達成できないいろいろな目的のために、甘い食べ物を食べるのだとか、甘いものは、文字どおりにも比喩的にも、男のというよりは女の領分だとか、決めてかかってしまっているのだ。もちろん、こういうことが頻繁にいわれていること自体は、興味深い事実である。女性と甘さのあいだに関連があるかもしれないということも、それ自体、研究に値する問題といえよう。しかし、そうした問いに答えるには、よほど注意深く、また偏見のない研究が必要である。

イギリスにおける砂糖の歴史は、一七世紀中頃に苦味のある刺激性飲料が導入されるなど、多くの「偶発的」な出来事に彩られてきた。しかし、それ以後の砂糖消費の増大は、決して偶然ではない。それは、イギリス社会の底に流れる諸力の直接の産物であり、その権力によって生み出されたものであった。それゆえ、ここでいう権力の性格と、それが行使された環境の問題に目を転じよう。

第四章　権　力

　ここ二世紀たらずのあいだに、かつては自国内で生産される食物のみに依存していた人びとも、外国から輸入される食料を、大量に消費するようになった。これら輸入食料はたいていい、はじめのうちこそ、消費者の目に新奇なものと映るが、やがて馴染みの品々を放逐し、そのあとがまに居座ってしまう。つまり、エキゾティックな嗜好品が、しだいに、ごくありきたりの日常の消費物資へと変貌を遂げる、ということである。このような変化が生じる過程で、食物は、新たな意味を獲得することになった。もっとも、ここでいう意味――食物は人びとにとってどのような意味をもち、また、人びとはそれを消費することによって何を示そうとしたのか――は、さまざまな種類の社会的な差異、たとえば年齢や性別、階級、職業などと深く結びついていた。それは、国家の指導者の意思や意図とも関連していたし、国家そのものの経済的・社会的・政治的な運命とも、不可分の関係にあったのである。

　ここにおいて、「意味」という言葉には、明らかに、ふたとおりの意味づけを認めることができよう。ひとつは、「内なる」意味ともいうべきもので、たとえば、ある特定の集団の儀式や計画に内在する意味、食事という行為に内在する意味、さらには社会集団そのものに内在する意味、などと思っていただきたい。つまりそれは、ある事柄が本当は何を言わんとしているのかということを、あらかじめ熟知したうえで、人びとが発していると ころの「意味」なのである。このような意味づけからすれば、たとえば、ひとを歓待するという行為は、自尊を「意味」することになる。自尊は、社会階級のなかで自分自身の位置を認識していることを「意味」し、そのこと自体は、さらに適当なかたちでの歓待の提供、たとえば、挨拶や招待、砂糖入りの紅茶、糖蜜のタルトをふるまうことなどを「意味」しうるのである。とりわけ、冠婚葬祭時のように、日々の労働から離れ、休息するときには——葬式の場合は、日々の労働どころか、人生からの休息なのだが——、消費の新しいかたちは、以前と同じような「意味」のもとで、古いかたちに接ぎ木されることになるのである。

このような「内なる」意味が獲得され、慣習化されるプロセスについては、すでにふたとおりのパターンを指摘しておいた。まず、「強化過程《インテンシフィケイション》」のパターンでは、他の人びと、すなわち、ふつうはより高い社会階層の人びとによって行なわれている消費行動を繰り返す、もしくは真似る、さらにはそれを越えようとする、というかたちをとる。たとえば、銀色の小さな粒やおめでたい文句、砂糖人形やらでいっぱいに飾りつけられたウェディングケーキは、たんなる新しい「食物」をこえた存在であり、消費が特定の行事や儀式の一部として、固くそれらと結びついていることを示しているが、そのウェディングケーキの習慣が、しだいに下層民衆にも浸透するにつれ、ウェディングケーキの使われ方自体に変化が生じることもある。それはもちろん社会環境の違いによるのであるが、より上の階層を真似て競うという慣習の性格そのものを重視する限り、そのプロセスは、まぎれもなく、「強化過程」のパターンなのである。

しかしながら、砂糖や砂糖製品の消費行動の多くは、何ら真似るというプロセスなしに、イギリスの労働者階級のなかから、自然発生的に湧き上がってきたようにも見える。とくに、その消費行動が上層階級とその意味づけを異にするときには、なおさらである。下層民衆にとって、砂糖とは、かつて上層階級にとってそうであった以上に重要な——自分自身の地位を顕示するためのものとしてではなく、むしろ栄養源として重要な——食料であり、また、それを食する機会も多様化し拡大していったことが、その理由としてあげられよう。すなわち、砂糖の新しい用途と意味づけは、特権階級の慣習から遠く隔たったところで発生したのである。このたぐいの革新については、「強化過程」ではなく、もうひとつのパターン、すなわち「拡張過程《エクステンシフィケイション》」の語を充てるのが適当であろう。

とまれ、これらいずれのパターンにおいても、新たなる消費者は、かれらなりの消費行動と意味づけとを自家薬籠中のものとしており、必ずしもたんなるもの真似とは言いえないものであった。権力者側からするならば、「強化過程」の場合は、新しい消費物資の提示とその意味づけの任を負っていたが、「拡張過程」の場合には、その責任はおそらく前者のみで、後者、すなわち意味づけのほうにかんしては、むしろ新たな消費者が権力者に対して教示する、というかたちをとったといえよう。いまわれわれが問題にしている、より広汎な歴史的過程、すなわち砂糖消費の全世界への伝播について見てみるならば、支配者側は、砂糖そのものの導入のみならず、砂糖がもつことになる意味の少なくともいくつかについては、主導権を掌握していたのである。

さてここで、「意味」という語のもつ、もうひとつの意味づけについて指摘しなければならないのだが、それは、次のように考えれば容易に把握されよう。個々人にとっての消費行動やそれが意味することになるさまざまな事柄は、社会全体とりわけ支配階級にとって、どのような「意味」をもっていたのか、と。つまり、内なる意味そのものや、それが法的に認められることによって生じた消費行動などが、「強化過程」のパターンをとって広まる場合、社会を牛耳っている集団は、これを利用して自分たちの地位と利益を永らえさせようとしたのだという、いわば「外側の」「意味」なのである。たしかに社会集団の消費様式や消費水準は移ろいやすいものだし、人間の性格や潜在能力には十分改良の余地もあろう。しかし、逆に、内なる意味がひろがっていくのは、だれかによって刺激され、操作されているからともいえるのである。食料そのものと、それが指し示すようになった意味とを同時にコントロールすることは、安泰な支配を行なうための一手法なのである。

ところで、内なる意味は、さまざまな事柄や行為と結びついており、数々の社会的イヴェントにその正当性を付与することとなった。社会における知識体系や慣習は、それらと相互に結びついていたし、それらが意味する事柄とも、結びついていたのである。米と指輪は結婚式において特定の意味をもち、ユリや点灯された蠟燭は葬式において意味をもつ、という具合である。これらは、歴史的に獲得された――生まれ、成長し、変化し、消滅する――ものであり、ある文化に固有のもので、恣意的なものでさえある。なんとなれば、それらはすべて象徴《シンボル》だからである。全世界に通用する意味など、象徴には存在しないのであって、象徴が何かを意味しうるのは、それが特定の文化的・歴史的文脈のなかにおかれている――そこにおいては、ある事柄のもつ意味は、構成員たちに普く知られている――からにほかならない。どんな象徴でも、それ自体は生命をもたず、また、他のどんな象徴とも固有の関係を取り結んではいない。しかし、他の象徴といっしょに時間軸を移動することは可能で、それぞれの生みだす「シグナル」でもって互いに強化し合う。互いに何の関係もなかった過去にまで遡ることも可能だし、互いの強固な関係が、何らかの変化などによって解体され、非公認化されることもまた、ありうるのである。たとえば、茶と砂糖は、かつては何の関係も有していなかったわけだし、喫茶の慣習とそれのもつ意味づけは、独立戦争を契機にアメリカ合衆国から消え去り、コーヒーにとって代わられることになったのである。

茶のようなモノ、食事のような行為、そして歓待や平等などといった観念、これらはみな、人間の知性の働きによってパターン化され、一定の時と場所を限って、社会的な行為のなかへと押し込まれてしまっている。その際、ある種の利用可能性と制約性にも、十分留意がなされている。たしかに、生や死は、すべての人間がひとしく経験するという意味では、世界中に共通なものである。また、なにごとかに特定の意味を付与し、象徴化する、さらにはその意味のとおりに振る舞うという能力は、われわれ人間に普遍的かつ固有の性質――たとえば、歩行や言語の習得のような、あるいはまた生まれることや死ぬことのような――であろう。しかしながら、どのようなものに、どのような事柄を結びつけ、どのような意味を付与するのか、という点にかんしては、文化や歴史のなかにおいてのみ定められる。われわれは、たとえば生や死といった生物学的な事柄を社会的な事柄に転化しているが、それはわれわれが人間だからこそ可能なのであって、それぞれの人間集団が、それぞれ特有の方法で行なっているのである。したがって、たとえひとつの社会であっても、重なり合う多数の下位集団を傘下におさめるほどに大規模で複雑なものならば、人生のプロセスに意味を付与する唯一共通の社会慣行など、存在しえない。社会の構成員の生き方自体に大きな差異があるし、人生の意味を承知していることを示すためにとる行為やその対象物、相手の人物への接し方さえ、歴史的に多大な影響を受け、差異を示すからである。

一七世紀のイギリスでは、ヨーロッパ大陸と同様、出生・富・育ち・性別・職業などによって大きく社会が分断されていた。このような社会においては、相異なった消費慣行が生じたのもけだし当然であって、それは支配者によって強化されもしたのである。それゆえ、新しい消費慣行が、いかに、また、だれによって創り出され、どのようにして他の集団へ広まっていったのか――その意味づけと共にであろうとなかろうと――を調べると、当時のイギリス社会そのものの構成や内部の権力分布について、知識を得ることができるのである。

しかしながら、一七世紀まで、砂糖は高価で稀有な品物で、大多数のイギリス人にとっては何の意味もない代物であった。もっとも、かりにかれらが砂糖を口にすることがあったとしたら、まちがいなく、その良さを認めたであろうが。他方、金持ちや権力者は、砂糖を大いに利用――購入・展示・消費・種々のかたちでの砂糖の浪費――しており、そのことによって社会的に認知され、支持され、区別されていたのである。権力者たちのあいだで砂糖がどんな意味をもち、それが砂糖のどんな使い方によって示されたかは、次のような例から明らかであろう。すなわち、砂糖と他の珍奇な香料とをブレンドし、食物の下ごしらえに用いる、果物の防腐剤として砂糖を用いる、細かく砕いた真珠か純金と混ぜ合わせて医薬をつくる、俗界や聖界の権力という、本来、抽象的なものに具体的な表現を与えるべく、砂糖菓子をつくる、等々。

こうした意味づけの多様性は、言語や文学のなかにおいても見てとれるし、言語的なイメージは、甘味料とある種の感情・欲望・ムードとの関連を示唆するのみならず、蜂蜜から砂糖への歴史的な大転換についても明らかにしてくれる。蜂蜜のイメージは、古典古代のギリシア・ラテン文学のみならず、古いイギリス文学においても認められるのである。この蜂蜜と砂糖は、両者とも、幸福・豊かさ・ムードの高揚、そしてしばしば官能とすら、関連づけられて語られている。そもそも甘みという性質は、人間の味覚・選好・構造のなかで非常に重要な位置を占めており、個性や気前の良さを表現する場合や、音楽や詩などに、よく用いられるのである。印欧祖語のスワード swād は、「甘い」(sweet)と「説得する」(persuade)の語源であり、現代英語においても、お世辞(「砂糖入り《シュガード》」または「蜂蜜入り《ハニード》」の言葉)には「感傷的な調子《シロッピー》」の「甘言《スウィート・トーキング》」がつきものである。

古くはチョーサーについて見てみると、かれの砂糖への言及はきわめて稀で、たとえ何らかの文言がある場合でも、それはもっぱら砂糖の稀少性と貴重さを強調するのみである。ところが、シェイクスピアの時代にいたると、言及はぐっとふえてくる。もっともその言及にしても、ほとんどは稀少性にかんして述べるにとどまっているのだが、かなり多様なイメージも立ち現われてくるのである。『恋の骨折り損』のなかで、ビローンは言う。「白い手をされたお嬢さん、どうか甘いことばを一言でも」(小田島雄志訳)。対する王女は洒落で答える。「蜂蜜、ミルク、お砂糖——はい、これで三言も」。『お気に召すまま』では、道化のタッチストーンが、オードリーを、こう、からかっている。「身持ちがいい上に器量までいいとなりゃあ、砂糖の上に蜜をかけるようなものだろう」。『リチャード二世』でもグロスターシアの荒野の場面で、ノーサンバーランドは、ボリングブルックにいう。「ただ、公爵におもしろいお話を聞かせていただけたのが慰め《シュガー》の種、おかげでつらい行軍も楽しい《スウィート》ものとなりました」。そして『オセロー』のなかでは、ブラバンショーが、オセローとヴェニス公をまえにして次のように語る。「こうした格言は、慰める《シュガー》にも苦しめるにも、味が強すぎて結局どっちつかずです」。次のような指摘にあまり重要性はないだろうが、シェイクスピアが死亡したのは、バルバドス島——イギリス帝国で最初の「砂糖」島——からイギリス本国への砂糖輸出が開始される、ほぼ半世紀ほどもまえのことなのである。こうして、一七世紀以降、砂糖のイメージは、イギリス文学のなかにおいて、ますます一般的なものとなっていった。もちろん、文学にとっては、文字に書かれた文言が重要なのであるが、砂糖のイメージは、日常生活においても重要な一角を占めるようになり、愛情を表現する言葉のなかで蜂蜜のイメージと競合したり、はては、それを押し退けたりもしたのである。さきに、砂糖の「意味」がもつふたつの非常に異なった意味づけについて指摘したが、いま述べたようなイメージは、その両者に橋を架け、繋ぎの役割を果たすこととなった。すなわち、砂糖がしだいに普及し、イギリスの最下層民にまで用いられるようになると、内なる「意味」もそれに対応するし、一方で、イギリス本国や海外植民地での労働生産性が高まり、支配階級がそれによって自らの富を形成し確保するようになると、かれらをはじめ、国王および帝国自体にとっての砂糖の意味も、それに応じたものとなったのである。

この二番目の「意味」のほうは、ジョサイア・チャイルド、ダドリ・トマスなどの政治経済学者や、フレデリック・スレアのような医者の著作によって、具体的なかたちを与えられた。イギリス帝国において、サトウキビなどプランテーション作物の栽培地域が着実に拡大するのと歩調を合わせ、かれらの情熱もいや増していったのである。かれらの賛辞は、砂糖が有するとされた様々な利点――医薬・防腐剤として使え、滋養がある、など――に留まらなかった。じっさいのところ、そういった利点は、かれらにとってみればほとんど自明のことであった。では、かれらの主張はどのようなところにあったのか。たとえば、次のようである。植民地との貿易はいかに行なうべきか。どのようなプランテーション作物が、国家や王室に、さらには奴隷などの強制労働者に有益であるか。製造業に対する刺激として、商業がいかに一般的な重要性をもっているか。イギリス帝国内の異教徒に、いかに文明化の恩恵がもたらされているか……。これらのテーマがすべて最終的には砂糖の供給と関連づけられ、語られるのである。もっとも砂糖は、帝国内において、いつでもどこでもカネのなる木たりうるわけではなく、多くの投資家やプランターが砂糖のために破産し、ときには監獄送りにすらなったのだが、王室や資本家に累積的にもたらされた価値は、じっさい、莫大な額に上ったのである。

英領西インド諸島についていえば、砂糖のもつ帝国における役割は、たぶん一八世紀末にその絶頂をむかえた。すなわち、ジョージ三世の治世である。英領西インド諸島のプランター階級について研究した歴史家、ローウェル・ラガッツは、ジョージ三世が首相を伴ってウェイマスに行幸した際の逸話——どうも、まゆつばらしいが——を、詳しく紹介している。西インド諸島プランターの豪華な馬車にたまたまでくわしたジョージ三世は、その従者や使用人たちが王室のそれと同じくらい立派であるのを見て大いに苛立ち、次のごとく叫んだという。「砂糖、砂糖だと? あれがみんな砂糖から! 関税はいかほどじゃ、ピットよ。関税はどうなっておるのじゃ」*1、と。

砂糖が、帝国経済全体において獲得した意味と、最終的にイギリス本国人の生活において有した意味とは、まったく別の次元で捉えられなければならない。しかし、砂糖の利用可能性や価格は、帝国政策の直接の結果でもある。そしてその政策は、過去の砂糖市場の状況のみならず、もっぱら将来の砂糖市場のあり方をにらんで形成されたのである。本国市場が拡大するにつれ、再輸出される砂糖の割合は激減し、砂糖生産自体は、よりいっそうしっかりと帝国の枠組みに組み込まれることになった。生産の緻密な制御がなされ、本国での砂糖消費は増大の一途をたどったのである。さらに時代が下ると、差別関税にもとづく砂糖保護政策は議会で廃止の憂き目に会い、西インド諸島プランターは、そのよりどころを失うことになるのだが、それでも砂糖消費量は増大を続け、アフリカやアジアの植民地がサトウキビの栽培と製糖を開始して市場に参入し、また、テンサイの生産が世界市場全体のなかでサトウキビ生産を上回りはじめてもなお、このような状況は存続するのである。そしてその時点、すなわち一九世紀半ばまでに、先述した砂糖のもつふたつの「意味」は、ある程度まではあるが、ひとつに結びついてしまうのである。

とまれ砂糖は、しだいにイギリス人の目に生活必需品と映るようになり、砂糖の供給は、経済的な責務のみならず、すぐれて政治的な責務とすらなった。先住民から収奪した新世界の広大な土地の上で、これまたアフリカから収奪した多数の奴隷労働力を用いて、莫大な富を築き上げた人たち——その富は、砂糖・糖蜜・ラム酒等の商品のかたちをとっており、アフリカ人・インディオ・植民地人・本国の労働者階級に売られる——は、イギリス社会の権力中枢へと、よりいっそう固く結びつけられることになったのである。たしかに、個々人のレベルでみれば、これらの新商品に手を出して失敗した商人やプランター、企業家は相当数にのぼるが、長期の経済レベルでみるならば、その本国市場は、一七世紀半ば以降、まさに大成功を収めたのである。このような視点に立つとき、砂糖が意味しているものは、他の植民地物産や貿易、本国での消費などが意味しているものと同じであることがわかる。すなわち、帝国自体の、そして帝国の政策決定を行なっている階級の、強大化と強固化である。

しかしながら、「意味」について考えるとき、多くの人類学者は、まったく別のことをイメージする。クリフォード・ギアーツの言葉を敷衍していえば、意味とは人間自らが編むものであり、その編まれた意味の網によって、逆に自分自身ががんじがらめにされるのである。われわれが外界を認識し、解釈しうるのは、実体に意味を付与する既存のシステム、しかもそれぞれの文化に固有のシステムに基づいてのことなのである。このような見方は、われわれが外界を認識する際の順序を明示してくれる。つまり、外界を見る（分類する）ために、われわれはまず外界について考えなければならないのである。これは、文化を人間特性の第一決定因に措定しようとする者にとっては、すこぶる都合のよい理屈である。

しかし、人間が客観的世界に意味を付与するとき、人間集団によってそれぞれに異なった意味の束を与えるのだとしたら、それが特定の歴史的事例において、どのように、また誰によってなされるのかを問題にしなければならない。いったい、どこに、意味はその位置を定めるのか。意味は、ふつう、ものごと自体、また、ものごとと行為の関係のなかに存在していると信じられているが、大多数の人間にとってそれは、ほとんどの場合、先天的に与えられたものではなく、学習によって後天的に獲得したものである。われわれは、いわばとうの昔に書き上げられた筋書どおりに劇を演じているのであり、しかもその劇のイメージは、認識を必要とはするが、決して新たな発明を必要とはしないのである。もっとも、このように説明したからといって、それは決して、意味そのものを追加、変形、拒絶する人間の個性および能力を否定しているわけではない。そうではなくて、われわれが個々人として編み上げる意味の網は、あまりに小さく、細く、ほとんどの場合、取るに足りないものだと言いたいのである。つまるところ、意味とは、先達がすでに編み上げた網、それも、時間と空間において人間一人ひとりの生をはるかに凌ぐ広大なスケールの網のなかに、存在しているといえるのである。

このような意味の網は、各人に共通したひとつのものなのか、それとも同型の網が各人それぞれに与えられているのか、依然、定かではない。複雑な近代社会においては、この網の存在をじっさいに示すよりも、想定だけしておくほうが、はるかに容易であろう。大多数の人びとが、何が何を意味するのか、おおよそ同意しているという大前提、複雑な社会では、これをわれわれが信じることが必要なのであって、そこから、われわれが提示する意味の一般性が保証される。つまり、われわれが意味を説明しうる能力には、限界が厳として存在しているといえよう。しかも、大前提は、つねに正しいとは限らない。ある事柄が何であるのか、という点にかんして同意することと、ある事柄が何を意味するのか、という点にかんして同意することは、同値ではないからである。じっさい、非常に単純なレベルでも、このような問題は生じる。たとえば、われわれは米が豊穣を意味することを「学習する」必要があり、たしかに、いったん学んでしまえば、両者の結びつきはきわめて常識的で自然なことのように思えるが、じっさいには、そんなことはない。両者の結びつきについて、もし何らかの説明をするとしても、それは歴史が生みだしたもの、ということができる程度であろう。また、われわれが、自分の子どもに対してわれわれのしていることの意味を教えようとするとき、自分たちもまた両親からこうするように習ったのだから、おまえたちもこうしなさい、などと説明するのが関の山であろう。さて、このように学習によって獲得される意味というものは、社会がいくつかの集団や階層に分断されている場合、各集団や階層ごとに異なっている可能性がある。やはり学習によって獲得される方言が、階層によって異なっているようなものである。われわれがいまここで想定している意味の網は、このような視点からも解釈されなければならない。とくに、その意味が、いくつかの集団によって同時に使用されている場合は、なおさらである。誤って同質の網を想定してしまうと、意味が生み出され伝達されるプロセスを明らかにするどころか、かえって逆に、覆い隠してしまいかねないからである。しかし、以上述べたような視点こそ、たぶん、意味と権力が間近で接触する地点だと考えられるのである。

消費の拡大と権力

一八・一九世紀ヨーロッパにおける食事および消費パターンの大規模な変化は、決して偶然の産物ではなく、世界経済がつくりだした、いわば惰力の直接の結果であった。中核と植民地・従属地域のあいだには、いびつで偏った関係が形成され、技術と人間の両面において、近代資本主義の驚くべき生産・分配装置がつくり上げられたのである。しかし、このような変化は、誰かの手で意図的になされたものではなく、それに付随して生じた結果も、よく理解されることはなかった。たとえば、イギリスが世界最大の砂糖消費地となったプロセス、砂糖を生産する植民地とそれを精製・消費する本国との関係、砂糖と奴隷や奴隷貿易との関係、砂糖と苦味のある刺激性飲料との関係、プランテーション経済を保護し、砂糖に対する国の特別支援を勝ち取った西インド諸島インタレストの役割、国王が関税をかけるのに砂糖が非常に適していたこと、等々。これら砂糖の歴史の諸側面は、ひとからげに束ねて、「原因」・「結果」のレッテル貼りをすべきではない。いくらレッテルを貼って断言したからといって、それですべてが説明されるわけではないからである。しかし、ある種の長期にわたる傾向や、すぐにも確認できる一般的な結果などを指摘することはできる。たとえば、砂糖の〔他の商品と対比した場合の〕相対価格は、短期的にみればしばしば上昇を示すとはいえ、長期的には着実で加速度的な低下を示している。一般的にいって、砂糖の需要は一三・一四世紀のイギリスにおいてすら、かなり大きなものであったが、大多数の人びとには値が張りすぎていた。史料にみえる最古の砂糖価格は一二六四年のもので、一重量ポンド当たり一ないし二シリングであった。今日の額に換算すると、少なくとも数ポンドには相当する。一五世紀末から、大西洋沿岸の諸島で砂糖生産が開始され、イギリスでの砂糖価格は、一重量ポンド当たり三ないし四ペンスにまで低下する。一六世紀半ばにいたると、おそらくヘンリ八世の悪鋳や新大陸銀の流入によって、砂糖価格はふたたび上昇を示すが、その上昇率は他の東方物産ほど高くはない。エジプトがトルコ人の掌中に落ちた（一五一八年）のちのことであるから、たぶん、イギリスへの砂糖供給は大部分、いやそのほとんどが、すでに大西洋沿岸の諸島によってなされるようになっていたはずである。[2] 砂糖消費は拡大の一途をたどっていたが、一六世紀の最初の一〇年間における砂糖の相対価格は、それ以前の価格に比べて低くなったことがわかっている。エレン・エリスは、次のように述べている。「羊を飼い、羊毛をむやみに高い価格で売っていたイギリスの商人や地主たちは、砂糖の主要な消費者でもあり、たとえ悪鋳によって経済危機が発生しようとも、こんなにすばらしい甘みの消費をあきらめるようなことはなかったのだ[3]」、と。

一七世紀にはいっても、砂糖の価格は低下を続けた。精製糖一（重量）ポンド当たりの価格をみると、一六〇〇年には最高値で二シリングを記録しているのに対し、一六八五年にはわずか八ペンスにまで下落している。砂糖がしだいに安くなっていったことは、価格のみならず、購入の際の単位によっても確認することができる。

むかし金持ちは、砂糖を、（重量）ポンド単位か、せいぜいかたまり《ローフ》で購入していた。かたまりの砂糖は、名士へのプレゼントとしてたいへん好まれたものである。スペンサー卿のような金持ちでさえ、砂糖のストックをかたまりで購入していた。かたまりの重さは、一六一三年と一六一四年の二〇個ばかりが判明しているのみであるが。ところが、一六六四年になると、はじめてハンドレッドウェイト〔一一二重量ポンド〕単位での購入が記録され、八四ポンドの支払いが記される。もちろんそこには、かたまりの指定はない。同様の購入形式は、一六七九年にもふたたび認められる。[*4]

一七世紀中頃、砂糖生産量は著しく増大し、砂糖価格の低落をまねいた。価格低下は、一六四五年から一六八〇年にかけて七〇パーセントにものぼる大幅なものであったが、一方で、カリブ海の砂糖生産者は、生産を拡大し続けたのである。[*5]もちろんこれは、消費者にとっても重大な状況で、新たな砂糖消費人口は急激に増大した。前にもふれたシェリダンの推計によれば、砂糖消費は一六六〇年から一七〇〇年にかけて四倍、続く一七〇〇年から一七四〇年には三倍になったのである。こうして砂糖の過剰生産は、数十年間にわたって、大西洋経済全体に大きな影響を及ぼすことになった。アムステルダムでは、粗糖価格が一六七七年から八七年にかけて三分の一に低下し、[*6]イギリスでは、黒砂糖の価格が一六八六年に最低を記録した。この最低記録は、以後およそ二〇〇年間、破られることがなかったほどである。

一七世紀における砂糖消費量の増大は、ある程度は砂糖価格の低下によって説明できる。その供給は、最初ブラジルから、ついで西インド諸島からなされたのである。砂糖に対する需要は、一七三〇年代に価格が上昇に転じたのちも、ながく拡大し続けた。一度ならず発生した砂糖の短期的な値崩れは、この需要を生産が上回ったために生じたものと考えられる。一五世紀末、マデイラ島とカナリア諸島、サン・トーメ島が、新たな規模でヨーロッパへ砂糖供給をはじめた時期とか、一六八〇年代に西インド諸島の砂糖生産量が急増し、ブラジルのプランテーションの繁栄に歯止めをかけたときとか、一七二〇年代、ジャマイカやサント・ドミンゴ島が戦火から復興し、カリブ海の砂糖生産の規模を拡大させたとき、などである。しかし需要の拡大は、再三再四、生産過剰を解消し、一七七〇年代にキューバが市場へ参入して、生産が劇的な伸びを示したときですら、難なくこれを吸収したのである。一八世紀末に、新大陸以外の土地——モーリシャス、ジャワ、フィリピン——で砂糖生産が開始されるのも、このような明るい見通しによるものであった。[*7]

「新大陸以外」で砂糖生産が展開されるようになったという事実から、世界を股にかける砂糖貿易の成熟ぶりが理解されよう。イギリスは、いまや砂糖が日常必需品と化してしまったことを強く認識し、自国民に無限の砂糖供給を――戦時を除いて――確保すべく、西インド諸島のプランターに対する保護政策をしだいに弱め、「自由市場」への移行をはかった。最終的には「自由市場」体制が勝利を収めることになるのだが、それは若干の政治的損失を余儀なくさせもした。西インド諸島植民地に対する差別関税の適用を打ち切ることによって、たしかに利益を得る者もいたが、逆に、それによって損失を被る者――差別関税のおかげで数世紀間にわたって甘い汁を吸い続けていた者――もまた、存在していたからである。しかし、より多くの者に、より安い砂糖をより多く、という主張のまえに、かれらは破れ去ってしまったのである。

こうして、イギリス帝国における砂糖消費の性格と規模は、一八五〇年までにはすっかり変わってしまった。すなわち、一六五〇年頃から普及しはじめた砂糖は、一世紀ほどのあいだに最下層の人びとの口にすら届くようになり、続く一七五〇年から一八五〇年までのあいだには、もはや贅沢品たることをやめ、生活必需品へと変貌してしまったのである。一方、テンサイの生産がサトウキビ生産と競合した結果、差別関税はしだいに廃止されるようになったばかりか、そのペースも確実に早まり、少なくとも帝国内においては、生産者間の平等な競争を促進した。それはまた同時に、外国の生産者を、巨大なイギリス市場へ参入させることにもなった。

しかしながら、イギリス人の何割が、ある年度に輸入された砂糖の何割を消費したのか、などという話になると、もうお手上げで、砂糖消費はどの程度、どのようなところで急増したのかなども、よくわかっていない。だが、砂糖が稀少品から生活必需品へと変化した二世紀ほどのあいだに、砂糖輸入量と国内保留量が着実に増大していったことは疑いない。その増加率は人口増加率を上回り、一九世紀半ばまでに、イギリスの砂糖消費は空前の域に達した。いわば、かつてないほどの、砂糖への飢えである。このような事実を根拠として自由貿易主義者たちが論陣を張り、それがまた大いにアピールしたのも当然であろう。砂糖消費が極貧層にまで拡大し、この間、砂糖需要の弾力性が生み出されたのだ、とかれらは主張した。こうした弾力性への信頼は、まさに正鵠を射たものであったといえよう。一人当たりの砂糖消費量は、二〇世紀に入っても増大し続けたのであり、ここ一〇年ほどに至ってようやく、年間一〇五重量ポンド周辺で安定しているのである。

西欧の砂糖消費人口の大部分——全部ではない——が、前世紀に砂糖消費をどんどんと拡大させた結果、ついには、一人当たり年平均一〇五ないし一一五重量ポンド、一日では三分の一重量ポンドなどという例も、散見されるようになったのである。イギリスについていえば、一八五七年以降の砂糖価格の低下は、着実な消費の拡大を惹き起こした。もっとも、いくら価格の低下がイギリス人、とくに下層階級の購買力を刺激し、有効需要を拡大したといっても、それだけでは、なぜ、価格が比較的高い時期にまで、砂糖がこれほど大量に消費されたのかを説明できない。じつは、自由貿易によって砂糖の価格低下をはかろうとする動きは、イギリスの資本家階級を二分し、互いに対立するふたつのグループをつくり出していた。分断されたふたつの勢力のうち、当然ながら、産業資本家と結びついたほうが勝利を得たのである。

このように、砂糖の売買に携わる者たちが互いに競い合っている場合、イギリス帝国市場全体のなかでかれらの相対的位置づけを変化させるためには、政治権力の介入がぜひとも必要であった。ここでいう政治権力とは、勃興してきたプロレタリアの消費選択にかつて大きな影響力を与えた非公式の権力と、よほど異なるように見える。というより、はっきりと異なっていたというべきであろう。そもそも、ひとがどのようなものを食べたがっているのか、どのような食べ物を必要としているのか、などという問題は、各々の好みや希望に応じて、その選択がなされるべきものであって、そういった意味では、社会的文脈のなかにおかれているものだといってよいであろう。一九世紀半ばに、イギリスの労働者たちが煙草・紅茶・砂糖を消費していたとき、それは、一八世紀の政治哲学者たちが暗黙のうちに予見していたことを、はからずも実現させていたのである。とくに、労働者階級にとって、砂糖を多量に含む食品をより多く口にするという性向は、イギリス社会のたどった歴史に鑑みて、きわめて妥当な反応だったのである。

重商主義の理論――それは、筋の通ったしっかりとした政策とたまたま結びついた場合にのみ具体化されるので、ここでは、その範囲で問題にするのだが――によれば、「需要」

は、すべてのひと、あらゆる国において一定であるとされている。したがって、市場の成長を考慮しなければ、需要と供給は常に均衡を保つ、ということになる。政治経済学者のチャールズ・ダヴナントは、次のように言っている。「わが国の生産物のなかには、消費量に限りがあって、それを上回ると流通しないような類のものがある。たとえば、羊毛製品とか、鉛、スズなどである。これらの物資は、わが国で消費し切れなかった場合、外国へ輸出することもできるし、わが国の人口の現状からすれば、さらにそれ以上に生産されるということもありそうにない。外国にも、同様に、消費が生産に追いつかないような商品が、わずかながら存在している」[*8]。

このような考え方に立つかぎり、価格の低下は、ただ、利潤の低下のみを意味することとなり、購買力の上昇を通じてそれを補償する、などという発想はでてこない。当時の人びとは、こういった静態的な市場像を固く信じていたので、「以前は金持ちのみに限定されていた衣服や消費慣習を、平民たちが真似はじめると、道徳的な経済秩序を乱す兆候と受けとめられた。国家から富を流出させ、神の定めたもうた身分の別を掘り崩すものだ、と。上流階級のファッションが下層民へ浸透していくのを防ぐために、奢侈禁止法——たいていザル法なのだが——が、次つぎと制定されたのである」[*9]。このように、貧乏人は金持ちの好むものを消費しないし、たとえそれが可能でも、消費すべきではない、との見方が圧倒的だったのであるが、なかには、この手の消費をむしろ拡大すべきだと主張する者もいた。トマスとスレア、ベンジャミン・モズリやジョージ・ポーターなどがそうで、著作活動の時期や全体の論旨は異なるものの、だいたい次のような意見を共有していた。すなわち、砂糖が誰にとっても好ましい商品であることを強調して、需要を創出、拡大すべきであること、砂糖の消費からもたらされるさまざまな利点を、何人も奪われるべきではないこと、である。ドルビイ・トマス以降、需要の増大をはかろうという声が、イギリス帝国のなかで盛んに聞かれるようになり、これまでのように階級によって差をつけて需要を制限しようという声は、しだいに圧倒されるようになっていった。

それでは、需要の増大をはかるためには、どうすればよいのか。オランダの経済史家ヤン・ド・フリースによれば、いわゆる前資本主義的、原始的な経済にしばしばみられる経済生活上のふたつの特徴、これが根本的に変えられる必要がある。すなわち、ひとつには、家族(もしくは賃金労働を行なう個人)が、生産者としても消費者としても、さらにいっそう市場に取り込まれなければならないこと。もうひとつは、既存の消費レベルで満足したり、必要以上に働かない——いわゆる反転労働力供給曲線——などという心性が変わらなければならないこと、である。一七・一八世紀の理論家たちにとって、このように保守的な、労働者に固有の心性はきわめて自然なものであって、わざわざ外部から力を加えて変化させるべきものではないと考えられていた。ド・フリースは、ウィリアム・ペティが一六七〇年代に著わした『政治算術』の一部を引用している。いわく、「多くの貧民を雇用する毛織物業者などによって、次のようなことが観察されている。すなわち、穀物が非常に豊富なときには、それに比して貧民の労賃もバカ高くなり、労働力がまったく払底してしまうことがある（不道徳きわまりないのは、食べるためにのみ、いや、飲むためにのみ働く輩である）」[*10]。同様の観察は、一八世紀にも確認できる。「過度の窮乏が、勤勉を増進するのであり……労働者など、生産に携わる者たちは、もし三日の労働で食っていけるのならば、それ以上は働かず、飲んだくれてしまう。製造業が盛んな国の貧民たちは、生きていくのに、また不道徳な行ないをなすのに最小限必要な時間しか働こうとしないのである」[*11]。政治経済学者たちの言によれば、「ふつうの人びと」は、生活に必要な時間分だけ働いて、それ以上は一分たりとも長く仕事をしようとせず、さらには、道徳的、医学的、その他様々な見地からして、かれら自身や社会にとって百害あって一利もないような、くだらないものの消費にうつつをぬかしている、とされる。もちろん、かれらの意見も必ずしも一様ではないのであって、消費が消費者自身や国家にとって有益だという理由から、砂糖などの消費の拡大を主張する者も、いるにはいた。しかし、そのような消費の拡大は消費者の心身に悪影響を及ぼし、また、国家の政治経済を害するとして、反対を唱える者も少なくなかったのである。だが、市場の拡大や、そのなかでのシェアの拡大をはかろうとする、より「革新的」な資本家は、野心まんまんで、各自が購買力に応じて消費する権利をたてに、消費の拡大をはかる議論と歩調を合わせることとなった。このような資本家の判断は、必ずしも正しいものではなかったが――たとえば、アルコール飲料の消費は、逆に、労働効率を低下させる――、紅茶や砂糖といった刺激物のばあいは、正鵠を射ていたのである。

「一七世紀の商人や製造業者たちが、消費の拡大と両立可能な社会秩序を生み出そうとしていたというので、われわれは必要以上に、かれらの想像力や急進性を信じがちである」[*12]とは、ド・フリースの言であるが、じっさいにそのような社会秩序は出現した。その、砂糖市場への影響力は、巨大なものであったし、また、やや規模で劣るとはいえ、逆の影響力も確かに存在していたのである。

一六〇〇年から一七五〇年までの期間は、ヨーロッパ北部で急激な都市人口の増大が生じた時期である。家畜の飼育や飼葉づくりが野菜生産にとって代わってしまったため、土地をもたない民衆の雇用が進み、農業賃金労働者は当時拡大しつつあった都市へ流れ込んだのである。このような事態が積み重なった結果、人びとは、パンやビール、さらには煙草・砂糖・茶といった日常の消費物資まで、市場向け生産に頼り切るようになってしまった。それにともなって、政府の税収――逆累進的なしくみで、支払い能力の乏しい者ほど高い割合の税金を支払わなければならない――が増加し、ある程度、消費者の需要拡大を押さえ込むこととなった。しかし一方では、市場向けの家内工業が刺激され、それによって支払い資金がつくり出された。つまり、地域の生産者が購買力を維持すべく、生産を拡大したのである。ここで肝要なのは、国民経済の構造変化によってプロレタリア労働に変容が生じた点であり、飲食の新しい機会がもたらされた点である。

だが、このような変化は、決して一夜にしてなされたわけではない。そもそも、国民大多数の意見によれば、砂糖のマス・マーケットは、必ずしも奨励されるべきものではなかった。王室や、プランターと交遊をもつ議員が、プランテーション作物は十分食用に適するし、課税にも好都合であると確認したのちも、砂糖が労働者たちのあいだで消費の拡大を惹き起こすのだと強固に主張する者が出てくるまでには、さらに一世紀ちかい歳月が必要だったのである。このような主張をする者は、砂糖がどの植民地で生産されるかということにはそれほど関心がなく、なにより安い砂糖の確保を第一としたので、事実上、西インド諸島プランターと政治的に対立することとなった。

傑出したイギリスの歴史家、エリック・ホブズボームは、次のように指摘している。「産業革命初期の経済理論や経済慣習によれば、労働大衆の購買力は頼みにできるものではなかった。よく言われるように、かれらの賃金は、最低生活水準をさして上回ってはいなかったのである」。

労働大衆のひとりが、たまたま、まとまった金を稼ぎ、普段は「上の者」しか消費しないものを購入したならば（このような事態は、好況時にしばしば見られるのだが）、ずうずうしくも倹約をしようとしないということで、中産階級に非難され、嘲られた。高賃金が労働生産性を高める動機づけとなったり、購買力を増強したりするという経済効果は、一九世紀も半ばになるまで、気付かれなかったのである。しかもはじめのうちは、進歩的で開明的なごく少数の経営者によってのみ、それは認識されたに過ぎなかったのだ。*13

とまれ、このような政治論争は、最終的には、西インド諸島産砂糖に有利なように差別関税が制定されるという結末をみるのだが、プロレタリア民衆の購買力を開放するのに重要な一歩となったことも、まちがいない。安い砂糖は、一時にどっと入ってきて消費の拡大を促したのだが、それは次の二点によって支えられていた。すなわち、砂糖を使うという慣習性そのものと、その背後にある工業化社会、機械の織りなすリズムである。労働者が、より多くのものを得るためにより多く働いた、などという単純なものではなく、雇用者側も、労働者の高い生産性から、また、〔自給せずに〕店で買う品物をフルに活用することによって、大いに利益を上げたのである。*14

砂糖をめぐる諸勢力

社会科学の諸概念のなかで、権力という概念ほど、議論を呼び起こすものはない。その定義について、満足のいくコンセンサスは得られていないといってよかろう。しかし、いま、われわれが明らかにしなければならないことは、いったいどのような条件下において、一国の国民全体が、表だった力ずくの強制もなく、その行動パターンを急速に変えたのか、という問題なのであるから、この権力という語——もしくは、そのようなもの——を避けて通るわけにはいかない。もちろん、このような変化を、意思すなわち自由な選択の現われにすぎないと解釈することも可能ではある。とくに砂糖の場合、もともと皆がほしがっていたのに、最初は無理で、のちに入手可能になった、と説明することができよう。しかし、このような解釈に立つならば、イギリス人は、砂糖やそれに関係した高価で珍しいものを消費すべく、毎日・毎年、個人的なレベルで選択を行なっていたと仮定せねばならず、しかもその選択は、イギリスが国を挙げての砂糖消費国に変貌するまで続く必要があるのである。したがって、もし、権力概念を捨象してしまうならば、砂糖需要の着実な拡大から恩恵を受けたはずの社会的・経済的・政治的諸勢力を、関心の外におくことになる。それこそ愚かしいことというべきであろう。

砂糖は、たしかに、イギリス帝国の全食用商品のなかで、もっとも多く、一般大衆の支持を得たのだが、その歴史がはっきりと示しているように、砂糖の入手可能性もそれを決定する諸条件も、イギリスの大衆の手の届かない、いわば外部の諸勢力によって決定された。もう一度、歴史を振り返ってみよう。まず、イギリス人の誰ひとりとして砂糖を知らない時期があり、ついで、非常に高価な稀少品とされた時代がくる。この時代が長らく続き、やがて一六五〇年頃から、砂糖はイギリスの支配層にとって重要な意味をもつようになり、しだいに多く輸入されるようになる。まず経済的な、つづいて政治的な勢力がつくられて、サトウキビ生産や粗糖づくりの可能な植民地の獲得を支援するようになり、その地域に必要な労働力を供給するために、奴隷貿易をもまた支持する。イギリス国内で消費される輸入砂糖の割合は増大し、価格は低下した。砂糖を好むようになった人びとの購買力は、たかが知れているものの、砂糖消費は着実な伸びを示した。つまり、より多くの人びとが、より多くの砂糖を消費するようになったのである。砂糖の用途や食事のなかでの位置づけは変容し、砂糖は、人びとの意識や家計、ひいては、イギリス国内における経済的・社会的・政治的な生活のなかで、より重要な位置を占めるようになってしまった。

このような変化は、「外側の」意味——植民地・商業・政治的陰謀などの歴史、および政策決定・法律制定における砂糖の位置づけ——と関連していたが、「内なる」意味とも係わりをもっていた。消費者でなく、生産者が定めた諸条件下において、砂糖の意味づけがなされたからである。イギリスの金持ちや支配者は、砂糖に意味を付与するまえに、まずもって、砂糖そのものを手にする必要があったのであり、砂糖が普及するにつれ、その用いられ方も変わっていったのである。用いられ方によっては、まったく新しい意味が見いだされ、また、他から得られた知識と合わせて、意味づけがなされもした。

一六五〇年以降、砂糖価格が下落すると、消費量がふえ、紅茶（もしくは他の新しい飲料）といっしょに、砂糖を楽しむ者が多くなっていった。下層民への浸透は緩慢で、途絶えがちではあったが、依然として続いており、一七〇〇年以前のある時点からペースが速まり、すでにみたように、新たな消費者の食卓で、砂糖は、従来とはかなり異なった役割を演じるようになったのである。豊富な証拠からわかることだが、より多くの植民地を獲得し、多くのプランテーションを設立し、その地へ多くの奴隷を送り込み、多くの船をつくり、多くの砂糖、その他のプランテーション作物を輸入しようとするような圧力が、たしかに存在していたのである。そして、プランテーション作物が、貧民にも手が届くようになってくると、輸出市場との対比で、国内市場の着実な拡大の可能性が明瞭になってきた。

砂糖に対して陰口を叩く者が多かったことは事実だが、砂糖消費を拡大させるべく、真摯な試みがなされたことも、ほとんど疑いの余地はない。もちろん、消費者は砂糖を好んだわけだし、他の消費機会を放棄してまで、砂糖を消費したことも事実である。しかし、ここで注意しなければならないことは、砂糖という新たな作物の生産と消費から利益を得ようとする様々な勢力が、イギリス社会に出現したということである。

そもそも砂糖は、最初、西インド諸島で栽培されはじめたときからイギリス人の注目を集め、興味を呼び起こしていた。貴族や富者は、贅沢品として早くから珍重していたのだが、すぐに、有望な（しかし危険な）投資対象としても、もてはやされるようになったのである。奴隷貿易や海運業、プランテーション経営、そしてそのプランテーション・奴隷・砂糖を保証する信用の提供、また、のちには小売業や精糖業などが、金持ちや大胆な投資家にとって利潤の供給源となったが、必ずしも金持ちだけが恩恵を受けたわけではなかった。トリニダード出身のすぐれた歴史家エリック・ウィリアムズは、奴隷貿易と砂糖にかんするパイオニア的な研究書のなかで、次のような指摘をしている。すなわち、リヴァプールにおける奴隷貿易は、一〇社あまりの商会に掌握された寡占状態にあったが、奴隷貿易商の多くは、「代理人、織物商、食料雑貨商、散髪屋、仕立て屋」などの少額出資者がプールした、きわめて民主的な資金源から融資を受けていたのだ、と。つまり、「投資金は分割され、ある者は八分の一を、ある者は一五分の一を、またある者は三二分の一を、といったぐあいに出資したのである」。[*15]「大口の資金をもっていない者」は、プランテーションへの投資に直接参加する機会はなかったが、本国での小口の資金がプールされ、奴隷船とか銀行業とかが経営されたのである。しかしながら、もちろん、プランテーションそのものは、個人の所有になる企業体として営まれることがつねで、プランターは、本国である程度の財産を所有している一族の出身の場合が多かったのである。

しかし、限られた資金で、大プランターへのしあがった例もある。〔イギリスの歴史家〕リチャード・ペアズは、『西インド諸島の富』（一九五〇年）というすぐれた書物のなかで、ニーヴィス島の砂糖プランター、ピニー一族の小史を、詳細に述べている。それによると、一族の富の基を築いたアザライア・ピニーは、最初、本国の父や兄弟から乾物を送ってもらい、その商いで小さなプランテーションを購入したという。このプランテーションを基礎として、ピニー一族の富が、しだいに肥え太っていくことになったのである。ペアズは、英領西インド諸島プランター層の展開にかんする研究では第一人者であり、当地の環境では、一攫千金型の成金は生まれえないことを明らかにしたのである。そのかわりかれは、海外で活躍しようとする当時の若者にとって、本国の家族の援助がいかに重要か、また、資金のない者がプランターになるためには、簿記や法律・小売りの知識など、特殊技能の価値がいかに高かったかを、強調したのである。[*16] おそらく、重要なのは、プランテーション型植民地がパイオニア的な活動の機会を提供した点であろう。もちろんそれは、奴隷貿易についても同様であるし、プランテーション・システムによって植民地と本国で可能となった派生的な貿易・商業活動も、大いに機会を与えたのである。

およそ砂糖経済のどこかの局面にいくらかでも投資した債権者ならば、その投資額の大小にかかわらず、砂糖経済の成功に一役かっているといえる。さらに、プランターの役割ももちろん大きく、その多くが富裕階級の出身とはいえ、プランテーション経営によって自らの富をさらにふやしたのである。プランテーションの成熟期におけるかれらのライフ・スタイルや、特定の時期における本国での政治的影響力は、まことに有名である。ペアズのような沈着冷静な歴史家ですら、次のように述べている。

多くの植民地では、奴隷の食事にかんしては、もともと何の法規をももっておらず、一八世紀末になって、人道主義者が強制的に働きかけてようやく、制定にこぎつけたのである。たとえ法規をもっていた植民地でも、その要求水準はきわめて低い。フランス領の黒人法《コード・ノワール》は、一日に干物一つ以上のタンパク質を奴隷に与えるよう規定していたが、その監視は、まったくもって杜撰なものだった。何人かのプランターは、通常はまったく食事を与えず、ラム酒の支給でごまかしていた。ラム酒で食糧を購入せよというのである。また、土曜と日曜に、奴隷が自分の保有地を耕すことを許す場合もあった。その土地で自活せよというのである。ラム酒はすぐ飲まれ、土曜も日曜も潰されたり、浪費されたりして、結局、奴隷は飢えることになるのである。主人は、たいてい、奴隷へのタンパク質供給の必要を無視し、かれらがなぜハンガーストライキをしたり、シラミにたかられて夜中眠れなかったり、あげくは死んでしまったりするのか、理解できないでいた。ライゴンが述べているような、バルバドス島のプランターが催す大宴会のことを考えるとき、また、西インド諸島の不在プランターが、本国、ヨークシアの選挙区やハリエット・ウィルソンのためにばらまいたカネのことを思うとき、〔ジャマイカの大プランター〕ウィリアム・ベックフォード二世の私設オーケストラやリスボンでの乱行を思うとき、フォントヒル・アビイやコドリントン図書館のことを考えるときすら、私は、これらのおカネが、アフリカ人奴隷の一二時間労働、それもこのような貧しい食事での労働によって得られていることを思い出し、怒りと恥とを感じずにはいられないのである。[*17]

ウィリアムズは、植民地におけるプランターの状況について詳しく述べると同時に、かれらの多くが国会議員として、いかに議会を牛耳っていたかをも明らかにしてくれる。

この強力な西インド諸島派閥は、一八世紀における他の強大な独占勢力、すなわち、地主貴族や港湾都市の商業ブルジョワジーと連合することによって、選挙法改正前の議会では、あらゆる政治家に一目置かせるほどの影響力を保持していた。かれらは固く団結しており、緊急時にはどんな政府もその力を頼りにしたものである。かれらは、奴隷解放や独占廃止には強く抵抗し、砂糖への関税の増額には、徹底して反対したのである。[*18]

プランター、銀行家、奴隷商、海運業者、精糖業者、食料雑貨商、さらに、この方面で利害を同じくし、砂糖のもたらす財政的な可能性とひろがりを正確に見抜いていた政府筋の人びとなどは全体として大きな勢力を形成していた。じっさい、かれらの権力こそが、本章における重要なテーマなのである。かれらは、王室や議会の支配権を増強するために種々の権力を行使したが、それはプランターの権利を拡大し、奴隷制の維持をはかり、砂糖やその副産物（糖蜜やラム酒）を広く大衆の利用に供するためであった。イギリス政府が海軍にラム酒を支給する旨の法律を制定したのも、かれらの努力のたまものなのである。ラム酒の支給は、一六五五年のジャマイカ獲得ののち「非公式」に開始され、一七三一年からは成人船員に一日半パイント、一八世紀後半には一パイントに引き上げられた。ラム酒産業が、当時はまだ幼弱な段階にあったことを思えば、この政策は、ぜひとも必要な、いわば、穏やかな計画経済政策として機能したのである。一八世紀後半には、救貧院に対して砂糖と糖蜜を支給するよう正式に定められたが、これもまた、同様の意味あいをもっていたのである。

西インド諸島植民地派閥のかつての支援者たちは、本国における砂糖消費市場が、未開拓ながら巨大な可能性を秘めており、砂糖価格の低下さえ生じれば、すぐにも拡大をはじめるであろうことに気づいていた。それゆえ、西インド諸島植民地派閥の保護が高くつきすぎるという状況になるや、権力は、従来とは異なった方向に用いられることになったのである。奴隷制廃止論者——最初は奴隷貿易に反対し、のちには奴隷制そのものに反対した——の多くは、プランターとまったく相反する経済的利害を有しており、かれらが、プランターをプランテーションの破壊者として見る立場に立ったとき、やはり、権力は同様の動きを示した。異なった利害をもつ集団は、一時は提携することがあったとしても、経済状況が変わると、しばしば相争い、強力な同盟関係は崩れ去ってしまうのである（庶民院にかんする一七六四年の一報告によれば、五〇ないし六〇人からなる西インド諸島派議員の力は強大で、議決を思いのままに操ることができたが、エリック・ウィリアムズによれば、選挙法改正後の議会では、それと同程度に強力な、新たな連合勢力が形成された。「それは、ランカシアの綿業関係の派閥で、かれらのスローガンは独占ではなく、自由放任経済だったのである」[*19]）。

諸勢力のブロックは容易に寝返ることができ、またじっさい、寝返りもした。一見、気紛れに見えるけれども、だからといって、重大な局面で行使する権力が衰えるようなことはなかった。支配層は、その政治的・経済的影響力でもって、様々な条件を設定し、砂糖などがより多くイギリス社会全体にゆきわたるよう、配慮したのである。この影響力は、関税にかんする特殊な法的イニシアティヴのかたちをとることもあったし、砂糖や糖蜜やラム酒を購入して、海軍や救貧院などの政府機関に支給することもあった。また、純度や品質基準にかんする規制という形態をとることもあったのである。だが、それは、非公式な権力の行使をも含んでおり、公的な特権と圧力の使用が相まって、可能になったのである。そのルートは、派閥、家族のコネ、大学やパブリックスクールとの接触、暗黙の圧力、友人関係、クラブの会員関係、財産の戦略的運営、仕事の約束、甘言など、多様である。これらはいずれもが、新聞の熱心な読者には、今日お馴染みの手口であろう。

このような権力とその使用は、「外側の」意味と関連している。言いかえれば、それは、様々な形態をとって砂糖が利用される際に、それを可能にした諸条件のあり方と関連していたのである。しかしまた、権力は、「内なる」意味の形成にも、一役買っていた。

生活の変化、あるいは工業化

一六八五年、若きエドマンド・ヴァーニーはオクスフォード大学へ入学することとなり、父親はかれに手紙を書いて、持っていくべきものの内容を詳細に指示した。そのなかには、オレンジ、レモン、レーズン、ナツメグなどがあがっているのだが、「三ポンドの赤砂糖、クォーターごとにまとめた一ポンドの白い粉砂糖、一ポンドの赤砂糖の氷砂糖、四分の一ポンドの白砂糖の氷砂糖」も、リストアップされている。[*20] もちろん、当時のすべての若者がオクスフォード大学へ行けたわけではないし、こんなにも金持ちで行き届いた親は、稀であったろう。しかしながらそれでも、このリストにあがっている「毎日のおやつ」の内容は、きわめて雄弁である。それがイギリスのジャマイカ獲得からわずか三〇年しか経過していない時代であることを考慮すればなおさらである。

イギリス人の多くは、ヴァーニー家よりも貧しかったわけで、一七世紀の終わり頃、砂糖価格の低下が生じると、刺激され、プディングを好んで食するようになった。また、金持ちの食事をそのまま真似て、砂糖の別の使い方も試みるようになったのである。たとえば、アーサー・ヤングは、ナクトンの救貧院のメニューにスエット・プディングがあったと記しているが、このプディングは一八世紀につくられるようになったもので、極貧層の胃袋を満たしたのである。ヤングがいささか苛立ちながら書いているのは、このような極貧の人びとのことである。

二日間［土・日］、夕食はエンドウのポリッジだったが、かれらはもう嫌だと、バターつきパンを要求した。バターつきパンはかれらの好物で、それというのも、紅茶を付けることができるからである。しかし、これが許可されたのには、本当に驚いてしまった。かれらがいうには、自分たちの稼いだカネのうち、もし希望すれば、二ペンスばかり使うことが許されており、バターつきパンの夕食のとき、それを紅茶と砂糖に費やすとのことである。

寛大な読者諸氏は、かれらの望みどおりにしてやる必要があるとおっしゃるかもしれないが、何か別のものに使ったほうが、有意義なのではなかろうか。[*21]

砂糖の使用法がいろいろ開発されたことにより、ローカルで、特殊・特徴的な多くの意味がもたらされたが、地域レベルでのこの多様性は、葬式のときのケーキや、クリスマスのパイ、プディング、キャンディ、カスタードなどについて、綿密な地域研究がなされて初めて、実証されることになろう。その場合、そこには、つねに二種類の使用法が含まれているはずである。上流階級の使用法（そして、その意味づけのいくつか）が、「強化過程」のパターンをとって、下へ外へとひろがっていくものと、それとはまったく対立するかたちで、新しい使用法がほとんど独自に開発されるものと、である。この二種類の展開が競合することで、権力と「内なる」意味との関係が明らかにされるのである。

日常生活のなかの行為とか、物事とか、それらのあいだの関係とかは、種々の社会勢力によって、異なった意味の単位へと変えられるが、それはたとえば、食事行為を包含する儀式において確認できる。儀式では、非日常的な食物（その儀式以外ではタブーとされていたり、伝統にのっとって昔風のやり方で料理されたものなど）を用いたり、日常的な食物を用いる場合でも、その儀式の文脈に沿って、まったく異なった意味づけを行なったりするからである。どちらのケースも、例示には事欠かない。過ぎ越しの祝いの正餐、聖餐、感謝祭の七面鳥などである。また、あるまとまった時間（たとえば「週」）の最後、すなわち安息日を、特別の料理でもってきっちりと示す慣習、これもまた、広く認められるところである。

一七・一八世紀のイギリスでは、洗練された新しい砂糖の使用法が、宮廷や金持ち、支配階層の儀式や式典に取り入れられた。このような習慣は、もともとフランスやイタリアのものだったのだが、国王の訪問とか、菓子職人や砂糖職人のイギリスへの定着とか、支配階層間の国際的・社会的なやりとりを通じて、もたらされたのである。砂糖の使用法は、

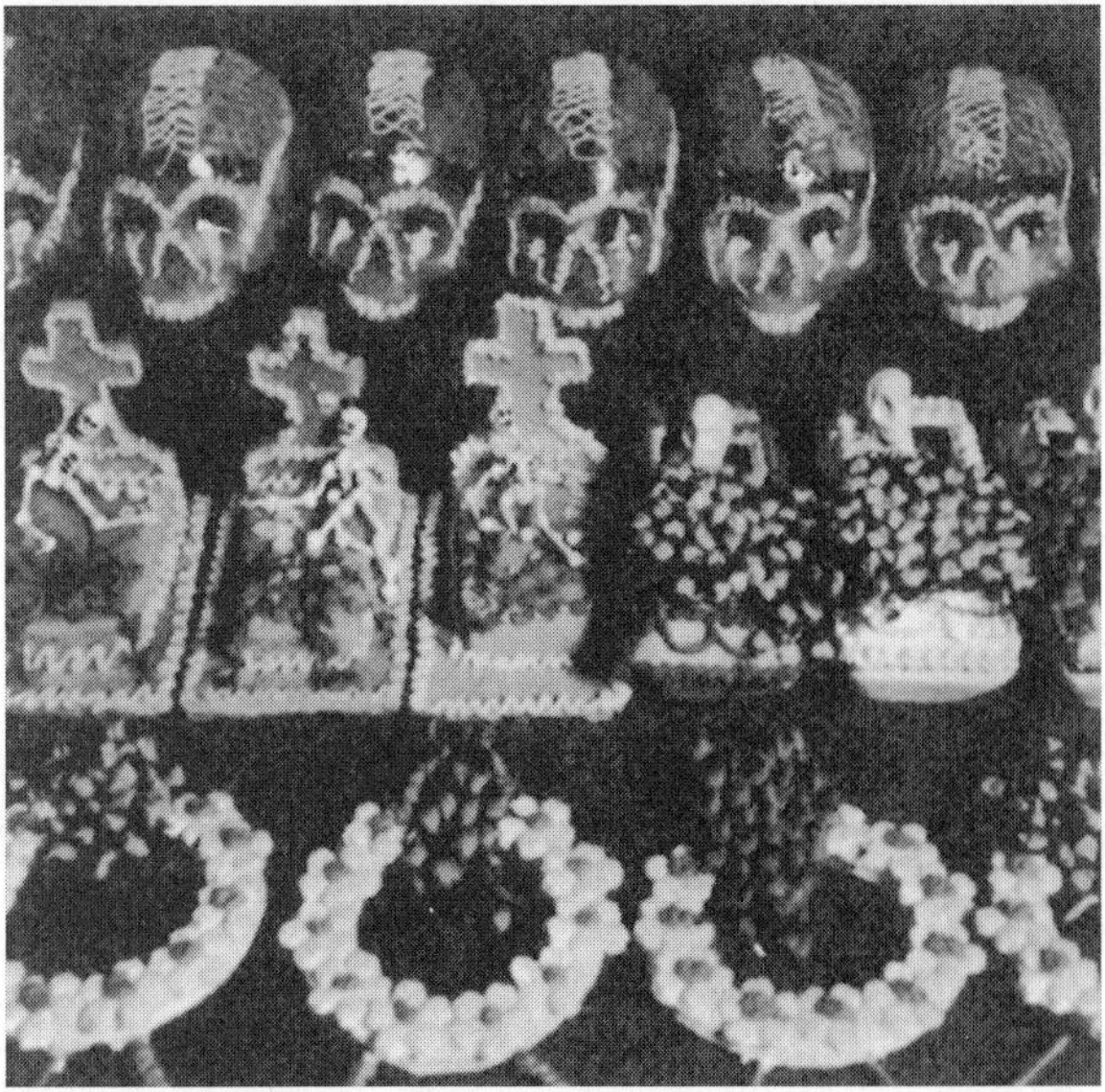

砂糖菓子の頭蓋骨，墓，花輪，芸術的な創意工夫を凝らした，びっくりするような飾りつけ。メキシコの万聖節の模様である。儀式の際，砂糖と死が芸術的に結びつくのは，メキシコに限ったことではない。多くのヨーロッパ諸国で，葬式には砂糖菓子が供される。砂糖は復活祭とも結びついており，対照的である。

それが下層へ浸透してゆく過程で、だんだんシンプルなものになっていったはずである。というのは、経済的な理由ばかりではなく——もちろん、経済力の差異は非常に重要であったが——、大衆には、自分たちの相対的地位の確認に係わりあっている機会などなかったからでもある。とまれ、「拡張過程」と「強化過程」の両方のパターンの例をあげると、以下のようになろう。休日の肉や鶏といっしょに香辛料と砂糖という奇妙な組み合わせが用いられた例、宗教上の休日に様々な種類の糖果のもてなしがされた例、お礼やお見舞いに何か甘いものが贈られた例、別れや出発の儀式（葬式も含む）の際、パンなどとともに甘い飲料が振る舞われた例、などである。

かつては、式典や儀式が、聖・俗の権力ないし権威を象徴化するのに一役買っていたのだが、それを支える力がなくなると、そうした権力や権威を強化し、盛りあげる式典や儀式も社会の上層から下層へと広まっていった。ここでのポイントは、そのようなかたちの消費が、階級の特権ではなく、経済的条件によって可能となった点である。時の経過につれ、砂糖が、このような変容を促進する最適の例だということも、わかってきた。労働大衆の消費行動と自己認識との関係が、イギリス社会において生じたその他諸々の事柄と整合するようになったときはじめて、かれらは砂糖をセレモニーに用いるようになったのである。砂糖は長きにわたって贅沢品とみなされてきたし、それを供したり供されたりした者には、特権的雰囲気がもたらされたものだが、いまや廉価となり、比較的貧しいひとにとっても、砂糖の「衒示的消費」、すなわち、歓待のために用いたり、セレモニーで使ったり、社会的紐帯を確認するために使用することが、可能となったのである。

砂糖を何か非日常的なもの、儀式に用いられ特殊な意味をもつもの（つまり、「強化過程」のパターン）とした諸々の慣習、また一方で、砂糖を日常的で不可欠なもの（つまり「拡張過程」のパターン）としたより一般的な変化、この両者のプロセスを、質的に確実に弁別し、さらには区別しようなどとは、当時のどの社会層のひとも考えなかったであろう。しかし、両者にきっちりと一線を画することは、かなり有効である。というのは、そうすれば、イギリス社会の支配勢力の分析に光を投げかけることになるからである。砂糖は多くの人びとにとって目新しい食物だったのであるから、支配層から被支配層へと浸透していく過程で、イギリス人の生活上の意味が獲得され、その際、支配層の規範がある種のモデルを提供したのである。

もともと、紅茶や砂糖、ラム酒、煙草などは、労働大衆が、自分たちの生活のテンポと合わせながら用いていたのだが、数世紀のあいだに、農村的・農業的・前資本主義的なイギリス社会は大きく変貌し――もちろん、なべて規則的・均一的というわけではないが――、消費の新しいパターンが成立した。労働スケジュールのペースが速まり、農村から都市への移動が加速され、工場制度が成立し普及するようになると、砂糖はにわかに注目されることになったのである。このような変化は、食生活のパターンに、さらに大きな影響を与えた。すでにみたように、新奇なもののなかでもとりわけ、カロリー価の高い砂糖によって甘みをつけられた温かい刺激性飲料と煙草とは、食事そのもの、さらには食事の定義そのものをすら変えたのである。他方、同時に経済状況の変化によって、食事のスケジュールの方も変わってしまったのである。

意味の観念と権力が交差するのは、まさにこの点においてなのである。一七世紀に砂糖の消費を勧めた人たちも、よもやイギリスがこんなにも早く、国をあげての砂糖消費国になろうとは、予測していなかったに違いないが、かれらやかれらの属する階層の人たちは、イギリス社会がより多くの砂糖を消費するようになるであろうと保証はしていたし、じっさい、奴隷貿易やプランテーション制度、奴隷制、さらには本国における工場制工業の展開によって、イギリス社会はより豊かにもなった。個々人の努力の結果、贅沢品の代名詞だった砂糖は、労働者の手に届くものとなり、大衆に苦痛を忘れさせるいわば一種のアヘンとして、その消費は、それを生み出したシステムが成功裡に作動していることを示すシンボルとなったのである。

やがて一九世紀の中頃になると、より安い砂糖をイギリス市場に導入すべく、関税の平準化を求める動きがでてくるが、その運動のもっとも有能なリーダーのひとり、ジョージ・R・ポーターは、かれ自身、砂糖のブローカーであり、国内の食習慣の鋭い観察者でもあった。かれは一八五一年に次のように書いている。「砂糖は、生きていくのに絶対不可欠というわけではないにもかかわらず、わが国では、ほとんどすべての階級のひとが、日常それを口にしている。長年の習慣のなせる業であって、他のヨーロッパ諸国で、こんなにも砂糖を食べているところは皆無であろう」[*22]。イギリス国民は、もしできさえすれば、もっと多くの砂糖を口にする用意がある、こう考えて、ポーターは砂糖関税に反対したのであり、かれの目には、関税が貧民に不適当かつ不正な負担を負わせるものと映ったのである。かれのいうには、一八四〇年代、金持ちの家計に占める砂糖の比重はきわめて小さく、たとえ砂糖が六ペンスであろうが一シリングであろうが、容易に、それまでと同じ量だけ購入できた。しかし、金持ちでない者にとっては、状況はかなり異なっていた。ポーターは、自分の意見をいっそう説得的にするために、あえて階層間での消費の差異にかんする、なかなか賢明な推計を行なっている。まずかれは、砂糖価格が上昇した一八三〇年から四九年にかけて、砂糖消費が全体として落ち込んだとする。「唯一の例外は一八三五年だけであり、なべて、価格の上昇は消費の縮小をもたらし、価格の下落は需要の増大を惹き起こしたのである」。ついでかれは、「注意深い研究に基づいて」、上流・中流階層をイギリス全人口の五分の一程度と概算し、一八三〇年代におけるかれらの砂糖消費量（すべての用途を含む）を、一人当たり年間、約四〇ポンドとする[*23]。したがって、かれの計算によれば、イギリス国民の五分の四を占める階層の年間一人当たりの砂糖消費量は、一八三一年に一五ポンド、一八四〇年に九ポンド（このときは、関税が高くなっていた）、一八四九年に二〇ポンドと、結論づけられるのである。この推計に加えて、かれは、さらに興味深い観察結果を提示している。すなわち、海軍の兵士全員に、公的な支給品として一日当たり一・五オンス、一年間にすれば三四ポンドの砂糖が配られていたこと、公営の養老院で、同時期、貧しい老人に対して年間約二三ポンドの砂糖が与えられていたこと、である。

少し別の角度から眺めてみよう。西インド諸島プランターの利益のために設定された差別関税――たてまえの上では、新たに解放された西インド諸島の人びとのためということになってはいたのだが――が廃止されるまえ、すなわち、砂糖価格が世界レベルでの均衡点を模索し始めるまえに、イギリスは、貧民の砂糖消費に対して課税しており、先に見たような公的な支給を受けている船員や貧民よりも、それ以外の貧民層の砂糖消費のほうが、低く押さえられることになったのである。西インド諸島植民地のプランテーションは、最初、ヨーロッパ大陸へ砂糖を輸出し製品を輸入するというかたちで、大いに利益を上げていたのだが、すでに述べたように、イギリスの国内需要が、最終的には、完全に砂糖の再輸出貿易を圧倒してしまった。つまり、砂糖は、まさに英領西インド諸島の奴隷制と奴隷貿易の土台だったのであり、その生産に従事させられたアフリカ人奴隷は、その消費を身につけたイギリスの労働大衆と、経済関係を通じて明らかに繋がっていたといえるのである。

奴隷解放はたしかに、プランター階級にとってみれば敗北だったが、商業の拡大や消費の増大を望む本国人にとっては、勝利であった。(新たに解放された者を「保護するため」という名目で)、プランターへの補償がイギリス政府によって支払われたが、かれらは、差別関税や貧民の砂糖消費によって、それ以上に報われていたといえよう。一八五二年、自由貿易論者の攻撃によって、差別関税を支える法律が掘り崩されはじめたとき、関税は西インド諸島植民地の解放奴隷を保護しているのだという、しらじらしい主張もなされたが、じっさいにはもちろん、関税の機能はそんなものでは全然なかった。関税はまちがいなく西インド諸島のプランターを保護していたのであり、そのために、砂糖産業の機械化にあまり魅力がなくなり、イギリス本国での砂糖価格が高く保たれてしまったのである。

そのうえ、プランターが各種の自由化によって受けた「傷」は、英領西インド諸島全体としては、容易に癒されることとなった。外務省が、インド・中国などからの契約移民の受け入れを黙認したからである。さらには、特別な法律が制定され、解放奴隷が投票したり、土地を獲得したりすることが不可能となった。その目的とするところは、新たに解放された者たちが砂糖産業を離れて生計を営むのを防ぐこと、また、かれらが賃金や労働条件の改善のために本国の労働者たちと同じように団体交渉やストをするのを防ぐこと、である。これらの策略はうまく機能した。したがって、かつてのように、イギリスで消費される砂糖の大半が西インド諸島で生産されるということは、もはやなくなったものの、西インド諸島は「砂糖諸島」でありつづけたし、そこで働く人びとも、しぶしぶながら、農民として「再編成される《リコンスティテューテッド》」か、プロレタリア的な農村労働者になるか、どちらかの経済的境遇に甘んじるほかなかったのである。もちろん、そのどちらも経済的に不安定な境遇であったことは、いうまでもない。アフリカ人の奴隷が西インド諸島植民地でイギリスむけの砂糖生産を行なっていた二世紀間、経済的な相互関係やその出現の環境という点において、かれらは、イギリスでふえつつあった都市の工場労働者と、密接に繋がっていたのである。こうして、西インド諸島植民地の奴隷たちは、自由にはなったものの、本国からはほとんど完全に無視され続けた。その後一世紀余りのちになると、かれらは帝国の中心部へと移住を開始し、ふたたび、本国人たちを不安に陥れることになるのである。

しかしながら、このような問題は、ポーターのごとき者にとっては関心の外にあった。かれは、本国における砂糖消費の増大にのみ、興味を抱いていたからである。西インド諸島のプランターが（そしておそらく西インド諸島の解放奴隷が）やっていけようといけまいと、かれにとってはどうでもよいことだったのである。現にかれは、「砂糖価格の高さと、われわれの西インド諸島植民地で先ごろ解放された奴隷たちの幸せとを、容易に同一視する」人びとの過ちを指摘し、解放されたということだけで、奴隷は十分に報われたのだと主張している。[*24] 結局、ポーターら「自由貿易論者」が勝利をおさめることとなり、二〇年のうちに、西インド諸島産の砂糖に対する特別な保護条項は、すべて廃止されたのである。

こうして砂糖価格が低下すると、砂糖の新しい用い方が現われてきた。マーマレードやジャム、コンデンスミルク、チョコレート、シャーベットなどである。砂糖への保護関税制度に最初の亀裂が入ってから半世紀のあいだ、イギリスの労働者階級は、砂糖への飽くことのない執念を抱き続けていたといえよう。それが砂糖についてのかれらの以前の経験や、食事のバランスとも関係していたことは確実である。

わが国民の大多数にとって、砂糖とは刺激物である。インスピレーションの、といわないまでも、即効的なエネルギーの源なのである。それは、アルコールのかたちをとっていようと、そのまま食されようと、同じことである。じっさいのところ、貧民の家庭で非常に多くの砂糖が消費されているという事実は、かれらの食事の貧しさと深く関係している。砂糖は、いわば副次的な満足を与える食品であると同時に、とりあえず、ひとを元気にするのである。この点は、砂糖の消費を考える際、非常に重要で、とくに砂糖の概念が、子ども向けの甘いおやつや、パンなどにぬる「スプレッド」を含んでいる場合はなおさらである。ここまでくると、次のような疑問は避けられない。そもそも食物とは何なのか、食物への支出とは何なのか、どれだけ必要なのか、と。このような質問には、たいした意味はないのだろうが、わたしは次のような文句——たぶんバーナード・ショーの『地代についてのエッセイ』だったと思うが——を思い出す。「仕事用の馬には干し草をやり、狩猟用の馬にはカラス麦を与える」。この文句は、われわれが国民をあつかう際の態度を言いえて、妙である。派手な職種のひとには、多くの刺激や副次的満足を与える食物を提供し、下層民には、非刺激性の、貧しい食事をあてがうのである。……経済的観点からするならば、支出可能な一定の金額によって購入される食料は慣習によって決まっており、これらはなべて純粋に階級の問題なのである。[*25]

アッシュビーは、イギリスでは早くから砂糖や刺激性飲料が広まっていたことにふれて、食事の変化の一面に言及している。また、スレアとモズリの書いた、紅茶と砂糖への賛歌や、デイヴィス師の憤りを含んだ諫めの言葉――貧乏人は、できることなら紅茶など飲まず、ミルクか少量のビールを飲むべきだ――に出くわすと、人びとが一八五〇年以降、砂糖価格の低下ゆえにより多くの砂糖を消費するようになったとの結論は、やや単純にすぎるとも考えられよう。砂糖の使用がすでに慣習化されていた以上、砂糖に餓えたイギリス国民が、ほとんど無尽蔵の砂糖供給を獲得することになったとき、意味と権力はここにおいて接点をもったのである。生産が消費と結びつかなければならない理由、そして、いわゆる「内なる」意味が、より大きな「外側の」意味と結びつかなければならない理由が、ここにある。

われわれに多大の喜びを与えてくれるものでも、あまり勝手に使い過ぎると、逆に害をもたらすという事例は、日常しばしば見受けられる。しかしながら、砂糖の場合、これはあてはまらない。砂糖には有害な成分がなんら含まれておらず、その使用によって害を被るなどということは、ありえないからである。紅茶に砂糖を入れて飲んだために「胆汁質」になったなどという者には、砂糖を控えめにして飲むように勧めたい。また、極上の砂糖を任意の量だけ用いて、そのような症状が出たという者には、ソフトでバルサム質のものを使うよう、提言する。そうすれば、不都合はなくなるであろう。*26

一八世紀中頃、匿名のある砂糖好きはこのように述べており、その砂糖狂ぶりはとどまるところを知らないほどである。かれによれば、母乳すら、砂糖を加えることで改善される。糖蜜は、とくにパンに塗ったときには、バターやチーズよりも栄養があるとされ、エールやビールは、醸造時に砂糖を添加すれば、でき上がりが良くなるという。ラム酒はブランデーよりも健康によく、熟していない果実すら、砂糖といっしょに食するとおいしくなるとのことである。

このような手放しの賞賛は、当時、一般的であったものだが、そのまま鵜呑みにすべきではない。メッセージの内容がどうであれ、これらの賛歌も政治的なパンフレットとして機能しており、議員のほか、判事、医者、士官、商人、地主などが読者だったのである。

このような「革新的な」思想は、砂糖などの輸入食品にかんする法律に、累積的な影響を及ぼした。だが、イギリス国民のなかで、急速に新しい食事のパターン――すべての階級に共通のパターンもあれば、階級によってかなり異なるパターンもあった――が形成されたという事実は、簡単な法律や、狭い意味で定義された唯一の「理由」などによって、安直に説明されうるわけではない。われわれの、そもそもの砂糖好きとか、物質世界に象徴的意味を付与する能力とか、食物の摂取という生物学的に――しかも社会階層と関連した――複雑なメカニズムなどのすべてが、イギリスでの砂糖消費の拡大に一役買っていたのである。しかし、これらとて、なぜ砂糖消費が時代と階層によって変化するのか、なぜ、異なった時点、異なった方法で、ある社会勢力が他の勢力の行動に影響を与えるのか、説明できない。

他方、労働者階級の生産性の上昇、食事を含むかれらの生活状態の劇的な変化、支配層と張り合う性向、発展する世界経済、資本主義的なものの考え方の普及など、一連の要素も、そのひとつひとつを対比して測ったり、重要度に応じて順序をつけたりはできない。しかし、こうした要素は、先に述べたような、われわれの本来的な性質とか、象徴化の能力とか、社会的条件に基づいて生物学的な満足を求める性向とかいったものからは、厳として区別されうる。後者は、恒常的かつ天賦のものであって、その機能は叙述可能であるが、その根源はどこにあるかとか、結果がいろいろ違ってくるのはなぜかなどという点については、説明できないからである。

砂糖などの食品が、かくも複雑な社会のなかで、いかにしてある特定の集団・階層の食卓に適合したのか、という問題を分析するまえに、それがいかにして最初の地位を獲得したのか(とくに、砂糖のような「最近の」輸入品の場合)、どんな勢力がその使用の拡大に影響を与えたのか、つまり、この場合、たんに新奇な稀少品であり、ときにはなくてもよいものとさえされていたものが、絶対的な必需品となったのはなぜなのか、といった問題を解明しなければならない。近代社会の食物について研究している人類学者たちが、そもそも、その食物はどこからもたらされるのか、誰がつくるのかという点にまったく無関心なのは、考えてみれば、奇妙なことである。かれらの無関心ぶりは、食を扱う人類学者の伝統に根ざしているといえよう。トロブリアンド諸島民やティコピア族、ベンバ族など、文字をもたない未開社会を叙述する際には、食物に多大の注意が払われ、その生産の性質や状況、起源、利用可能性などが、社会学的分析の不可欠な特徴とされる。[*27] しかし、これらの諸特徴は、近代社会の食制度が研究の俎上に載せられたときには、分析の対象とはならない。たぶん、その生産と消費環境が、あまりに掛け離れているように見えるからであろう。たしかに、現在のわれわれは、自分の食べるものを自分でつくってはいないし、ふつう、それは全部——もしくは、ほとんど——他の非生産者から購入するしくみになっている。およそ、文化人類学者たちが研究対象としているのは、ほとんど自給自足の小さな

「原始的」社会、そこから聞こえる遥かかなたからの呼び声なのであって、肝心の複雑な近代社会においては、食物生産と消費は、まったく別ものとして捉えられているのである。しかし、それでもやはり、いつどれくらいの量の食物が入手可能だったのか、その入手可能性ゆえ、どのような選択がなされたのかなどは、十分、検討に値する問題であろう。今日でもまだ、生産と消費は繫がっているのであって、砂糖の場合、はじめのうちその生産は、特定の消費者集団を想定して行なわれたのだが、結局は、イギリス国民全体がその消費者になってしまったのである。

イギリス人の生活のなかで、食物はどのように儀礼化されたのかという問題、すなわち意味の問題を、時代や階級に触れないまま研究するとすれば、それは、ある時点でのイギリス国民全体を対象とした研究にしかならないであろう。つまり、歴史的背景が欠如している場合、意味体系は、現在の枠組みのなかで捉えられることとなり、食物の意味や使用法を明らかにするどころか、かえって不鮮明にしてしまうのである。過程を時間軸から切り離すことは、砂糖消費を生産から引き離すことにも似て、議論を一点に限定してしまう。物事がかくあるのはなぜなのかという問題の解明が、社会システムの諸部分間の位置関係へと矮小化されてしまうのである。しかし、過去を振り返ってみるならば、その社会システムの諸部分間の関係が、そもそも時間の経過にともなって、いかにしてつくられてきたのかをみることができるのである。

砂糖は、エキゾティックな贅沢品から労働者階級の必需品へと変わってしまった好例だが、このような輸入品は、当時増大しつつあった本国の資本家階級にとって、新しい政治的・軍事的重要性、それも金・象牙・絹など耐久性のある奢侈品とは異なった重要性をもっていた。プランテーションは、本国で再投資するための資本の直接移転を通じて、また、本国からの完成品の輸出を通じて、長いあいだ利潤の源とみなされており、[*28]あくまでも仮説ではあるが、そこで生産される砂糖などの「くせになる」食品は、農業・工場労働者の食物としてかれらの胃袋を満たし、とりこにすることで、本国の労働者階級の創出・再生産コストを、全面的にしかも大幅に引き下げたのである。

では結局のところ、どのようにして、イギリスの労働者階級は、砂糖を食するようになったのか。労働者は、より多く稼いでより多く消費すべく、より多く働く傾向をもつというのは、近代的な食のパターンが展開してゆくなかで出てきた決定的な特徴といえる。新しい商業精神にとっては、この傾向を認識し、それを美徳と認めて奨励し、発展させることが、ぜひとも必要だったのである。当時、イギリスの農民の生活は激変し、農民は「解放」されたが、こうした経済・政治上の秩序の変容は、商業精神を解放することとなった。このことは、熱帯の植民地の獲得・開発をもたらし、しばしば、新しい食物が本国へ導入されることになったのである。私が言いたいのは、砂糖のような物資の消費が高まったのは、労働大衆の生活に深く根ざした変化の直接の結果だということであり、それによって、食物や食事の新しい形態が受け入れられ、あたかも、新しい労働スケジュールや新しい労働の種類、また日常生活の新しい諸条件のごとく、「自然化」されたということなのである。

しかし、だからといって、イギリスの労働者たちが、このような変化を受け身のまま、たんに傍観していたというわけではない。一八世紀の史料には、次のような記述がある。

イギリスでは、いくつもの階層が、お互いに重なり合っていてほとんど相互に区別がつかないくらいである。この平等の精神は、イギリス国民の全階層を貫徹しているのである。したがってまた、様々な状況・条件において、お互いに張り合うという強力な競合関係が生じてもいる。より下の階層の者は、とりあえず、すぐ上のレベルの階層へ上昇しようとして、飽くことのない野心を抱き続けるのである。こんな具合であるから、流行がひろがる力はむやみに強力で、おさえようもない。ファッショナブルな贅沢品は、あたかも伝染病のごとく、国民の間にひろがってしまうのである。[*29]

この文章の著者は、「平等の精神」というものを、やや誇張し過ぎているきらいがあるが、「より上の者」の趣味とか習慣とかを真似ようとする労働者階級の役割については、当時の他の文筆家も触れているところである。[*30]

支配層のあいだでみられた労働大衆への相異なった態度、そして金持ちが食べている新しい食物に手を出してみようとする労働大衆の性向、一八世紀後半には、まちがいなくこのような傾向が互いに作用し合ったのである。一九世紀に入ると、近隣諸国がイギリスのあとに続いた。都市化・工業化が進み、食事のスケジュールを労働のスケジュールに合わせようとする試みがなされ、しばしば出来あいの外食で食事をすませるように、また、多くの砂糖を消費するように、労働者が教育されたのである。労働者を十分に刺激すれば、さらに生産性が上昇する可能性があることを、支配者たちは認識していた。労働者が新奇な食物を生活必需品へと変えてしまうのにやぶさかでないことも、かれらは見抜いていたのである。

このような変化の「決定因」は、幅広い経済諸力がつくりあげた文脈、もしくは状況の複合体である。この文脈のなかで、新しい食物の「選択」がなされる——というよりも、選択していることを認識するまえに、すでに、一定のかたちを与えられるのである。一〇分間のコーヒー・ブレイクに、デニッシュ・ペーストリを食べるか、フレンチ・ドーナツを食べるかというのも選択であるが、この選択がなされる状況そのものは、たぶん自由に選択されているわけではなかろう。三〇分の昼食に、マクドナルドのハンバーガーを食べるか、ジノのチキンを食べるかといった類の選択においても、その選択自体よりも、その選択がなされる状況のほうが、より重要なのである。

同様に、真似とか競合とかいう行為も、歴史的文脈なしに——たとえその文脈が、象徴としての意味をもっていたとしても——生じることはない。労働者が、支配階層の行動のなかでじっさいに何を真似したのか、そして、それによって何を意味し、伝えようとしたのかなどということは、いつでもはっきりしているわけではない。喫茶の習慣がいい例である。イギリスの労働者は、特権階級を真似て紅茶に砂糖とミルクを入れて飲むようになった（ふつうは質の悪い紅茶、二番煎じの紅茶を使い、ときには一切れのパンにお湯を注いで、糖蜜で甘みをつけた）のだが、この習慣にすっかり夢中になってしまったので、第一次世界大戦に至るまで、かれらの紅茶の消費は着実に増大を続けた。第一次大戦も、短期間、消費の上昇傾向を遮ったのみである。この説明だけで、砂糖入り紅茶の消費の増大を、労働者階層の真似のせいだと決めつけるわけにはいかない。次のような諸点も、同様に重要であろう。砂糖入り紅茶が温かく、刺激的で、滋養に富んでいたこと、困難な条件下での賃金重労働が、喫茶の環境にマッチしたこと、紅茶は冷めた食事でも、温かく感じさせる効用があったこと、などである。また、紅茶や砂糖などが生産される場所、イニシアティヴをとるひと、そこで働く労働者のタイプ、どのような管理がなされるのか、また、それが消費される場所——これらのあいだに密接な関係が保持されていたことも、重要な要素といえよう。結局、帝国は、単一の政治システムのなかで、プランテーション奴隷というカテゴリーを創り出し、ついには工場労働者というカテゴリーをも創造したのであって、これらを次つぎに用意することによって、莫大な利潤を手中にしたのである。

では、以上のことから、何が言えるのであろうか。なぜ、イギリス人はかくも熱狂的な砂糖消費者になってしまったのだろうか。イギリス人が、とくに生来、甘いものが好きだったというわけではなさそうだし、人間という種が、象徴によってコミュニケーションを行ない、食を含むすべてのもののなかに意味を創り上げるものだから、とも言えない。社会的により下位の集団が、より上の者を真似たというだけでもないし、寒冷・湿潤な気候のなかで暮らしているひとのほうが、そうでないひとよりも砂糖を好むとも考えにくい。たぶん、もっと身近な要因のほうが、より説得的であろう。つまり、イギリスの労働者の食事が、カロリーや栄養の面において不十分で、また単調でもあったという点である。かれらは、朝食と昼食には温かい食事をとることができなかったうえ、新しい労働スケジュールや、雇用条件の変化、農業労働者の地主への依存関係の終焉、問屋制度と工場制度の展開などによって、食習慣を変えざるをえなかったのである。より広い解釈の基盤をつくるためには、上の階層を真似るという、人びとの性向も考慮しなければならないが、それも、これらの諸要因に照らし合わせる必要があろう。砂糖への賛辞の数々をみるとき、それが書かれた当時、しだいに都市化が進み、時間の意識が厳しくなりはじめ、工業化が進行していたことを思うと、ハンウェイよりもスレアのほうにより真実味を感じるのも、驚くには当たらないことなのである。

しかしながら、それでもなお、砂糖や紅茶のようなものは、一般民衆の自由が増大しつつあったことを示す証拠であったといえる。それは、かれら自身の生活水準の上昇に、自ら関与する機会の増大を示してもいた。だが、このような解釈は、同時に、いくつかの問題点を生み出す。たとえば、民衆は自らの意思で、まったく自由に選択をしているつもりでも、じっさいの選択の許容範囲は、権力によって定められた枠組みのなかにしかなかったという点、また、砂糖などは、イギリス人の生活の新奇な飾りだったのが、適度な自尊を伴う歓待に不可欠なものになってしまったのだが、その際、人びとは、それらに意味を付与しつつ、また、その消費を楽しむためにお互いに教示し合いつつ、それらを日常生活の一部として取り込まねばならなかったという点、などがそれである。

砂糖がイギリス民衆の手に届くようになったのは、決して、象徴をつくり上げたり、意味を付与したりするプロセスの働きによるものではない。それは、イギリスの一般市民にとっては、想像もつかないような組織をもった政治的、経済的、軍事的な力が作用した結果だったのである。砂糖や苦味のある刺激性飲料を生産するためには、大量の強制労働力が必要とされたが、それがうまく手配されなければ、望む量だけ生産を行なうなどということは、とうてい不可能であった。したがって、それらがすべてうまい具合に確保されてはじめて、意味を見つけ、付与するという、すばらしくもユニークな人間の能力が行使されることになったのである。つまり、食卓に供される商品の生産と、それを象徴として利用することは、砂糖生産を行なうアフリカ人奴隷とこれを消費するイギリスの労働者のどちらにも手の届かないところにあったといえる。奴隷と労働者は帝国の経済体制を担ったのだが、その体制は一方に手枷を、もう一方に砂糖とラム酒を与えることになったのである。消費者にとって、選択の自由の拡大はたしかに自由の一種ではあったが、それも、一面的な自由にすぎなかったのである。

ポーターは砂糖価格の低下が消費の拡大を惹き起こしたと主張したが、この議論は、一九世紀後半に大いに妥当する。この時期、砂糖の消費税や関税が引き下げられていたのである。もちろん、政府の政策として、まえから徐々に税率は引き下げられていたのだが、一八七二年までには、ついに半分になってしまった。税の歴史を書いたS・ドーウェルは、二世紀にわたるその動向を巧みに描写している。

注意深く、先見の明のある多くの人びとは、われわれの財政制度全体を頭においており、飛躍的な繁栄を一時的なものと捉えて、それを国家の進歩の常態とは考えないはずである。つまり、そうした人びとは、将来の可能性に注意を向けているのだが、かれらの考えによれば、われわれは、税の引き下げを阻止すべきだったのかもしれない。というのも、このままでゆけば、税の全廃にまで話がすすむ恐れもあるからである。かれらの意見によれば、なかでも砂糖税は、紅茶やコーヒーに対する税と同じく、とくに重要な位置を占めている。しかし、この税は、平和時においては、低い水準に保ってさえおけば、国民全体に均等に負担を求めることになるので、強圧的なところはみじんも感じられないし、戦時には、国家を助ける強力なエンジンとなるのである。このような税を捨て去ることは、イギリスの税制度から大黒柱を抜き取るようなものであるというのである。[*31]

個人の消費コストの上前をはねるという、国家による搾取システムの創出に、これらの税が果たした役割はきわめて重要である。砂糖やその他のエキゾティックな生産物――とくに、砂糖と混ぜて食する、苦い、習慣性刺激物――のなかで、砂糖は、最適の課税対象であった。それは、ひとつには、紅茶などと異なり、密輸に適さなかったからであり、砂糖が国庫に多くの富をもたらすにつれ、課税対象としての価値は、いや増したのである。砂とすれば、その消費を持続し拡大するために大いに注意が払われたのも、ゆえなしとしない。また、砂糖は紅茶や煙草と同じで、たとえ不作によって価格が上昇しても、収入源として大いにあてにすることができた。さらには、ドーウェルの言うように、その消費があまりに広く行きわたってしまったので、「強圧的なところは、みじんも感じられなかった」のである。このようにして、新しい自由は、砂糖に支配の鍵を付与したのである。

砂糖などの食物がイギリス人の食卓に占める位置が変化し、大衆消費の最終的な結果が認識されはじめると、砂糖価格はしだいに世界市場の作用によって定められるようになっていった。だが、いきなりこう言ったのでは言い過ぎというべきであろう。それというのも、砂糖ほど、世界市場で政治活動の対象となった商品は、ほかになかったからである。砂糖はあまりにも重要な商品であったから、古い時代にも西インド諸島のプランターたちのみに委ねられることはなかったし、また、のちになっても、市場の諸力に全面的に委ねられることもなかったのである。砂糖は、商工業的な富の源であると同時に、官僚的な富の源泉でもあったといえよう。砂糖市場——潜在的なものも含めて——の大きさがひとたび理解されるや、その支配を維持することが肝要となった。砂糖は、いろいろなものを巻き込んで、大衆消費に隠された強大な権力を、いわば脚色したのである。砂糖市場を支配し、その最終的な結果に責任をもつようになった結果、本国と植民地の関係についての考え方は、一変させられた。イギリスの大衆が、西インド諸島産以外の砂糖をより安く入手できるようになり、イギリスのブルジョワが、より安価で、より多量の砂糖を売ることで、より多くの収益を上げるようになったとき、西インド諸島のプランターたちの運命が決まったと言っても、決して過言ではないのである。

ここで、われわれが、他者を意識しつつ、あるモノに意味づけを行なうという場面を考えてみよう。しかもその際、他者はその意味をじっさいに確認しにくい、という条件もあるとすると、どういうことになるだろうか。われわれは、かれらがそのモノを使用するかどうか、消費するかどうか、好ましく思うかどうかを、事実上、コントロールしていることなるのである。われわれは、かれらの消費活動を誘導することによって、かれらの自己像に影響を与える。つまり、かれらが自分自身をどんな人間だと考えているのかという、まさにかれらのパーソナリティの構成にまで、立ち入ることになるのである。消費の仕方如何で人間そのものが変わってしまうというこの複雑な考え方は、煙草や砂糖、紅茶が使用されるようになった際に、資本主義体制がもたらしたものである。これらの商品こそは、そうした働きをした最初の商品だったのである。しかもこの考え方は、栄養とか、人間の性質とか、甘党であるかどうかといった各人の好み、さらには、象徴とすら無関係である。それはイギリス社会の根本的な変化、すなわち、身分に基づいた中世的な社会から民主的な資本主義的工業社会へ移行したこととこそ、密接に関係していたのである。

仕事や日常生活のテンポと性質を支えている大きな背景に変化が生じたため、食事の様相も変化した、というこの主張を証明するのは、難しいか、むしろ不可能というべきであろう。さらに仮説をたてるとすれば、新しい食物が最終的に受け入れられるか否かは、その食物自体のもつ性質による、と言えるかもしれない。上流階級の贅沢品から労働者階級の必需品へと、イギリスの資本家たちの手によって変えられたモノには、ある種のタイプが見て取れる。アルコールや煙草は現実からの息抜きとなり、空腹の苦しさをまぎらわしてくれるし、コーヒーやチョコレート、紅茶は、栄養はないものの、仕事の刺激剤となる。砂糖はカロリー源として重宝だし、なにか別の食物といっしょに用いると、その味を引き立てる。イギリスの労働者階級の栄養バランスを崩そうとか、中毒にしようとか、虫歯にしてやろうとか、そんな陰謀があったわけでは毛頭ないが、砂糖消費量が絶え間なく増加していったという事実は、利潤を求める階級闘争の所産といえよう。こうした階級闘争は、先に述べたような食物の世界市場に最後の解決を見いだしたのである。というのは、工業資本主義は、結局、保護主義の足枷をはずし、かつては罪深く、怠惰と非難されがちであったプロレタリア的消費者を満足させるために、大衆市場を拡大させたからである。

このような視点からするならば、砂糖はまさしく、理想的な食物であった。日常生活の慌ただしさを和らげる効果をもっていたし、休息時には疲れを癒し、また、休息から仕事へ、仕事から休息へと、移行をスムーズにした。少なくともそのような感じはしたのである。炭水化物以上に、速やかな充足感をもたらし、他の食物との組み合わせも容易で、さらに、紅茶とビスケット、コーヒーとパン、チョコレートとジャムつきパンなど、他の食物のなかにも使われた。さらには、すでに述べたように、砂糖は、象徴的な意味において、権力的であった。砂糖の消費が、多くの副次的な意味づけを伴ったからである。こう考えると、富者や権力者が砂糖を好み、貧民層も砂糖を愛するようになったのも、決して驚くに値しないことなのである。

第五章　食べることと生きること

一九〇〇年までに、砂糖は加工された蔗糖《しょとう》というかたちで、イギリス人の食生活になくてはならないものとなった。苦味飲料と組み合わせて、イギリス国民のほとんどが、毎日、消費するようになったのである。調理の際や卓上で食物に添加したり、喫茶や食事どきにも、ジャムやビスケット、焼き菓子《ペーストリ》などに入れたかたちで楽しまれた。砂糖はさらに、年間を通じても一生を通じても、祝い事や儀式にひんぱんに用いられるようになったのである。パンと塩は、長いあいだ、西洋人の日々の食事やそのイメージの基礎であったが、いまや砂糖がそれに加わった。パンと塩と、そして砂糖。一きれのパン、水差し一杯のワイン、そして砂糖、というわけだ。人類の食事の内容は、しだいに変化を遂げつつあったのである。

すでに見たように、精糖済みの砂糖は、一六五〇年から一九〇〇年にかけて非常に広く食されるようになり、また、一人当たり消費量も増大した。これは、人類の多くの偉業、とりわけ、砂糖化学のテクニックが修得され改良され続けたこと、砂糖の驚異的な多目的性を理解すべく全面的に科学的知見が活用されたこと、などによって可能となったのである。かなり以前から、砂糖が多目的に使えることは知られていたのだが、これに新たな化学的知識を適用することによって、いままで以上に目新しく、完全な利用がなされるようになったのである。第一次世界大戦勃発の頃ともなると、砂糖の強制的な配給制は、戦争が惹き起こすちょっとした辛苦のなかでは、もっとも直接的な苦痛を与えるものと考えられるほどになっていたのである。当然ながら、この場合、苦痛はもっぱら、貧しくて特権をもたないイギリス国民に降り懸かった。[*1] 貧民は、砂糖入り紅茶や糖蜜のプディング、コンデンスミルクのカスタード、ビスケット、ジャムつきパン、キャンディ、チョコレートなどの味を幼い頃から覚えており、それゆえいっそう、気のめいるような事態に追い込まれたのである。上の階級の甘党は落ち着いていたが——イギリス人のいわゆる「国民性」の観点からするならば、注目に値する——、それは、かれらの手の届く範囲に、砂糖以外の贅沢品が多数存在していたからである。

いずれにせよ、以上のようにして、砂糖はイギリス人の食生活の隅々にまで浸透していった。一九〇〇年以降は、他の国々でも同じような状況が現出した。そのスピードは、しばしばイギリスの場合よりも速かったが、違いもいろいろあった。まず最初にアメリカ合衆国を取り上げてみよう。合衆国ではすでに植民地時代に、糖蜜やその加工品のラム酒が大量に消費されていたが、一八八〇年から八四年までのあいだには、年間一人当たり砂糖使用量が三八ポンドにも膨れ上がっていた。[*2] これは当時、イギリスに次いで世界第二位の記録である。三年後には六〇・九ポンドに上昇し、以後一〇年間上昇を続け、一八九八、九九年――この年に特別の意味はないが――以降も、さらにふえ続けた。[*3] イギリスの資本家は一六五〇年以降、しだいに、砂糖を利益源として認識するようになったのだが、アメリカの資本家は、はるかに短い期間で、その認識に到達したのである。とすれば、アメリカ帝国主義の台頭を研究しようとすれば、砂糖消費の歴史を深く観察する必要があるというのも、当然といえよう。

アメリカは、熱帯地域を獲得して、そこを種々のタイプの植民地に変え、砂糖生産地として確保する必要性を認識していたが、それが、一世紀以上もまえに行なわれた列強の帝国主義政策の目標と、どの程度まで似通っていたのかは、判然としない。しかし、カリブ海の「砂糖壺《シュガー・ボウル》」におけるアメリカの軍事的な拡張政策をみればとくに明らかなことだが、アメリカ外交政策の重商主義的側面は、かなりのちになって出てきたもののようである。とまれ、イギリスのバルバドス島のかわりに、アメリカはプエルト・リコを獲得し、ジャマイカのかわりにキューバ、太平洋地域ではハワイとフィリピンを手に入れた。南北戦争の終わり頃からアメリカの消費市場が大幅な拡大をはじめ、今日にまで至っていることを思うならば、それも、さして驚くには値しないことであろう。なんとなれば、その間、アメリカの砂糖政策は政治上の主要な「駆け引きの道具《フットボール》」だったのであり、目を見張るような（しかし、しばしば不法な）利得の源だったのである。[*4]

一方、フランスは、イギリスやアメリカとはかなり対照的な道を辿った。フランスはイギリスと同じく、早くから「砂糖植民地」を展開させており――この点は、アメリカと異なっている――、一八世紀には大量の砂糖および関連副産物を輸出して、自国に砂糖愛好者をつくり出していた。一七世紀のほとんどを通じて、フランスの利害がかなりの程度までヨーロッパの砂糖貿易を牛耳っており、イギリスにとって代わられるまで、その状態が続いたのである。フランスの資本家は、奴隷貿易と砂糖貿易から利潤を得ており、その額はイギリスを上回るほどであった。ボルドーとナントが、構造的にいってリヴァプールとブリストルに相当する役割を果たしていたことをはじめ、英仏の植民地政策には、多くの共通点が見て取れる。フランスが早い時期に獲得したマルティニクとガドループは、イギリスでいえばバルバドスに相当するが、そこで開始された砂糖生産は、はじめのうち「アンガジェ」を労働力として使用した。これは、バルバドスにおいては、年季契約奉公人《インデンテュアード・サーヴァント》に当たるものである。やがて砂糖生産の中心は、より大きな植民地、サン＝ドマング島に移るが、イギリスもクロムウェルのもと、ジャマイカを獲得した……といった次第である（たしかにイギリスのほうが、より早く、より徹底していた。他方、フランスは、ハイチ革命の際、敗北し、黒人の革命勢力によって追い出されてしまったのである）。

しかしながら、いくらフランスの砂糖関係者が躍起になっても、フランスの砂糖消費量を押し上げることは困難であった。つまり、砂糖は、フランス料理の性質やフランス人の食生活の形態に深く影響を与えるまでに至らなかったのである。たしかに、この頃、フランス人一人当たりの平均砂糖使用量は、イギリスのそれを下回っていた（その格差は縮小傾向にあったが）。こうして、フランスは、世界の他の砂糖消費先進国――イギリス、アイルランド、オランダ、スイス、デンマーク、アイスランド、アメリカ合衆国、オーストラリア――に、のろのろとついてゆくことになったのである。一七七五年には、イギリス〔ブリテン〕の全砂糖消費量は、フランスの二・五倍であり、当時、フランスの人口がイングランドとウェールズの約四倍もあったことを考慮すれば、フランスの一人当たり砂糖消費量は、イギリスの一〇分の一程度だったということになる。英領カリブ海地域を研究しているアメリカの歴史家リチャード・シェリダンによれば、一八世紀のフランスの消費量が少ないのは、当時の生活水準の低さからきている側面も否定できないが、両国の飲料に対する習慣の違いにも、その一因があるという。*5 イギリス人は、はじめビールやエールを飲んでおり、次いでジン、ラム酒へ移行し、さらにふたたびビールとエールへと回帰した。一方、フランス人は、ずっと一貫してワインを飲み続けたのである。一七世紀には、コーヒーもしだいに広く飲まれるようになってきたし、ミシュレなどは、それをフランス革命の遠因のひとつと措定したのだが、ワインの消費量が減ることはなかった。つまり、ワインを飲むという習慣は、フランス国民に豊富なカロリーを提供しており、砂糖消費の定着に不利に作用したのである。

さらには、料理そのものの問題もある。ブリア＝サヴァランは、砂糖を普遍的な香料としているのだが、P・モートン・シャンドは、イギリス人の味覚について触れつつ、次のように述べている。「ブリヤ＝サヴァランは、〔香料という〕言葉を、香りにかんする、より広い、一般的な意味あいにおいて用いているのであって、その言葉がすでに獲得してしまった特殊な意味あいにおいて、使っているわけではない」[*6]。そもそも、甘みというものは、フランス人の味覚においては、他の味――苦味、酸っぱさ、塩辛さ、辛さ――と対比するかたちで捉えられておらず、この点が、イギリスやアメリカと大きく異なっている。フランス人の食事においても、デザートはたしかに確固たる地位を占めてはいたが、チーズの地位のほうが、よりいっそう揺るぎないものだったのである。フランス料理では、甘みはしばしば、突拍子もないかたちで現われる。つまり、スパイスのように使われるのであり、この点で、中華料理とよく似ている。中華料理でも、甘みは、思いも掛けないところで顔を出し、つねに料理のクライマックスで登場するとも限らないのである。フランス料理や中華料理で、砂糖が目立った役割をあまり担わないのは、これらの料理が非常に優れていることと、たぶん関係があろう。[*7] したがって、たとえば、砂糖はイギリスの料理を駄目にしたのかどうか、また、一七世紀のイギリス料理は、フランス料理よりも多くの砂糖を必要としたのかどうか、などと問うのも、必ずしも馬鹿げたこととはいえないのである。

さて、いわゆる発展途上国に目を転じてみると、また別の視点が可能となる。多くの発展途上国では、砂糖は、平均カロリー摂取量の七分の一程度を占めており（もちろん、この数値は、特定の社会層・年齢層に限定されたものではない）、比較的良い生活の見事な象徴となっているので、高名な権威者のなかにも、カロリー摂取量に占める砂糖の比率をもっと高めても大丈夫だという者さえある。[*8] 何世紀もまえに一般的な福祉と結びつけられた結果、砂糖は、多くの論者によっていまだに素晴らしいものとみなされているのである。その理由を調べるためには、さらに砂糖――サトウキビからつくられる蔗糖――そのものについて、ここで、いまさらながら、少々付言することも無意味ではあるまい。

現代社会においては、エネルギーの効率的な利用が日増しに重要な課題となってきているが、蔗糖の成功物語にも、この効率性――サトウキビ生産の効率性――が大きく作用している。世界の砂糖産業をテーマに優れた研究を行なっているG・B・ヘイゲルバーグによれば、「一般的に言って、サトウキビやテンサイが一定期間内に生み出す、単位面積当たりの利用可能なカロリー量は、他の作物――それぞれに適した環境下に置かれていても――と比べて、抜きん出ている」[*9] のである。一ヘクタール（二・四七エーカー）のサトウキビは、最適条件下で約二〇トンの固形物を産するが、その半分は、食用・飼料用の砂糖であり、残り半分は、燃料・製紙原料・建築材料・フルフラール（液体のアルデヒドで、ナイロンや樹脂の原料となったり、溶剤として使われたりする）などに用いられる「搾り殻」（トラッシュ）である。カリブ海地域の一ヘクタールのサトウキビ畑からは、五〇トンのキビが収穫されるが、ある一定の原材料加工過程を前提にするならば、これは、以下のものに形を変える。

一、高品質粗糖五・六トン。一人当たりの年間砂糖消費量が四〇キログラム（八八ポンド）であるから、これだけで一四〇人を賄える。一日、一人当たりに換算して、四二〇キロカロリーとなり、一日の全カロリー摂取量の約七分の一（一四パーセント）に相当する。

二、水分を含んだ搾り殻、一三・三トン（四九パーセントが水分、二パーセントが水溶性の固体）。燃料として用いれば、石油二・四トンに相当。芯をとって乾かせば、二トン以上の漂白紙パルプの原料となる。一トンのサトウキビを加工するのに五〇〇キログラムの蒸気が必要だが、搾り殻一トンから二・三トンの蒸気がつくり出せるので、五〇トンのサトウキビを加工するために搾り殻を燃料として使用した場合、約二・四トンの搾り殻が余剰となり、これはすなわち、約五トンの蒸気が他の目的に利用可能なことを意味する。

三、糖蜜および〔糖蜜とラムの混合酒である〕ブラックストラップ用の糖蜜、一・三五トン。最終的に得られる糖蜜の約三分の一は、いわゆる砂糖としては商品にならない。

約五分の一は、還元糖となる。この種の糖蜜は、若干の添加物を加えると、雄牛の飼料となり、二〇〇から四〇〇キロ、太らせることができる。*10

この見事な計算に加えて、砂糖のカロリー供給源としての相対的な効率性についても、触れなければならないだろう。一般に、農業生産性は、近代的な科学的方法を適用することによって大幅に伸びてきたが、サトウキビがながいあいだ、他の作物に対して占めている優位も、それに応じて大きなものとなってきている。今日では、亜熱帯地域の土地一エーカーでサトウキビ栽培を行なうと、八〇〇万カロリーが生み出され、これは、他の作物の追随を許さない。温帯地域の作物と比較するのは、いくらか砂糖に有利な比較ということになるが、それにしても、砂糖の生産効率は目ざましい。同じ八〇〇万カロリーを生み出すのに、ジャガイモでは四エーカー以上、小麦で九ないし一二エーカー以上の土地が必要とされている（牛の場合、比較自体がナンセンスである。八〇〇万カロリーのために、一三五エーカーもの土地が必要なのだ！）。*11 このような計算は、深刻なエネルギー問題に直面している現代社会において、とくに重要な意味をもつが、また、歴史的な研究にも適用されなければならない（数世紀まえの砂糖の生産方式は、今日と比べると稚拙で非効率的であることは認めるとしても）。つまり、このような統計数値は、未来に対して重大な問題を提起すると同時に、過去に対しても光を投げかけるのである。

食料の他の側面は捨象するとして、カロリーそのものの必要性が深刻な問題となっている地域であっても、砂糖が栄養源として、とくに良いというわけではなかろう（大量に摂取することを考えると、まことにぞっとする）。しかし、経済面からいえば、状況次第では、一見、それが良い選択のようにも見えるし、また、今後もそうだろう。さらに、砂糖やトウモロコシなどのエネルギー転換効率の良さ——人間は、肥料や耕作などといったかたちでエネルギーを投入するが、これをどんなに高く見積もっても、有用な作物をつくるのに必要な全エネルギー量の九〇パーセント程度は、太陽エネルギーである——を考慮するならば、砂糖はまさに、食料問題解決の鍵を握っていると言えるだろう。

人間の、そもそもの甘いもの好きの性向とか、砂糖の生み出す驚くべきカロリー量、また、そこからわかる高い生産効率、そして数世紀にわたる砂糖価格の着実な低下などを思うならば、砂糖が新たな消費者の獲得に成功したのも、十分うなずけるところであろう。もちろんこれは、砂糖需要を創り出そうとした種々の人為的努力を無視しているという意味ではないし、また、このことが、砂糖消費市場には長期的にみて、良い市場とあまり良くないものとがあったという事実を、説明してくれるわけでもない。しかし、当時のもっとも洗練された反砂糖主義者たちですら、砂糖の味わい、エネルギー効率、他のものに比較した場合の相対コスト、カロリーなどの利点を認めざるをえなかったのである。砂糖生産者は、これを明確に認識していたし、政界・学界・〔医師など〕専門職の砂糖支持者も、砂糖を強力に推したのであった。

農業がはじまって以来、人類の食事は、主として複合炭水化物を中核として考えられてきており、際立った味わいとか感覚とかといった、食欲を刺激する（ふつう、栄養も増進する）ものは、いわば「周辺」に追いやられていた。これでは、砂糖が食事内容の変化に果たした役割を、正確に理解することは困難である。甘みは、複合炭水化物とコントラストをなす味覚として、酸っぱさ、塩辛さ、苦さとひとからげにされがちであるが、「周辺」にあたる甘みの比重が高まって、「中核」にあたる炭水化物の役割を押し下げた――カロリー摂取量の七五ないし九〇パーセントから五〇パーセントに低下した――としたら、食事そのものの構成全体が変貌してしまう。これは、別に不思議なことではない。西洋の食事の歴史を振り返ってみれば、デンプン質ばかりの食事を最初に侵食したのは、主として肉・魚・家禽など、タンパク質の豊富な食物であり、それも、富裕者・権力者のあいだにおいてのことであった。一七世紀から二〇世紀にかけてのあいだに、労働者にとってさえ、この類の食物が重要性を増したことは明らかだが、上流階級とは比較にならなかった。そこで、砂糖のような食物が導入され、肉や魚、家禽、乳製品などの摂取量は相対的にふえなかったにもかかわらず、労働者のカロリー摂取量を引き上げることが可能になったのである。

こうして、精製糖は、近代化や工業化の象徴と化した。このような見方は早い時期からあり、「西欧化」・「近代化」・「開発」などをあるときは先導し、あるときはそれに引かれつつ、各国の料理に食い込んでいったのである。砂糖は、アメリカ先住民やイヌイット、アフリカ人、太平洋の島々の住民にとって、「進歩」の先駆的、かつわかりやすい指標となりえた。人びとは、ふつう、次の二つの方法のいずれかで、砂糖を知った。すなわち、自分の労働か生産物か賃金のいずれかと、他の魅力的な西欧の品物とともに交換するか、西欧諸国の援助の一部として与えられるか、である。もっとも、この援助は、西欧諸国がながいあいだ「低開発国」の伝統文化と接触をもった結果、こうした地域の経済をすっかり歪めてしまったことに気がついてはじめて、与えられるのがふつうであった。

ここには、ずっと以前に、ヨーロッパの権力と資本主義経済が他の地域、他の大陸へと拡大していったのと、まさに同じプロセスをみることができる。かなり昔から砂糖を消費していた社会においても、古い伝統的な種類の砂糖は、しだいに白い精製糖——生産者は「純粋な」と呼びたがるが——にとって代わられ、これも「開発」に伴う現象のひとつとされた。たとえばメキシコ、ジャマイカ、コロンビアといった国々では、古いタイプの砂糖が製造され消費されていたのだが、精製糖と、単純なシロップを用いた加工品は、西欧化したエリートから都市の労働者階級、はては田舎にまでひろがり、社会的地位や少なくともその願望を示す、便利な指標となったのである。一方、古いタイプの砂糖は、「古くさい」、「不衛生」、「便利でない」などの理由で排除されてしまった。もっとも、この侮蔑的なレッテルのすべてがまちがっていたというわけではない。遠心分離を施していない砂糖は加工食品や飲料には使いにくいし、その生産効率は、通常、近代工場よりも劣っている。しかし、精製糖が近代的だという考え方は、それが広く消費者に浸透するにつれて、より確固たるものとなったのである。とどのつまり、伝統的なタイプの砂糖は、一種の貴重品――過去の高価な遺物――としてのみ生き延び、ときどき、しゃれた「自然食品」として、ふたたび金持ちの食卓を飾る見栄のための食品となって復活している程度である。まず金持ちの人びとが砂糖消費の習慣を身につけたことが、それを稀少で高価なものとするのに役立ったのだが、いまや砂糖は近代的な手法で生産されるようになり、当時の生産者とはまったく違う人びとの懐を潤しているのである。*12

ある時点では消費者に「伝統的な」消費を行なわせしめ、また別の時点では「近代的な」消費をさせる諸力とは、そもそも複雑で多面的なものである。砂糖の場合、それをうまく理解できない理由のひとつは、砂糖を売る側が、消費パターンを変えることにしか関心を示さなかったということである。消費パターンが変化しうる限りにおいて、かれらはそれに関心を示したのである。また、その消費パターンは、消費行動の背景となる諸条件の変化なしには、それ自体、変化しないだろうということをも、かれらは理解していた。つまり、衣服の例でいうならば、たんに何を着るのか、ではなく、いつ、どこで、誰といっしょに着るのかが重要なのであって、同様に、たんに何を食べるかではなく、その場所、時、人的状況が問題なのである。

人びとの意識にのぼった状況の急激な変化——たとえば、つねに忙しく感じるようになるなど——があると、人間は、以前と違ったことを行ないやすくなる。砂糖を売る側にとっては、砂糖消費市場の役割を拡大させることが目的だったわけだが、これは、消費者に自分自身の消費に対する自信を揺るがせることをも含んでいた。すなわち、かれらが何を消費するかによって、かれら自身のアイデンティティを変えるように動機づけたり、他人がかれらを見る目が変わると信じ込ませようとするのである。人びとが伝統的なものから新しい、近代的なものへとのりかえるプロセスの詳細は、まだ完全にわかってはいない。観察してみれば、たしかに、「かたまり」で買う古いタイプの赤砂糖は、紙箱・紙袋入りの白い精製糖に変わったし、ローカルな飲料はコカコーラにとって代わられたし、キャンディは、ホームメイドから店で買うものとなった。しかし、このような変化の生じた正確なプロセスについては、ほとんど何もわかっていないのが実情なのである。ただし、このような変化は繰り返し発生し、まえと同様な結果を再演しているようである。もちろん、その変化が生じる背景自体は次つぎと変わっていったわけだが、どうも毎度お馴染みの、歴史的背景の再登場なのである。西欧の歴史のかなり早い時点から、外界の諸力が消費を支配しており、それに先立って労働力をも支配していたといえよう。

社会生活上の砂糖の位置づけが変化するにつれ、本国と砂糖生産地との関係も急速に変わっていったことは、すでに見た。はじめのうち砂糖は、遥かかなたからもち込まれ、もっぱら外国の生産者から購入されるものであった。のちに、〔欧米の〕各国は、重商主義のもと、砂糖生産のための熱帯植民地をそれぞれ獲得し、これによって、国と商人および金融家を富ませ、本国製品と植民地作物の消費を刺激し、後背地を巻き込んで市場を拡大した。温帯でのテンサイの栽培・加工技術が完成すると、保護貿易主義から「自由市場」への移行はさらに促進されることになった。たしかに、依然として、植民地は収益の重要な源ではあったのだが、貿易の開放とテンサイ加工技術の修得——以前は、もっぱら熱帯で生産されていたものが、温帯農業でも得ることができるようになった最初の重要な例[*13]——のおかげで、次つぎと展開された植民地プランターによる本国の産業資本家への政治攻勢は逆転し、バランスを保つことになったのである。

砂糖消費の特徴と水準は、またもうひとつ別の道筋を通じて、より広い歴史過程を反映している。すなわち、いろいろな用途に砂糖をどれくらい使うかということは、経済発展の他の諸側面の系である。キャンディづくりやジャムづくり、パン焼きなど、砂糖の家庭内での使用法を、工場でのパン焼き、加工品などの製造——甘いものも甘くないものもあり、たとえばサラダ・ドレッシングやパン粉やケチャップ——などの家庭外、つまり産業的な使用法と対比することもできよう。統計をみると、先進国ほど家庭外、つまり産業での砂糖使用の割合が高まっており、近年の歴史的状況も、これを実証している。アメリカにおける精製糖の使用法の変化を調べた二人の研究者によれば、直接消費量、もしくは家庭内で消費される精製糖の量（五〇ポンド以下のパッケージに入ったグラニュー糖の購入量と同値とみなす）は、一九〇九年から一三年までの年間五二・一ポンドから、一九七一年の二四・七ポンドへと低下し、一方、産業用の消費――食品・飲料の製造――は、同期間に、一九・三ポンドから七〇・二ポンドへと上昇しているのである。[*14] これほど劇的ではないにしろ、同様の傾向は発展途上国についてもみることができる。

しかし、消費者の立場からすれば、産業用消費には二種類のタイプがあることになる。ひとつは家庭外の消費――レストラン、軽食堂、ファストフード店、劇場など――で、社会の発展に伴う様々な指標と歩調を合わせて普及してきた。いまひとつは、家庭内での、調理済み食品の消費で、これも増加の一途を辿っている。加工・製造食品におけるこのような異なったタイプの砂糖消費は、もちろん相互に関連しており、どちらも、より広い社会的諸力に対する反応であって、発展途上国でも同様な現象がみとめられている。一人当たりの砂糖消費量を急速に伸ばしている社会では、消費の場は家庭から家庭外へと移動してきており、いってみれば、その社会の市民たちは、家庭外での食事の割合をふやすように、また家庭内ですら調理済みのものを食べるように、運命づけられているのである。

どんな趨勢であれ、変化自体の社会的意味をとくに指し示すというものはない。これらの幅広い社会的変化と砂糖との関係は、本質的というよりは、象徴的なのである。つまり砂糖は、それ自体の働きよりも、それが意味することのために重要なのだ。われわれが砂糖の働きを調べるとすれば、それは何がその働きを可能にしているのか、その仕組みをより良く理解するためであろう。砂糖は、生産においても消費においても、資本家の意図の交錯するポイントに位置しており、それゆえ、砂糖消費の規模とか内容とか、変化の形態を調べるのも、十分価値があることといえよう。

生産の側からみれば、早い時期には、砂糖は海外で農業生産の実験——資本家の資本と不自由労働を掛け合わせる——を行なわせる主要な動機のひとつになっていた。消費の側からいえば、稀少品から大量生産財へと変身することで、資本主義そのものの将来性とそれがもたらしうるものを具体的に示したのである。西欧列強が勢力拡大を図っていた過去五世紀のあいだ、砂糖生産は不規則な、しかし際立った地理的動向を示した。まずはじめのうち、砂糖は遥か遠くから運ばれてくる稀少品、医薬品、香料であり、貿易対象ではあっても決して生産対象ではなかった（その生産は、ほとんど神秘のヴェールに包まれていた）。ついで、砂糖は、サトウキビからつくられる高価な商品となり、その生産は、温帯地域の列強の手によって、海外の熱帯地域で行なわれることになった。消費は列強の国民によってなされたわけだが、かれらはプロレタリア化はしていても、真の意味でプロレタリアートではなかった（つまり、種々の特権を奪われてはいても、まだ賃金労働者ではなかった）。第三段階にいたって、砂糖は、世界中でつくられる低コスト商品と化す。つまり、必ずしも列強の植民地において生産される必要はなく、使用される労働形態も、賃金労働者など、様々なものが導入された。そして最終的に、砂糖は安価な日常の必需品となり、しばしば自国内においてテンサイからつくられ、多くは賃金労働者によって、賃金労働者のために生産されるようになった。もっとも、ほとんどの砂糖は「自由市場」で、世界的規模での売買の対象となったのである。

いわゆる「発展」のなかには、一九世紀中頃から砂糖消費が比較的着実に拡大したという事実も含まれている。一八〇〇年頃、世界中で生産された砂糖のうち、市場に出回った量はだいたい二五万トンであったが、[*15]一八八〇年にはこの数値は一五倍、すなわち三八〇万トンに増大する。一八八〇年から第一次大戦の勃発まで――この期間に、砂糖生産は技術的な近代化を成し遂げた――に、遠心分離でつくられる砂糖、すなわち近代的な砂糖は、一六〇〇万トン以上に達した。両次大戦間期には経済恐慌が発生したが、それが終わると、砂糖生産は三〇〇〇万トン以上に膨れ上がり、第二次大戦中、急速に落ち込んだものの、戦後はふたたび大幅に上昇した。あるデータによれば、一九〇〇年から一九七〇年までに、遠心分離でつくられる砂糖は約五〇〇パーセントもふえ、別の推計では、八〇〇パーセント以上の増加とさえされている。[*16]この七〇年間で世界の人口はほぼ二倍になっているので、一人当たり一日に消費可能な砂糖の量は、二一グラムから五一グラムにふえた計算になる。

一九七〇年までに、世界中ですべての利用しうる食品のカロリー量のうち、砂糖は約九パーセントを占めるようになったが、この数値は、今日ではさらに大きくなっているものと思われる。

今日、砂糖を大量に消費しているのは、もっぱらヨーロッパ諸国であるが、決して一律というわけではない。一九七二年のデータでみると、一人当たりの砂糖消費量はアイスランドが一番多く、一日一五〇グラムである。アイルランド、オランダ、デンマーク、イギリスは、一三五グラム強となっている。しかし、一五〇グラムというと、年間に換算すると一二〇ポンド強、つまり一日当たり約三分の一ポンドなのである。このように、アイルランド、イギリスなど、大量の砂糖を消費するようになってしまった国々では、砂糖は一人当たりの全エネルギー消費量の一五ないし一八パーセントを担っている。かりに、年齢・階層別に砂糖消費の状況がわかるとすれば、それぞれの集団によって砂糖への依存度にはかなり差があることが明らかになるはずである。それはショッキングというほどではないが、かなり目立った現象といえる。階層でみれば、非特権階級――低開発国では必ずしも極貧層にあたるとはいえないが、先進国ではそれにあたる――が不釣合いなほど大量の砂糖を消費しており、また、年齢でいえば、若年層ほど多く消費している。*17 もっとも、これらのことは、せいぜい乱暴なあて推量の域を出ていない。世界中の地域、都市と農村、人種、性などの別による砂糖消費パターンの差について勝手な推量をするのは、たぶん、さらにいっそう危険なことであろう。

社会の発展とともに、調理済み食品に砂糖が使われる割合は高くなる一方である。このような間接的な使用法への移行は、社会発展の一種の指標となってしまった。健康問題について研究しているアーヴィッド・ブレットリンドの推計によれば、食品産業において使われた砂糖の割合は、一〇年まえのオランダの数値で総消費量の六〇パーセント、イギリスで四七パーセントである。[18] 別の分析によれば、一九七七年のアメリカでは、六五・五パーセントと推計されている。[19] 発展途上国では、先進国と同じように砂糖消費量が伸びているとはいえ、このような砂糖の間接的な使用は、それほど盛んには行なわれていない。

もちろん、砂糖消費量の増大という現象は、「発展」が食の習慣や選択に変化をもたらしたひとつの例にすぎない。おそらくは、この現象とともにカロリー摂取量も増大した。それは、部分的には、食品の交代によって達成されている。わかりやすい例でいえば、複合炭水化物（デンプン）から単純炭水化物（蔗糖）への移行である。イギリスについて見てみると、穀物消費量は、一九三八年に一人当たり二五〇ポンド近くもあったのが、一九六九年には一七〇ポンド弱へと減少しており、その一方で、砂糖消費量は、一九四二年の約七〇ポンドから、一九六九年の約一一五ポンドへとふえている。別の研究では、一九七五年は、一人当たり一二五ポンドとなる。[20] 複合炭水化物離れが、このように急速に生じたという事実は、栄養学上の意味を別にすれば、砂糖の意味の変化、つまり、中核としてのデンプンと周辺としての香料とのあいだに古くからある関係の変化を示しているのである。（ちなみに、ここでの議論は大部分、いわゆる〔供給と在庫等の〕差額、つまり消費量のデータに基づいたものである。このデータは、一定期間内に、砂糖や複合炭水化物、脂肪などがどれくらい使われて、消え去った《ディスアピアド》のかを表示しており、たとえば、合衆国農業省の経済調査局などで入手できる。もちろんじっさいの消費量を正確に知ることができれば、それに越したことはないのだが、そのようなデータは、たとえ少人数のものであっても、じっさいには得られない）。

カロリー摂取量に対する中核食品の寄与度が減少するにつれ、周辺食品の寄与度が不釣合いなまでに拡大していったというのは、変化の一側面にすぎない。砂糖消費量の増大とともに、脂肪消費量もまた大幅にふえたからである。こうした変化を研究している二人の研究者は、一九〇九年から一三年を基準として、次のように算定している。合衆国において、一日一人当たりの砂糖類の平均消費量は、全炭水化物のなかの比率でみると、六〇年間で三一・五パーセントから五二・六パーセントへ上昇したが、複合炭水化物は、絶対量で約三五〇グラムから約一八〇グラムへと減少した。他方、脂肪は二五パーセントの上昇、つまり一五五グラムへとふえたのである。[*21] 過去一五年間にも、脂肪消費量のさらに急激な上昇がみとめられ、一二六ポンドから一九七九年の一三五ポンドとなった。これらの数値が正確だとすると、アメリカでの脂肪と砂糖加工品の年間一人当たりの平均消費量は、一九七九年に二六五ポンドに達したことになる。[*22] 一日当たりにすると、ほぼ四分の三ポンドである。

脂肪と砂糖のはっきりとした関係――および、それが複合炭水化物の消費に与えた影響――は、栄養上の、また心理的、経済的な意味あいを含んでいる。[*23] だが、この趨勢は、文化的には何を意味するのであろうか。

第一にそれは、外食の傾向が拡大し続けたことと関係している。食品取扱店が組織化され、多様化したこと、つまり、いわゆるファストフード・システムの台頭であり、第二次大戦後、とくにこの二〇年間に著しい。合衆国の全国広告事務局によれば、月九回、ファストフード・レストランへ足を運ぶのが、「典型的なアメリカ人の食生活」だそうである。また、『ウォール・ストリート・ジャーナル』によれば、食費の三分の一が、家庭外で使われている（もちろん、どのような経緯でこのような数値に達したのか、どんな階層のひとがそのサーヴィスを享受しているのか、また、いつ頃からこうなっているのか、知りたいところではあるが、じっさいには無理であろう）。

さて、第二点は、家庭内での調理済み食品の消費量がふえたということである。これにともなって、食品自体の高度なまでの多様化現象が生じた。いまや、われわれは「自由」に、調理済み食品・冷凍食品を選ぶことができる。たとえば仔牛の料理でいうと、製造方法は同じなのだが、異なった「タイプ」のものが何種類も出回っているのである（ミラノ風、マリナラ風、レモン風、オレガノ風、フランス風といった具合）。調理済み・半調理済み食品の全体量の伸びに対応して、食べるまえに温度を変化させるだけという種類のものも——加熱以外の操作が必要なものも含めて——その数を伸ばしている。高いエネルギーで用いる様々な加熱・冷凍用の器具——中華鍋、蒸し器、携帯用オーブン、グリル、フライヤー、放射型・対流型オーブン——も出現してきて、「スピーディ」、「便利」、「経済的」、「きれい」などをセールス・ポイントにして売られている。

しかし、このような展開は、一方で、伝統的な家庭の食事の役割に直接的な影響を与えている。食について研究している人類学者は、ある特定の食事やその様式に何が起こったのかを調べる場合、言語学からの類推が有効であると考えている。メアリ・ダグラスによれば、「二つないしそれ以上のものの対比は、統合的《シンタグマティック》な関係において捉えられなければならない」。この考え方に基づいて彼女が説明するところでは、日々の献立からまったくの軽食へと下降するか、毎日・毎週・毎年の食事、通常の食事から特別な、祝祭用・儀式用の食事へと昇ってゆくといった具合に、およそ食物の単位は、分析可能な順番におかれる。系列的《パラディグマティック》な関係が、食事の内部を特徴づけ、統合的な関係が、食事どうしのあいだを特徴づけるのである。ふたたびダグラスを引用するならば、「系列と統合、連鎖と選択、列と集合、どう呼んでもよいが、ともかく二つの軸に基づいて——ハリディが示したように――、食物の要素は、文法的な用語、もしくは辞書の小項目のレベルですべて説明し尽くされるまで、並べられるのである」[*24]。しかし、近代的な生活の原動力《モメント》全体は、このような「辞書」やら「文法」やらとは遠く隔たったところに存在しており、こういう類推は適切とは言いがたい。食事のなかの食物を言語学の用語で記述するのは、ほとんど何も説明していないに等しい。食物摂取のうえでの構造的な制約は、言語学のうえでのそれに対比することはできないからである。つまり、われわれは、〔型どおりの〕食事をしなくても食べるという行為自体はできるが、文法なしに話すことはできない。言語における文法の機能は、あらゆる場面でのコミュニケーションのためには、話者によって同意されている必要がある。すなわち、共通なものとして理解されている必要があるのである。つまるところ、食をいわゆる文法になぞらえて説明するのは、キザで、たんなる作りものの感を免れない。食という行為自体は、たとえわれわれが思っているような「食事」の概念そのものが消え去ってしまっても、もちろん存在し続けるはずのものである。

　近代的な食料技術者の視点からするならば、先に述べたような「文法」をすべて捨て去ることが、大量生産された食料品の消費を促す最良の道である。それは一方で、一般に「個人の選択の自由」とされているものを、極大化するのである。もちろん皆が、消費の拡大を最終的な目的と認めているわけではないが、それより別のことを推測するのも、また困難であろう。食事の「系列《パラダイム》」、食事のスケジュールの「統合《シンタグム》」、そして食事行為の時間的制約、これらすべてが、個々人のパフォーマンスの行使を妨げている、と考えることができよう。

全員が同時に食べなければならない食事の場合、そのメンバーに何か別の用事があったとしたら、その用事を食事まえにあらかじめ済ませておくか、食後に延ばすか、もしくはキャンセルせざるをえない。全員に同じ内容の食事を出す場合は、その内容の取捨選択に際して、個々人の好みが大きく反映されることはなく、最低限の共通した一般的水準に基づいて決められなければならない。また、料理の出てくる順番があらかじめ定められている食事では、スープを最後にとか、デザートをあとにとかいった、個々人の好みの順序とは、並び方が違っていることもありうる。儀式の際の食事では、ある特定の、お決まりの料理——ラムや七面鳥——が出てくることがあるが、これも、その料理が嫌いなひとには不愉快なことであろう。大皿から自分の皿に料理を取り分けるときも、食べているひとの手をいちいち煩わせなければならない。このように、あらゆる制約を考慮するならば、社会における食というものを、次のように正しく捉えることができるのである。すなわち、それはコミュニケーションを含む社会的なギヴ・アンド・テイクであり、コンセンサスを追求することである。言いかえれば、個々人のニーズにかんして何らかの共通認識をもつことであり、他人のニーズを配慮して妥協することである。こうした社会的な相互作用には、個人の意見やグループ内の影響力が作用する余地が残されていないわけではないが、それにしても、こうした作用を個人の自由に対する制約と感じる向きもあるのである。製品を売ることにもっぱら関心のある食料技術者は、このようなスケジュールや「文法」を根絶やしにして、代わりに、規格化された「辞書」――たとえ大きくてもよい――をつくろうとしている。この「辞書」においては、個々人が本当に食べたいものを、本当に食べたい量だけ、好きな環境(時、場所、場面)で食べることができる。また、これに付随して、いっしょに食事することの社会的意義も消し去ってしまう。つまり、「辞書」では、次のような状況が理想とされる。太り過ぎの娘はヨーグルトばかり食べ、テレビに熱中している父親はテレビを見ながらの夕食、ジョギングが趣味の母親は大量のグラノーラを食し、放ったらかしの息子はピザとコーラとアイスクリームばかり食べ続ける、といった具合である。[*25]

現代社会では、食物をどこででも手に入れることができるので、型どおりに決まった食事の構成とか日替りの献立とかは、徐々に消え去りつつある。いまや、コーヒーやコーラはいつでも、どんなものとでもマッチするのである。同じことが、焼いたり揚げたりした複合炭水化物やタンパク質についてもいえる(ジャガイモ、トウモロコシ、小麦でつくったブレッドスティック、チキン、ホタテガイ、エビ、ポーク、魚など)。合成ジュースは、食通とペプシ世代を分裂させ、繊維の豊富に入っている〔ブラン〕加工穀物食品は、レーズンやイチジク、ナツメヤシ、ハチミツ、ナッツもしくはナッツの代用物を添加すると、カロリー豊かな食べ物に早変わりする。クラッカーやチーズ、ディップ、プレッツェル、スナックは、いまや栄養食品として、何よりも社会的イヴェントに欠かせない。食事は、かつては明確な内部構造を有しており、家庭内での手作り料理というパターン、そのパターンのなかでの社会化の諸結果、そして「伝統」によって、少なくともある程度までは統御されていた。だが、いまやそれは、消費者にとって、かなり異なった一連の事柄を意味するようになったのである。一週間の料理のローテーション、たとえば日曜日にはチキンやその類のものを食べるとか、金曜日には魚を食べるとかいったパターンは、もはや安定したものではなく、また、必ずしも必要なものとはみなされなくなった。年間のローテーションでも、従来は、しかるべき日にボック・ビール、〔ニシン科の〕シャッド、新鮮なディル、新ジャガなどを食し、七面鳥などは年二回、そして新年にはアルコール入りソースをかけたフルーツ・ケーキが食卓に登場していたのだが、いまでは、七面鳥のサンドイッチ、年中飲めるボック・ビール、その他、現代的な飲食品として形式的なかたちで残っているのみである。

このような変容は、食事というものをよりいっそう個人化し、孤立化させた。いわば、食の脱社会化である。食にかんする取捨選択——いつ、どこで、何を、いくらで、どれくらい速く——は、いまや他人との相談なくして決められるようになり、食品技術や俗に時間の制約と言われているものによって、あらかじめ定められた範囲内に収まるようになったのである。

現代社会において、時間はしばしば決定的に不足していて、稀少価値をもっている。このことを認識しなければ、消費の無限の拡大という大原則に基づいた経済システムを、スムーズに運営することは困難であろう。[*26] 人類学者や経済学者は、現代社会に内在するパラドクス、すなわち生産技術が発達すればするほど、個々人のもっている、もしくはもっているると感じている時間は、ふえるどころか逆に減少しているというパラドクスと取り組んでいる。時間のプレッシャーがあるからこそ、人びとは同時に異なったもの（映画とポップコーンなど）を消費して、消費の喜びを濃くしようとするのである。このような消費は、一兎をも得ずのパターンに陥りがちなのだが、ごく「自然な」ことのように考えられてもいるのである。アメリカの街角やビルの地下、ランドリー・ルーム、ビルの玄関、ガソリン・スタンド、カウンター、劇場のロビーなどといった場所で急増しているフルーツ・スタンドやクロワッサンの売店、コーヒーの自動販売機などと同じだ、というわけである。最小限の時間内で最大限の快感を得るということは、消費を分割する（すなわち同時進行させる）――歩いたり働いたりしながら食べたり、運転したりエンターテイメントを観ながら飲んだりする――ことと、消費の機会自体が非常に多くなっていることとを意味している。フリトスを食べコーラを飲みながら、またマリファナを吸いながら、女の子を膝の上に乗せ、〔アメフトの〕カウボーイズがスティーラーズと試合をしているのをテレビで見るなどというのは、非常に数多くの経験を短時間に押し込め、最大の快楽を引き出していることになる。別の言い方をするならば、各自のもっている価値観に基づいてそれぞれが勝手な楽しみ方ができる、とでもいえようか。しかし、ここでもっとも重要な点は、このようにして快楽を同時進行的に享受している人びとが、消費そのもの――消費へと導く状況ではない――について、別のやり方をするには「十分な時間がない」などと感じることがないように、うまく教育されていることである。*27

時間をふやす唯一客観的な方法は、いろいろな活動に割く時間の割合を変えることである。一方、労働日数はここ一世紀ほどのあいだ、ほとんど変化していないので、手持ちの時間をもっともうまく利用するための工夫としては、結局、表面的なもの、つまり「時間の節約」などに落ち着くようである。調理済み食品を家で食べたり、外食したりするというのも、この「時間の節約」とみなすことができる。もちろん、調理済み食品を消費するということは、何を食べるのかという個々人の選択権を、大部分放棄してしまうことを意味している。にもかかわらず、食品産業はむしろそれを、選択の自由を拡大するものだと称して執拗に奨励している――とくにその食品の内容を明らかにしない場合はそうであるが、それも格別、驚くに値しないことかもしれない。こうして、潜在的な個人の自由と、特定のパターンを押しつける社会の力とのあいだで、果てしのない対話が生じるのである。

イギリス人の日々の労働のリズムのなかに、砂糖が浸透してゆく様子は、先に議論した。しかし、そこでは、次のような基礎的な変化を、概括的に論じたにすぎない。すなわち、就業日の変化、性別分業の変化、労働力の再配置、食事時間と食事の支度時間との対立関係などである。砂糖が普及すると、イギリスの労働者階級にとって、イヴェントや儀式のスケジュールが劇的に変わったことは周知の事実であるが、この点にかんする研究はあまりに幅広く（それゆえ浅く）、とても具体的に記述する段階には至っていない。時間の観念の様々な変化も、実際の客観的な労働日の再編成と少なくとも同じくらい重要なのだが、そこでは、権力が行使されている様子が直接的にはほとんど感知できない。このような権力は、たしかに、間接的なかたちでしか暴露されないので、いつまでもミステリアスでありつづけることができるのである。その結果、こうした権力は、労働条件を〔好きなように〕設定できることになる。しかも、まるでそれが機械の都合なのだとか、日照時間の都合によるのだとか、他の労働者の都合でテンポが決まっているのだ、などと思い込ませることもできるのである。食事の時間にしても、食べるという行為そのものの都合よりは、そもそもそれは一定の時間内に収まるべきものなのだ、と思い込ませることができるようになる。

時間形式の変化がもたらした結果のひとつは、人びとが抱いている、自分たちの生活や自分自身のイメージが微妙につくり変えられた、という点である。人びとが、いろいろな目的の追求のためにじっさいに有している時間、また、そう信じている時間、そしてこれらの相互の関係などは、外部の事情によって、とくに現代社会においては、労働日の再編によって形成される日常生活の一部である。[*28] しかしながら、労働者のまえに、目に見えるかたちで提示されるのは、労働条件の変化である。このような新しい条件は、こんどは逆に、余分の時間を決めることになる。つまり、結局のところ、個々人の「有している」時間というものが、ときの労働体制に従属するものであるという事実は、ほんの束の間しか認識されない。人びとは、自分たちが所有していると思っている時間のなかで生きるのである。かれらは主観的な感情の変化を経験するかもしれないが、それも、自分自身の行動基準ぎりぎりまでの生活ができるかどうか——場合によっては、そこまでの生活はしないでいられるかどうか——という能力にかかっている。しかしながら、ときどきではあるが、人びとは、自分たちの行為が時間を与奪する諸変化によって影響を受けていることに気付いたり、時間の用い方を制御していると感じる自分自身の意志を、認識したりすることもある。

時間のパターンは、食のパターンと連関しているのだが、この議論の筋を明示するためには、合衆国での食料品の状況を観察するのがよい。そうすれば、十分に細かいところまで明らかにすることができるはずである。ここ何十年かのあいだに、調理済み食品と外食がふえ、儀礼的な(とくに親族間での)食事が減ったことから、砂糖の様々な使用法が生まれ、全体としての砂糖消費量は大いに高まったのである。一九五五年から六五年にかけて、各種の砂糖・砂糖加工品――キャンディなど――の一人当たりの使用量は、一〇パーセントも低下した。しかし同じ時期に、フローズン・ミルクの「デザート」の一人当たり消費量は三一パーセント上昇し、焼き菓子などの食品は五〇パーセント、ソフト・ドリンクは七八パーセントふえた。[*29] これらの数字は、食事のスケジュールのなかで、間食が増えたことを推測させよう。フランスの人類学者クロード・フィッシュラーによれば、「一日三食のパターンは、ほとんどすべての（最近の研究）テーマにかんして、有効な法則として前提されているが、じっさいにはもはや現実味をもたなくなっている」。かれの主張の基になっている研究は、一般化に耐えうるほど優れたものではないが、ともかく、アメリカの家庭の七五パーセントは、朝食をいっしょに食べていないという。家族そろってする夕食は、一週間に三回以下であり、その場合ですら、ふつう二〇分以上はかからない。また、都市に住んでいる中流クラスの家庭では、家族の一員のだれかと食物が「接触」する回数は、日に二〇回にも上っているという。[*30] この数字を見ると、われわれの祖先が狩猟採取生活を行なっていた時代に逆行してしまったような錯覚をすら覚える。つまり、食物は、状況とか環境とかにおかまいなく、手に入ったときに食されるのである。

このような現代アメリカ的な食生活を如実に示す、ひとつの例がある。それは、じっさいにわれわれが消費した量と、消費したことを記憶している量とのギャップである。農務省のデータによれば、われわれは一人当たり、日に約三二〇〇カロリーを消費する。しかし、たとえば、成人の白人女性にきのう何を食べたか質問し、その解答にもとづいて平均カロリー摂取量を計算すると、一五六〇カロリーにしかならない。これは、農務省のデータの半分以下という、かなり低い値である。「〔供給と在庫等の〕差額」、つまり、消費量から算出された三二〇〇カロリーという数値は、どのように説明されるのであろうか。[*31] この国では、平均値がたえず上昇してきているため、アンケート調査によるデータの精度が落ちてしまうという点が、まず指摘できよう。だが、このデータは、つぎはぎだらけで不連続な食のパターンを反映したものとも言える。食べた本人すら計算に入れることを完全に忘れてしまっているスナックの存在が、ポイントになっているのである。

砂糖は、甘いフローズン・ミルク製品や焼き菓子類、ソフト・ドリンクなどにまつわる諸事実が示しているとおり、このような図式にぴったりあてはまる。「デザート」、すなわち焼き菓子などを飲み物といっしょに（たいていソフト・ドリンクと）嗜むというのは、時間的には短く、間食であるが、一種の食事であり、伝統的な三食のパターンを侵食している。イギリスにおける朝や昼のスナックは、それを挟む二食を、間食化しているのである。

要するに、食事の構造——食の「系列」と「統合」——は、崩壊しつつあるように見受けられるのである。西欧諸国の個々の社会集団に、この考え方がどの程度まであてはまるのかはもちろん不明であるが、砂糖消費の歴史がそれを先取り——ときには予示——していることは、明らかなのである。つまり、現代社会の一側面として、不規則な食事の習慣のひろがりを示していることは、明らかなのである。

さらに、砂糖はもうひとつ別の方法で、消費の近代化に影響を与えた。甘くない多くの調理済み食品・加工品（フライ状の肉類・家禽、焼いたり、あぶったり、揚げたりした魚）のなかに、多量の砂糖が入っているのである。砂糖の消費量を増大させた重要な要因のひとつはこれであり、その驚くべき多才ぶりが示されている。イーストを入れないでケーキなどを焼くときには、砂糖を加えると、「生地はよりなめらかに、粒はよりソフトに、中身はより白くなり——このように砂糖が、食べ物を柔らかく、おだやかにする働きをもっていることは、だいぶまえから知られていた」[32]。砂糖は、また、ソフト・ドリンクの「ボディ」となる。「しつこく、重い液体のほうが、水と比べて口当たりが良い」[33]からである。砂糖は、パンの腐敗を妨げる効能ももっている。「貯蔵寿命」は、「便利《コンヴィニエンス》」な二四時間営業のスーパーマーケットを求めている社会においては、重要な要素である。砂糖はまた、塩の化学成分を安定させ、ケチャップの酸味をやわらげ、イーストの培地ともなる。このような砂糖の使用法は、甘さとはほとんど無関係である。多くの食品製造で砂糖が重宝がられるのも、蔗糖がもつ、カロリー以外の、ときには甘さ以外の、化学的諸特徴によるのであり[34]、これは一七世紀以来、連綿と続いている状況なのである。

しかし、このような様々な利点にもかかわらず、蔗糖の運命は、決して安泰なものではない。ここ一〇年のあいだに、もうひとつ別の砂糖、すなわち高果糖コーン・シロップ（HFCS）が、砂糖市場、とりわけ調理済み食品の分野に参入してきたからである。コカコーラが蔗糖を一部分、このHFCSで置き換えたのは、とくに決定的であった。今後、これにならう例が、続々と出てくるだろうと思われる。*35 なにはともあれ、コーン・シロップは、他の糖類の消費に切り込み、これからもますますシェアを拡大していくであろう。

合衆国における蔗糖の一人当たり消費量は、最近では、年間一〇〇ポンド前後であるが、他の甘味料の消費は少なくとも過去七〇年間、着実にふえてきている（それゆえ、「砂糖消費」――ここでは蔗糖のこと――は近年ふえていないなどという、いくぶん殊勝な主張が、製糖会社の代表者やおだてに乗せられた《スウィートンド》栄養学の教授などによってしばしば吹聴されているが、控えめに受け取らなければならない）。非食品型《ノン・ダイエタリ》の糖類（たとえば果物のなかに含まれている糖類のように、自然なかたちでは表われないもの）の「〔供給と在庫等の〕差額」、つまり、消費量分の数値を計算すると、一人当たり年間一三〇ポンド程度となる。この数値を消費分とみなすならば、糖類の非食品型の消費量は、一人当たり一日、約六オンスである。

このような糖類の多くを消費者が甘いと感じないのには、おもに二つの理由がある。ひとつは、使用される蔗糖の量があまりに微量で、認識できない――もちろん甘みに対する鋭敏さは、個々人によってかなり幅があるのだが――という点である。いまひとつは、予期しないところに甘みが出てきた場合、認識されにくい、とくに「甘い」とはふつう思われていない食物の場合はその傾向が強い、ということである。ＨＦＣＳなどの、蔗糖でない甘味料をも考慮に入れるならば、ある研究者のいう「代替可能な要因」すら生じてくる。[36] 食用物質には、最近多くの代替物が出現してきているのである。第二次大戦中、ドイツが、石油から食用物質をつくり出そうと実験を重ねたが、これがいわば先駆といえよう。先の研究者は、マーガリンとバターを、もっとも古い「連続的関係《アナログ》」[37]のひとつとしているが、そこでは、まねてつくり出された食品ともともとの食物とが、部分的にではあるが判別できないという状況にまで立ち至っているのである。蔗糖とＨＦＣＳの関係も、同様の問題を生み出している。世界市場や国内市場、階級別の消費パターンにおける蔗糖と他の甘味料——カロリーの有無にかかわらず——とのライバル関係は、乳製品と非乳製品との関係と同じく、十分に理解されているとは言いがたい。このような変化の結節点において、文化と技術、文化と経済、文化と政治が面と向き合っているのである。そして、最近のＨＦＣＳが成し遂げた成功は、いくつかの問題を生み出したが——ここでふたたび留意をしたいのは、このような例こそ、現在の議論においてもっとも有意義なものだということである——、われわれが生きているあいだには、完全に決着を見ることはないであろう。

本書の冒頭から述べてきたのは、砂糖——蔗糖——は多様な機能を有しており、文化的に定義づけられたものとして認識しなければならない、ということである。ずっと強調してきたように、象徴を「運ぶ」という、たぐい稀なる「力」をもっており、富者や権力者のあいだで、その象徴の重さは保たれ続けた。砂糖が一般的で安価なモノになり、需要が高まってすべての西欧諸国の労働者階級にゆきわたるまで、このような状況は持続したのである。こうして、砂糖は従来の古い意味とともに、新しい意味をも獲得することになった。また、甘みの感情的な面での重みはつねに大きく、砂糖が豊富になって質的変化を遂げても、消え去りはしなかったのである。より良い、豊かな、満ち足りた生活は、すなわち甘《スウィート》い生活なのだから。

フランス人の化学者メージュ・ムーリエによって発明され、ドイツ人の手によって世界的な商品となったマーガリン、その出現は、象徴的な意味で興味深く、蔗糖の歴史と対置される。すでに見てきたように、複合炭水化物は、二方面から徐々に侵食されてきた。ひとつは糖類、もうひとつは脂肪によってである。これら二つの物質は、ミルク・デザートなどの食品に見られるように、同時に出てくることもある。液体ではコンデンスミルク、半固体ではアイスクリーム、固体ではチョコレート・キャンディに、端的に表われているのである。過去半世紀前後、この砂糖と脂肪の組み合わせには、二種類の重要な工業上の加工品が出現した。ひとつは、塩辛い食物と甘い飲料の組み合わせ（ハンバーガーとコカコーラ、ホットドッグとオレンジ・ソーダ、燻製牛肉とセロリのトニックなど）であり、もうひとつは、甘く冷たい飲料と揚げ物との組み合わせである。揚げ物では、表面のコーティングに砂糖が使われるのである。この後者の組み合わせは、栄養よりも、場にうまく適応するように条件づけられた味わいのほうが、優先されていることを示している。脂肪は、次のようなうたい文句で宣伝されている。いわく、「ジューシー」、「栄養に富む」、「ホットな」、「うまい」、「風味のよい」、「リッチな」、「満足のいく」、「指をしゃぶるくらいにおいしい」など。砂糖の側も、次のように売り込まれている。「さくさくする」、「フレッシュな」、「元気の出る」、「冷たい」、「健康によい」、「リフレッシング」、「きらめく」など。これらの単語のセットは、商売上、ひとを引き付けるための言葉のなかで、対置されているのである。*[38]

砂糖と脂肪の組み合わせは、食物の選択ないし好みとして非常に重要である。

食事の豊かさは、ふつうの食事やファストフードの「外食」の際の、脂肪と砂糖にしばしば関連している。外食のほうは、多量の脂肪・砂糖をその特徴のひとつとしているのみならず、ライフ・スタイルの一部としての「速さ」を反映している。ある意味では、それを強化してさえいる。脂肪と砂糖の組み合わせは、貯蔵寿命を延ばすのに貢献するという機能的な側面を有していると同時に、食物としてのリッチさ、言いかえれば、評判の良さとも関連している。*[39]

砂糖と脂肪の使用法に通じている食品技術者たちは、食物をより口にあうようにしてしまうという砂糖の特性に、おおいに注目している。焼いたパンなどは「切れのよさ《ゴー・アウェイ》」によって、その性質を判断されるのである。砂糖と脂肪をうまく調合すると、非常に「切れのよい」食品をつくることができる。「切れのよさ」とは、口のなかに脂肪の膜を残さずに、口いっぱいの食べ物を飲み下せるということである。このような状態をつくり上げるのに、砂糖は決定的な役割を演じているのである。現在、合衆国では、ピーナッツバターの製造過程で、一〇パーセントの砂糖を添加することが許されている。ピーナッツバターほど、切れの悪い食品はないと言ってもよいくらいなのだが、砂糖は、それを驚異的に改善するのである。ソフト・ドリンクの製造業者も、砂糖の代わりにサッカリンを用いて、同様の問題に取り組んでいる。様々な種類の粘性物質が、ソフト・ドリンクの味をより重くするために用いられるが、それは、砂糖の場合と同じような方法でなされている。食料技術者がいうには、水よりも重い液体のほうがわれわれの口にあうのだそうである。また、「口あたりのよさ」という言葉が、液体（ソフト・ドリンクなど）の「ボディ」の感じを表現するのに用いられる。これに対しても、砂糖は、重みとバランスを加えて貢献している。これらの用語は、味と完全に関連しているというわけではないようである。性質、もしくは、たぶん「感じ」なのであって、味ではないのである。

現代社会の消費とアイデンティティ

このように見てくると、われわれ素人には食概念の本質に対する自覚が、まだまだ乏しいようである。現代的な食生活においては、「味」というレッテルのもとに様々なものが包み込まれているのだが、その大部分は味とは無関係である。ころもで覆われた揚げ物に対する人びとの反応を見れば、それがよくわかる。ころもに砂糖を混ぜるとカラメル化が促進され、膜のようなものになるので、なかの脂肪分や汁を逃さずに調理できる。したがって、ここでは、蔗糖などの砂糖がもつ甘味料としての機能は、他の機能によって押し退けられているのである。それでは、食事の際の甘みはというと、このような揚げ物といっしょに消費される飲料によって賄われているのである。ここでは、種々の便利な使用法とか、ファストフードなどの社会心理学的な含蓄について、立ち入った議論をするつもりはないが、ファストフードなどは、砂糖をたっぷりと含んだころもによって「上塗り」され、脂肪分を含んだ温かいタンパク質および複合炭水化物から成っているのであって、甘く冷たい発泡性刺激飲料と、しばしば組み合わされるのである。たぶん人びとは、このような食物と「豊かな生活」を関連づけて考えており、食べたときにもたらされる刺激は、「若い頃の生活体験に根ざした幾つもの楽しい思い出を」喚起させるのである。[*40]

以上、現代の食習慣が砂糖の位置づけを変えてしまった道程のいくつかを提示しようと試みてきた。世界では、依然、多くの人びとが、イギリスや欧米諸国に広まったのと同じやり方で、同じくらいの分量の砂糖を食することを学び続けているとはいえ、食生活の歴史のまったく新しい時代へと入り込んでいる人びとがいることも、たしかである。ロラン・バルトは、フランス人の生活における食の位置づけが、質的変化を遂げてしまったと述べたが、かれの主張は、おおむね、現代社会一般に合致するように思える。

食物は、主題の記号《サイン》であると同時に、状況の記号でもある。そして、これらすべてが意味することは、食物によって表現されたという以上に、強調されたというべき生活様式なのである。食べるということは、それ自体の目的を超えて展開する行為であり、置き換え、要約し、他の行為を記号化する。そして、まさにこれらの理由ゆえに、食は記号なのである。それでは、他の行為とはどんなものなのか。今日では、食物の「多義性」が現代を特徴づけると言われているが、むかしは、食物がはっきりと組織されたかたちで記号化されたのは、唯一、祝祭時のみであった。もちろん現在では、労働すら、(ひとつの記号として) それ自身に特徴的な種類の食物を有している。すなわちエネルギー補給のための軽い食品は、現代生活へ参入するためのたんなる手助けではなく、記号そのものとなっているのである。……われわれは、食物に関連した領域が異常なまでに拡大していくのを、目のあたりにしている。食物は、たえずふえ続ける状況のリストに組み込まれつつあるといえよう。ふつう、この組み込みは、衛生上、もしくはよりよい生活という名のもとに行なわれるのだが、じっさいには、再度強調するが、食物もまた、自身が用いられる状況を記号化する役割をもになわせられているのである。つまり食物は、二重の価値をもっている。栄養源であると同時に、社交上の儀礼でもあり、基礎的な必要が満たされるやいなや、後者のほうが重要性を増してくるのである。それはじっさい、フランスで起こっており、別の言い方をするならば、現代フランス社会において、食物は、常に自身で状況へと転じる傾向を有しているのである。*41

各種の砂糖は、その多用性ゆえ、多くの食物やほとんどすべての料理に取り入れられてきたが、そのなかのいくつか、とくに蔗糖は、家庭内外で調理済み食品が一般的になるにつれて、その副次的・付随的な使用法は、意味が小さくなるというより、ますます重要視されるようになってきた。食のパターンにおける甘みの機能が変化し、砂糖やトウモロコシ製の甘味料の非甘味的使用法が普及したのである。糖類は、われわれの新しい食事や食習慣において重要な要素であり続けたのみならず、その役割をさらにひろげていったのであって、これこそ、多用性のひとつの証明であろう。

砂糖が近現代史に残した軌跡は、全世界を積極的に再構成していた社会的、経済的、政治的諸力による生産的結合のなかに投じられた多くの大衆や資源を巻き込んだものである。これらの諸力が解放した技術的・人的エネルギーは、世界史上、例をみないもので、その結果として多くの恩恵がもたらされたのである。しかしながら、現代の食事における砂糖の位置づけ、自分たちが食べているものを自分たちがコントロールすることに対する奇妙だが絶えまない軋轢、われわれが食事をコントロールしたりつくったりするのではなく、大量生産された食品のたんなる消費者に留まってしまったこと、多くの力が食品産業の利潤を維持すべく、あらかじめ定められた方向に消費を保持し続けようと画策していること、便利さ・容易さ・「自由」の衣の下で、個々人の選択肢や、上述の傾向に対する抵抗の機会が狭められているという矛盾した状況、以上すべての要素は、われわれが、われわれの食べるものに対して自決権をいかに放棄してしまったかを示しているのである。

現代的で効果的、今日的、個人主義的たりうべく、巧みな奨励がなされているが、それは日増しに洗練の度を加えつつある。われわれは、われわれが食べているものそのものなのであって、現代の欧米社会においては、そのものであるようにつくられているのである。われわれの力の及ばない諸力が、つねに消費とアイデンティティとを連結させようとしているのである。

商品開発に携わるいわゆる「クリエイティヴ」な人びととは、研究者でない場合が多くなってきており、技術的・科学的束縛から離れて自由に発想する。かれら、非技術屋の発想のほうが、技術屋を縛る制約から解放され、現実の市場状況とマッチしていることは、経営者たちも認めるところである。その結果として、新商品の開発資金は、技術研究よりも宣伝関係のサーヴィスのほうへより多く投下されることになる。……

このような商品開発のパターンが消費に与える影響は重大である。……かりに、いわゆる豊かさなるものを味覚の問題に限定して論じるとすれば、次つぎと〔開発される〕新商品に、「豊かさ」が繰り返し組み込まれてゆく結果、たえず「豊かさ」の認識が強められ、よいことだとして推奨されているありとあらゆる関連事象のおかげもあって、脂肪と砂糖の消費が増大することにもなる。……おそらく、脂肪消費には、安全という要因が関連しているのであろうし、甘味料消費についても同じことがいえよう。しかし、統計の語るところでは、少なくとも平均値のレベルでいえば、次のように結論づけられる。すなわち、食事の準備が台所から工場へと移行するにつれ、スナック・フードなどにおける豊かさの概念、豊かさの絶えざる強調は、消費を強化するのみならず、増大させてもいるのである。……食物需要が比較的非弾力的であることから、この消費の増大は、重大な栄養のアンバランスをもたらす危険性がある。たぶん、さらにうっとうしいのは、食物を他の消費財と同様にデザインするシステムが、消費者の自決権の境界をどの程度まで押し下げるか、という点である。[*42]

これとは若干異なった視点からアプローチしている人類学者、ライオネル・タイガーも、同じような批判的結論に到達している。かれの指摘によれば、現代社会における人びとの考え方が、ますます世俗的になるにつれ、個々人は、自分自身の安全性に対する見方を変え、かれのいう「皆殺しモデル」が出現するというのである。すなわち、個々人が、自己の生存の統計的可能性が、放射能や化学物質、そしておそらくとくに「食」に晒されるという環境的リスク如何にかかっていると考えることである。Y本のタバコを吸うと、Xパーセント、癌罹患の危険性が増すのだと信じることは、タイガーに言わせれば、「理論的にもっとも重要なものに比較的ストレートに結びつけてものを考える考え方とはかなり違う」。「後者においては、正誤のルールははっきりとしており、特定の行為の結果は比較的明瞭に認知されるからである」[*43]。しかし、たぶん、ここでさらに重要な点は、リスクに対するわれわれの姿勢が、統計的・疫学的アプローチへと転換することによって、食にかんする制約が個人に押し付けられる、ということである。

健康にかんしていえば、個人は直接、自分の運命にかんして決定を下さなければならないのだが、まわりの地域社会を見渡せば、個人に罹患の危険性をもたらすような、種々の誘惑もある。たとえば、ファストフードなどが、際限なく、おおっぴらに供給されているが、こうした商品は病気予防の観点からしてあまり好ましくなく、過度の依存は考えものである。各自は、まったく個人の判断で決定を行なうのであるが、その決定は社会的文脈のなかでなされねばならず、その結果、破壊的な方向へと導かれることもある。というのは、地域社会は、最適の食のパターンについて無関心であり、また、それについての情報を欠いているからである。あるいは、特権的な人びとや集団が、医学上望ましい食習慣などということにはあまり気にもかけないで、自己の経済的優位を維持しようとするせいでもある。*44

フランスの人類学者フィッシュラーは、「スナック」が従来の食事にとって代わってゆくさまを観察し、ぞっとしたところから、「食の無秩序《ガストロアノミー》」が食通《ガストロノミー》にとって代わったと述べ、食が脱社会化し不規則になってゆく傾向に対して疑問を投げかけている（もっとも、かれを憤らせているのが、「スナック」という言葉そのものであるのは明らかで、かれが誇らしく主張しているところでは、フランス語にはこれに当たる言葉はないとのことである！）。今日、このような傾向は広く素速く行きわたり、かつては、これに対してはっきりと抵抗を示していた大きな伝統社会、たとえば中国、日本などにも浸透してきているのである。産業における就業日の性質が変化し、砂糖がコストの点からいっても資源利用の点からいっても安価なカロリーを提供しているうえ、その消費を推進しようとする特別な利益集団も存在しているので、*45 個人や集団の教育の次元で、このような累積的な圧力に対抗するのは困難なのである。

食物はたしかにより大きく、より基礎的なプロセスのひとつの記号であるが、たぶんそれ以上ではないし、ないように見える。社会の生産にかんするすべての特徴がつくり変えられ、それにともなって、時間や労働、レジャーの性質そのものすら変化してしまったために、食事もまたつくり直されているのである。もし、これらの変化によって、われわれ自身のための、われわれ自身にかんする問いが提示されるのだとしたら――もし、それらの変化が、組織された人間の意図の所産であるにもかかわらず、人間にはコントロール不可能なところへ行ってしまったという感じがしているのが、私だけではないとすれば――、こうした変化をいまよりずっとよく理解する必要がある。世界をたんに観察するのではなく、変革することが望ましいと思うこともあろうが、社会的に効果のあるやり方でそれを成し遂げるためには、まず、その仕組みを理解しなければならないのである。

われわれ人類学者は、奇妙なことに、あまりにもながいあいだ、世界が変わってきたことやいまだに変わり続けていることを否定してきた。人類学者は、人びとがそうした変化を広く理解するのに多少とも役立つことができるし、そうする責任もあるという事実さえ、ずっと否定し続けてきたのである。われわれは、自らのロマンティシズムによって裏切られてきた一面もあるが、自らの力を認識し主張するのに熱心でなかったという一面もあろう。〔人類学の〕このような利点は、フィールドワーク――遺憾ながら、本書ではほとんど取り入れられなかった――や、ひとつの「種」としての人類の歴史的特質を十分に認識するという点では、ずっと認められるはずである。ひと、モノ、行為がいかにして、意味のあるかたちで統合されるのかという問題は、人類学的に大いに興味を惹かれる問題であるが、こうした問題は、原始的な社会同様、現代社会においても追求することができるのである。現代の日常生活や食物のような世俗の事象の特徴的な変化を、生産と消費、効用と機能の結合された視点から眺め、異なった表われ方や意味の多様性と関係づけつつ研究するならば、それは、いまや目的意識喪失の危機に瀕しているこの学問分野に、活気を与えるひとつの手段となろう。

砂糖のような些細なものから広く世界の状況に至るまで論じてきたが、これは骨組みでいえば、ようやく腰骨が足の骨に接続されたようなもので、まだ、陰の声といったところであろう。しかしながら、すでに見てきたように、「資本主義の寵児」たる砂糖——フェルナンド・オルティスの名文句[*46]——は、ひとつの社会が別の社会へと変容してゆく有様を、縮図的に身をもって示したのである。イギリス人労働者が最初に砂糖入りの熱い紅茶を飲んだとき、それは重大な歴史的事件であったといえる。なぜなら、それは、社会全体の変容と社会経済的基盤全体の再編を予示していたからである。われわれは、このような変化のもたらした結果を十分に理解するよう、努めなければならない。こうした変化の上にこそ、生産者と消費者の関係、労働の意味、自分自身の定義、ものの性質などにかんして、従来とまったく異なった概念が打ち立てられたからである。商品が何であるのかということと、その商品が何を意味しているのかということは、これ以降、永久に異なったものとなり、同じ理由から、ひとが何であるのかということと、そのひとであることが何を意味しているのかということも、これまでとは別のものとなってしまった。商品とひととの関係を理解することで、われわれは改めて、われわれ自身の歴史を、掘り起こすことになるのである。

原注

はじめに

＊1　Hagelberg 1974:51-52, 1976:5 の指摘によれば、遠心分離をしていない砂糖は、いまでも多くの国々で大量に消費されているという。世界全体では、一二〇〇万トン（メートル法の一トンは二二〇四・六重量ポンド）というから、かなりの量にのぼると推定されている（*in lit.*, July 30, 1983）。

＊2　きわめて興味深い研究がいろいろあるが、なかでも Claudius Salmasius; Frederick Slare; William Falconer; William Reed; Benjamin Moseley; Karl Ritter; Richard Bannister; Ellen Ellis; George R. Porter; Noel Deerr; Jacob Baxa and Gutwin Bruhns および、とくに Edmund von Lippmann をあげなければならない。かれらの作品については、巻末の「参考文献」をみられたい。

＊3　Malinowski 1950 [1922]: 4-22. Malinowski 1935: I, 479-81 所収の自己批判をもみよ。

＊4　R. Adams 1977: 221.

第一章

＊1　Richards 1932: 1.

＊2　Robertson Smith 1889: 269.

＊3　*Ibid.*

＊4　Marshall 1961: 236.

＊5　もちろん、このような主張は、ここで紹介するわけにはいかない考古学および民族学の膨大な研究成果を、もっともらしく解説しているだけのことである。たいていの研究者は、穀物（ないし根菜）栽培を基礎とする、定住型の農業生活こそが、複雑な政治組織——国家など——の出現する前提条件であり、

新石器時代以降のエジプト、メソポタミア、メキシコなどがその実例である、と認めている。大きな獲物が減ったために生じた食糧危機が、植物栽培の開始と動物の家畜化が成功したことによって、解決されたのはもっと早い時期のことだと指摘する者（Cohen 1977）もある。いったん穀物栽培が確立すると、人口は急増しはじめた。Sauer 1952 や Anderson 1952 は、栽培植物化の歴史についての古典的入門書である。考古学者チャイルドは、こうした一連の変化を革命とみなし、それに「新石器革命」なる用語をあてた（V. Gordon Childe 1936）。植物栽培の開始と家畜化については、Chrispeels と Sadava の書物（1979）と Harris の論文（1969）に有益な情報がある。

＊6 Richards 1939: 46–49.

＊7 E. Rozin 1973, P. Rozin 1976a, E. Rozin and P. Rozin 1981.

＊8 たとえば、Pimentel *et al.* 1973, Steinhart and Steinhart 1974 をみよ。

＊9 たとえば、イヌイットについては Balikci 1970、トリンギット族については Oberg 1973、マサイ族については Huntingford 1953 をみよ。

＊10 Roseberry 1982: 1026.

＊11 Maller and Desor 1973: 279–291.

＊12 Jerome 1977: 243.

＊13 Beidler 1975, Kare 1975, P. Rozin 1976a, 1976b.

＊14 Symons 1979: 73.

＊15 Beauchamp, Maller, and Rogers 1977.

＊16 De Snoo 1937: 88.

＊17 Jerome 1977: 236.

＊18 テンサイ（砂糖大根）から砂糖を抽出する方法は、マルクグラーフ（一七〇九～一七八二年）の先駆

的研究を基礎として改良がすすめられ、かれの弟子のフランツ・アシャール（一七五三～一八二一年）によって完成された。しかし、一八一二年に〔はじめて〕白砂糖の製造に成功したのは、ベンジャマン・デルセールで、ナポレオンはその成功を大いに喜んだという。フランスのテンサイ糖産業は、その製品がマルティニクやガドループのような仏領西インド諸島産のサトウキビ糖と完全に競争できるようになるまで、特恵的な扱いを受けた。

＊19 Henning 1916. Pfaffman, Bartoshuk and McBurney 1971 には、最新の議論が展開されていて有益。ヘニングは、苦味、辛味、酸味、甘味の相互関係を、四面体のダイアグラムで示そうとしている。四つの基礎味覚は各頂点にあたり、二次味覚が稜、三次味覚は面で表わされることになる。こうして次のような図ができあがる。

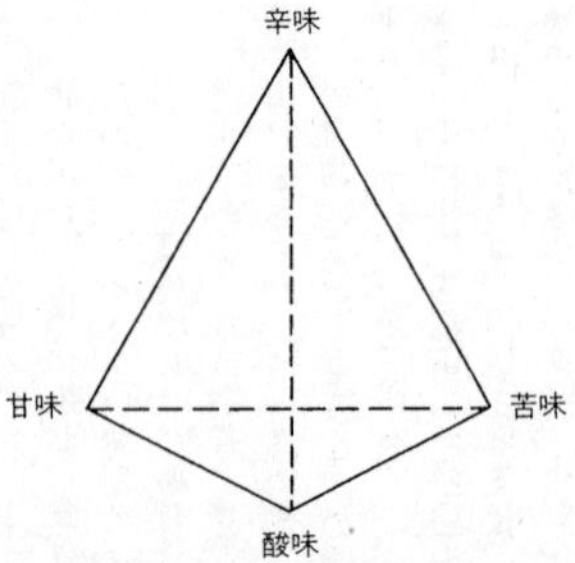

『味覚の四面体』（Henning 1916）より Pfaffman *et al.*（1971: 97）に引用

プファフマンらは、少なくとも連続した味覚を表わすには、このダイアグラムが有効と考えている。科学的に証明できる四つの基本味覚からなる味覚システムがもつ含意は非常に大きい。しかし、このような考え方には慎重な姿勢をとっている専門家も少なくはない。

水を「甘い」と表現することもあり——塩水や河口付近の薄塩水に対して真水のことをそのように表現することもあれば、何か塩辛いもの、苦いもの、酸っぱいものを食べたあとで飲む水の味もそのように表現できる——、また、ホタテ貝やカニの味のような食品も「甘い」と表現されるが、このような表現は、たとえば砂糖のもつ甘さにはあまり幅がないこと、味覚を示す語彙が限られていることなどに対して、経験上、甘みの範囲は非常に広いことを如実に示している。こうした差異の大きさには誰しも困惑させられるので、甘みについての第一線の研究者ですら、次のように述懐しているくらいである。すなわち、「心理学者が甘みを探究しているかと思うと、その一方では化学的な意味での「甘み」も考えられるわけで、甘みの研究というのは、つねに双頭のヤヌスと競争をするようなものである。一方では、規則性や法則を求めて、モデル・システムの動きを分析したい気にもなるが、他方では、現実に消費されている食品の分析をしたい気持ちもある。後者では、規則性よりは不規則性のほうが、行動の法則性よりは例外のほうが優越しているのである」、と（Moskowitz 1974: 62）。

第二章

＊1　Edelman 1971. 炭水化物と呼ばれる自然に存在する物質は、炭素・水素・酸素の化合物だが、各種の砂糖はいずれもこれに属している。こうした砂糖に含まれるもので、とくに重要なのは蔗糖である。蔗糖は、すべての草類、根菜類の一部、多くの樹木の樹液などに含まれている。二酸化炭素と水が光合成によって砂糖（蔗糖）、その他のデンプンや諸種の糖分になる。人類は体内で蔗糖をつくることはできないので、もっぱら消費するのみである。炭水化物を摂取し、酸素を吸収することで、ブドウ糖（血糖）を分解してエネルギーを発する。その際には、二酸化炭素も同時に発生する。つまり、「砂糖の消費は、その生成過程の裏返しなのである」。（Hugill 1978: 11）。

＊2　サッカルム属に属することが知られている六つの品種のうち、四種は栽培されており、なかでも、もっとも広く普及していて重要性も高いのが、サッカルム・オフィキナールム（「薬屋の砂糖」）である（Warner 1962）。栽培されているサトウキビの品種が非常に多いのは、それが世界の主要商品である砂糖の主要原料であるだけに、応用研究が進んでいるからである。砂糖は、数世紀にわたって、世界の食品輸入の六位以内にランクされてきた。

＊3　Deerr 1949: 1, 63.

＊4　R. J. Forbes 1966: 103.

＊5　S. G. Harrison 1950: n.p.; R. J. Forbes 1966: 100–101.

＊6　タバシル tabashir（tabasheer, tabaxir）すなわちサッカル・マンブ Sakkar Mambu は、薬として大いに賞揚された。この植物性ガムは、固めると透明か白い色になり、固体化して甘い味がする。砂糖と同じ要領で、調剤に用いられる。tabaxir という言葉は、ウルドゥー語で「チョーク」ないし「モルタル」の意味である（『オクスフォード小英語辞典 *SOD*』による）。マグレブ系のアラビア語方言にも、同じ意味をもった言葉がある。「砂糖 sugar」という言葉は、サンスクリットの śarkarā――「砂利」・「砂」を意味する――から派生したと信じられている。砂糖が、一七世紀の医師たちに一種の塩とみなされていたように、tabashir も「アラビア人の塩 Salz aus den glücklichen Arabien」と呼ばれた。この二つの物質は、しばしば混同――じっさいには、両者はそれほど似通っているわけではないが――されたというのは、どちらもたいへん珍しいもので、それらに言及している者もたいていは、他の著書の受け売りか、「孫引き」によっていることが多かったらしいからである。同様の混乱は、聖書の甘みについての言及――マンナにも、蜂蜜にもふれていない――にかんする議論にも認められる。聖書時代の近東で砂糖が知られていたとは考えられないが、研究者の見解は必ずしも一致していない。この点については、たとえば、Shapiro 1957 をみよ。

＊7　バーンズは次のように説明している。「サトウキビは無性生殖の習性を利用して、商業的に普及していった。つまり、未成熟なサトウキビの茎を一部採取して、これを植える――これは種子《シード》、タネキビ《シードケイン》、タネさし木《シードピース》などとして知られている。雌花の自然または人工受粉でできるサトウキビの本当のタネは、商業用作物をつくるにはまったく適さない。……無性生殖 asexual or vegetative method でつくった株は、もとの親株とそっくり同じものになる。ただし、まれに、芽状突然変異によって、同じ品種の他の

ものとは違ったものになることもある。いずれにせよ、こうして新株は、商業用に選ばれた品種の茎を切って植えたものの芽から成長する」（Barnes 1974: 257）。

＊8　Hagelberg 1976: 5.

＊9　*Ibid.*

＊10　「糖蜜 molasses」という言葉——フランス語のメラス mélasse、スペイン語のメラーサ melaza、ポルトガル語のメラソ melaço など——は、ラテン語のメル mel（蜂蜜）からきている。英語の「糖蜜《トリークル》」は、ラテン語のテリアカ theriaca——それ自体は、野生動物を意味するギリシア語テリオン therion から派生した——からきた言葉である。テリアカとは、毒をもった動物に咬まれたときに使う塗り薬ないし合成物の類である。ガレノスもディオスコリデスも、ともにしばしば毒蛇の肉を含む〔解毒薬の〕「テリアカ」を開発した。テリアカ（すなわち「糖蜜《トリークル》」）は結局、ヨーロッパ医学では神聖視されつづけ、一九世紀末まで公式の薬局方から姿を消すことはなかった。『覚書と疑問 *Notes and Queries*』（一七六二年二月二二日号）で、F・クレインは次のように述べている。「「トリークル」が糖蜜を意味するようになったのは、イギリスだけである。おそらく特定のタイプの合成物を指していたこの言葉は、のちに意味がひろがって一般的な物質を指す言葉になったのであろう」。重要なことは、テリアカが蜂蜜を使ってつくられていた、という事実であると思われる。糖蜜は、急速に値段が下がってきたからだろうが、しだいに蜂蜜代わりに用いられるようになった。しかし、その結果、合成物全体を指していたこの言葉が、その媒体のほうだけを指すようになっていったのであろう。「糖蜜《モラセス》」の意味での「トリークル」という語の初出は一六九四年で、*SOD* はウェストマコットの『薬草の書 *Script. Herb.*』をあげている。そこには、「大量のモラセス、モノに甘みをつけるための並のトリークル」とある。この言葉は、薬品を指す言葉としても使われ続けたが、イギリスでは「モラセス」という言葉のほうは一般には普及しなかった。これに対して、相変わらず「トリークル」——または「黄金のシロップ」——と呼

ばれた液体のほうは、人気を博し続けたのである。「黄金のシロップ」なる言葉も、いささか説明を要しよう。精製済みの糖蜜は、蜂蜜に似せて色あいを薄めることもできたが、濃度のほうも自由に変えられた。

一九世紀末、グラスゴーを本拠とするイギリスの大精糖会社テイト・アンド・ライル商会の手で発売された「黄金のシロップ」をもって、糖蜜はいわばその全盛期を迎える。Aykroyd 1967: 7によれば、近代史上もっとも重要な調理済み食品ともいえるこの製品は、聖書の物語を利用して、蜂蜜とすっかり混同させるような宣伝の仕方をされた。すなわち、その容器には、死せるライオンが描かれていたのだが、それこそサムソンが殺したライオンというわけで、そのまわりを蜜蜂が取り巻いているのである。蜂たちはライオンの体内に巣をつくり、蜜を貯えた。サムソンの出したなぞ――「食らう者から食い物が出、強い者から甘いものが出た」――は、ペリシテびとには解けなかったが、デリラはこのことを思い悩んだ。「蜜より甘いものに何があるだろう。ライオンより強いものに何があるだろう」、と〔旧約聖書「士師記」一四章〕。エイクロイドは、次のように付言もしている。この社章のデザイナーたちは、〔聖書の物語では〕甘みの素は砂糖ではなく、蜂蜜であるという事実を無視した。こうして、この社章こそは、じっさいには何世紀もかかった〔糖蜜による蜂蜜への〕代替過程を、凝縮して示すことになった。

＊11　伝統的なギリシア医学で、砂糖ないし砂糖類似物がどんな位置を占めていたかを十分に論じることはできないのだが、同様にインド医術における砂糖の位置についても、本格的な議論はしにくい。おそらく、インドでは、紀元後四〇〇年頃までに――それ以前ということはないにしても――サトウキビの汁を加工して結晶させた、固型の砂糖が医療用に用いられていた、と思われる。しかし、固型の砂糖が、ガレノスやかれの同時代人に知られていたとは考えられない。ガレノスの医学に登場する唯一の砂糖製品――蔗糖というべきか――は、こねた粉のような、ロープ状の、結晶していないファニド fanid――

アラビア語のファーニード al-fānid——、つまり英語でいうペネット pennet（penide, penidium）であろう。これらの用語は、たぶん、何かインド系の言語から派生したのであろう（ファニタ phanita という言葉は、「砂糖」[śarkarā] を示す用語のサンスクリット系の派生語で、紀元後三七五年頃のバウアー手稿に出てくるが、そこではまったくの液体を指している [cf. Deerr 1949: 1, 47]）。上記のペニディアム penidium から出たのが、スペイン語のアルフェニケ alfeñique と英語のアレムビック alembic、つまり「蒸溜器《ランビキ》」である。英語では、もともとファニド fanid というような語形が使われており、それはのちの英語でいう大麦糖に似た、タフィーのような砂糖菓子（ないし薬）を指していた。Pittenger 1947: 5 によれば、「ファニドは、がんらい、サトウキビの汁を煮詰めて固めたもののことで、茶色から黒っぽい色をしたネバネバしたパン生地のようなものからなっていたが、のちには黄色いとか、白っぽいとさえ表現されるようになった。それが非結晶性のものであったことは明らかである。というのは、完全に冷やすまえにのばせば、糸状にも、木の葉状にもすることができ、巻き取ることも可能である、といわれているからである」。ポメットは、一七四八年に大麦糖について素晴らしい説明をしており、それをみると、当時、ヨーロッパ大陸の薬学でファニド（または pennet, diapenidium）と呼ばれたものと類似性があることがわかる。「大麦糖は白砂糖か赤砂糖でつくる。まずひとつの種類は、砂糖がもろい状態になるまで煮つめる。これを冷やすとボロボロになる。徹底的に煮詰めて大理石にひろげ、甘いアーモンド油を使って滑らかにする。やがてペースト状になると、どんな形であれ、好みの形にすることができる。もうひとつの種類は、俗に大麦糖と呼ばれているもので、カッソナードすなわち粗い粉砂糖でできており、不純物を除いて煮詰め、コシをもたせる。こうなると、手でどんな形にでもできるが、ふつうは、少しひねった棒状にする。こちらの種類の砂糖のほうがつくりにくい。というのは、自由に処理できるように、ちょうど適当なところまで煮詰めるのがむずかしいからである。こちらの種類のものは、できたては琥珀色をしていて乾いていなければならず、歯にくっつかないくらいでなければならない。それに素晴らしい色をつけようというので、サフランで着色する菓子屋もある」（Pomet 1748: 58)。

本書のようなタイプの書物では、すべての種類の砂糖について詳論することはできない。しかし、ファニドとペネットがアーモンド油を使ってつくられ、あとで形を変えられることには注目しておく価値があろう。砂糖のなかに、こうした「造形」性のあるものが存在したことは、のちに砂糖の用法がいろいろ開発される際に重要な意味をもってくる。

＊12 Galloway 1977 は Lippmann 1970［1929］と Deerr 1949, 1950 をもとに、地中海砂糖産業の拡散と統合について新知見をもたらした。A. M. Watson 1974 は、地中海の農業に対するアラブの寄与を跡づけた。Phillips（n.d.）をも参照。

＊13 Dorveaux 1911: 13.

＊14 A. M. Watson 1974.

＊15 Bolens 1972; A. M. Watson 1974.

＊16 Deerr 1949: 1, 74.

＊17 Berthier 1966.

＊18 Popovic 1965.

＊19 たとえば、Salmi-Bianchi 1969 をみよ。

＊20 Deerr 1950: 2, 536; Lippmann 1970［1929］.

＊21 Soares Pereira 1955; Castro 1980.

＊22 Baxa and Bruhns 1967: 9.

＊23 Benveniste 1970: 253–256.

＊24 Galloway 1977: 190 ff.

＊25　*Ibid.*

＊26　*Ibid.*

＊27　Greenfield 1979: 116.

＊28　Malowist 1969: 29.

＊29　Heyd 1959 [1879]: II, 680-693.

＊30　カナリア諸島からの最初の砂糖輸出は、史料による限りは、一五〇六年のことであるが、Fernández-Armesto 1982は、もっと早くからあるはずと信じている。じっさい、一六世紀の初頭には、カナリア諸島の砂糖生産がマデイラのそれを抜いていた、というのが、かれの見解である。

＊31　Fernández-Armesto 1982: 85.

＊32　Wallerstein 1974: 333; Braudel 1973: 156.

＊33　Ratekin 1954.

＊34　*Ibid.*: 7. ここでレイトキンは、リップマンに従って——私はまちがいだと思うが——この搾汁機のタイプをスペチアーレ型としている。Mauro 1960: 209は、ある聖職者によってペルーからブラジルへもち込まれたといわれる搾汁機の一六一三年のスケッチを再録している。一六〇八年から一二年にかけて、ブラジルでは搾汁機が一変したといわれる。新しい搾汁機は、三つの垂直ローラーと掃き棒一本をそなえており、二本の水平ローラーをもつ搾汁機にとって代わったといわれている。

＊35　Ratekin 1954: 10.

＊36　*Ibid.* レイトキンは、ピーター・マーターの次のような主張を引用しているが、支持しがたい。すなわち、一五一八年までに二八基の「搾汁機」が稼働していた、と。また、サント・ドミンゴにおける砂糖業の成長にかんするイレーネ・ライトの、もっと信用できる見解も引用されている（Wright 1916）。

＊37　Ratekin 1954: 13. またSauer 1966をみよ。

*38　Masefield 1967: 289-290 はいう。「サトウキビの栽培が、一五世紀にマデイラとカナリア諸島にひろがったために最初に起こったことは、ヨーロッパの既存の生産者とのきびしい競争であった。アメリカの植民地が生産をはじめると、この競争はいっそう激化した。一五八〇年までには、……シチリアの砂糖業は、死に瀕した。……スペインでも、この産業は衰退した。……中世の南イタリア、マルタ、モレア〔ペロポネソス半島〕、ロードス、クレタ、キプロスにおける小規模な砂糖産業は、なべて衰退の方向にむかい、結局は消滅してしまった。

マデイラでもカナリア諸島でも、砂糖生産はアフリカ人奴隷労働の使用をもたらした。……こうして奴隷を使ったことで、これらの島の人びとは、ヨーロッパの他の砂糖生産者を圧倒することができた。しかし、マデイラとカナリア諸島は、今度はそれぞれブラジルと西インド諸島との競争に屈することになった。」

*39　K. G. Davies 1974: 144. デイヴィスがジャワとベンガルの砂糖に言及しているのは、いささか驚きである。とにかく、イギリスに一七世紀前半に輸入された砂糖の大半は、ブラジルと大西洋の諸島からきた。

*40　Andrews 1978: 187.

*41　「黒砂糖《マスカヴェイド》」(muscovado, mascabado, moscabado, etc.) という言葉は生き残って、いまもあまり精製されていない赤砂糖を指すようになったが、「粘土糖《クレイド》」という言葉はもはや存在しない。半ば結晶した砂糖を逆さにした円錐状の陶器に入れ、糖蜜と不純物を流すのだが、その際、ぬれた白い粘土でフタをするのがふつうになった。粘土のなかの水分は濾過されて浸み出し、それとともに糖分以外の不純物や糖蜜その他が取り出され、砂糖のもとになる、ヘッドとかローフとか呼ばれた「かたまり」が底のほうに残る。色は白である。円錐の頂点に当たる部分には、暗色のやや不純な砂糖がたまるが、これは質も劣る。これらのうち、比較的白いほうを「粘土糖《クレイド》」と呼び、黒っぽいほうを「黒砂糖《マスカヴェイド》」と呼ぶ。数十

から数百はあったいろいろなタイプの砂糖の呼称のうち、この二つが比較的重要なものである。イギリスの博物学者サー・ハンス・スローンは、聖書外典にある話を詳しく引用している。すなわち、砂糖の粘土通し《クレイイング》は、雌鶏が餌をあさっていてまだ液状の砂糖のうえを歩いたところ、その足跡に白い砂糖ができたのをみて、考えられたというのである。しかし、糖蜜と不純物を濾過して除却する製糖法の段階がすぎると、粘土通しは姿を消した。

＊42 Williamson 1931: 257-260.

＊43 Beer 1948 [1893]: 62-63.

＊44 *Ibid*.: 65.

＊45 Child 1694: 79.

＊46 Oldmixon 1708: I, xxiii.

＊47 Oldmixon 1708: I, 17 に引用。一七世紀の経済学者J・ポレクスフェンは、次のような予言的なことを言っている。「北米のプランテーションや西インド諸島植民地とのイギリスの貿易は、食糧や手づくり品のほか大量のイギリス物産・工業製品を捌かせるうえに、加工原料やその他の商品で、外国に輸出できるもの、とくに砂糖と煙草を大量にもたらす。これらの商品を使うことが必要かどうかについては異論もあるかもしれないが、これだけ普及してしまったので、〔自国で輸入しなくても〕他国から入ってくるのを阻止することはむずかしいだろう。それにこの貿易は、大量の船舶と船員を雇用しているのだから、奨励すべきであろう。というのは、漁業の重要な部分が失われてしまったいま、わが海運を主として支え、船員の養成機構となっているのは、ニューカッスル〔の石炭運搬業〕を除けば、この貿易しかないからである。しかも、すべての裏口を閉じてしまうことができれば、これらの植民地の輸出用生産物で、現地で消費されないものは、ひとつの漏れ落ちもなくイギリスに送られようし、それらはまたイギリスから再輸出することもできるだろう。これらの植民地は、その地主がすべてイギリス人なの

だから、完全にイギリスに従属するはずであるし、かれらの労働の成果も、国内に留まっている者のそれと同じように、イギリスの利益に供されるべきなのだ。とすれば、寛大な法律、規則、保護を与えて〔生産を〕奨励すべきであろう。かれらには、より多くのチャンスを与えるべきなのである。かれらは、イギリスやイギリスに属する他の領土より、開発をすすめるための勤勉な労働力――そこから富が得られるわけだが――をはるかに多く必要としている。しかも、ただの原生林と砂漠にすぎなかったものが、いかに開発されたか、それらの植民地のいくつかにおいては、人類の全史に比べればごく短い期間で、いかに大きな富が蓄積されたか、を考えれば、次のような主張には賛同が得られるに違いない。すなわち、動産の形態をとる富の源は労働にあり、それもうまく管理さえされれば、黒人と浮浪者の労働から得られるはずである、と」(Pollexfen 1697: 86)。

＊48　Oldmixon 1708: I, 17.

＊49　Mill 1876 [1848]: 685–686.

＊50　Davis 1973: 251.

＊51　*Ibid*.

＊52　Gillespie 1920: 147.

＊53　Deerr 1949: 1, 86.

＊54　Tryon 1700: 201–202.

＊55　Dunn 1972: 189–195.

＊56　Mathieson 1926: 63.

＊57　*Ibid*.

＊58　いささか脱線ながら、「自由」労働と「奴隷」労働は、抽象的にはともかく、具体的には両極概念ではない。じっさい、中間的な形態の半強制労働――地域と時代、特殊な諸条件によって規定される――

が無数に存在する。資本主義は一般に――分析装置としていうのであれば、まちがいなく――プロレタリアートと結びついていると言うとしても、もちろん、資本家は「自由な」労働によってしか利益を得られないなどということにはならない。

＊59 「〔アイルランドの〕ドラゲダ襲撃のことを書いた手紙で、クロムウェルはつぎのように言っている。「奴らが降伏したとき、将校どもの首をはね、兵士の一〇人に一人は処刑した。残りの者どもは〔カリブ海の〕バルバドスに流刑にした」、と。この事件にふれたトマス・カーライルは、こう言っている。「この恐ろしい護国卿は、血を流すことこそあまり好まないかもしれないが、統御しにくい人間を端からバルバドス送りにするのは大好きである。かれはこれまでもわれわれを何百人とバルバドスに送ってきたし、いままたそうしている。かくて、バルバドスという語は動詞に――『てめえをバルバドス（送り）にしてやるぞ』といった具合に――さえなってしまった」と」――(Harlow 1926: 295)。

＊60 Curtin 1969.

＊61 Marx 1939 [1867]: 1, 793, 738.

＊62 Gillespie 1920: 74.

＊63 Thomas and McCloskey 1981: 99.

＊64 A. Smith 1776: bk. IV, ch. VII, pt. III, Thomas and McCloskey 1981: 99 に引用。

＊65 Wallerstein 1980.

＊66 この見解のわかり易く、見事な説明は、Wolf 1982: 296 ff. をみよ。

＊67 Banaji 1979.

＊68 Marx 1969: 2, 239.

＊69 *Ibid.*: 303.

＊70 Marx 1965 [1858]: 112.

＊71 Genovese 1974: 69.
＊72 Genovese 1965: 23.
＊73 「おそろしいほどの富が、単一作物に基礎をおく不安定な経済から生み出された。この経済は、封建制と資本主義のもつ徳はひとつももたず、両者の悪だけはしっかり兼備していた」(Williams 1942: 13)。
＊74 Banaji 1979: 17.
＊75 Thomas 1968.
＊76 Deerr 1950: 2, 433–434 に引用。
＊77 Davis 1954: 151.
＊78 *Ibid.*: 152–153.
＊79 *Ibid.*
＊80 *Ibid.*: 163.
＊81 Marx 1939 [1867]: 1, 776, 785.
＊82 Marx 1968 [1846]: 470.
＊83 Hobsbawm 1968: 51. ホブズボームは、他のところでも、自論を展開している (*ibid.*, pp. 144-145)。「われわれは一八六〇年以降には、輸出に対する輸入の超過がますます大きくなったと予想するであろうし、じっさいにそうであったことがわかるだろう。しかしまた、――いくぶん奇妙なことだが――次のことにも気付くのである。つまり一九世紀のいかなる時点においても、イギリスは商品取引にかんして輸出超過となったことはないのである。工業を独占し、顕著な輸出志向をもっていたうえ、国内の消費市場はつましいものであったにもかかわらず、である。……わが国の輸出品の買い手は、イギリスが輸出を行なった諸市場の限界を反映している。それらの市場は、本質的にはイギリス製繊維製品をあまり受けとりたがらなかったか、またはあまりに貧乏なために、ごくわずかの一人当たり需要しか存在し

ていない国々であった。しかし、それはまた、イギリス経済の伝統的な「低開発的」傾向および――ある程度までは――イギリスの上流階級と中産階級の奢侈的な需要をも反映している。すでにみたように、一八一四年から一八四五年にかけてわが国の（価値表示の）純輸入のうち、約七〇パーセントは原料、約二四パーセントは食料――もっぱら熱帯の産物、あるいはそれに類するもの（茶、砂糖、コーヒー）――とアルコールであった。イギリスがこれらのものを大量に消費したのは、わが国がそれらの輸入品にかんして伝統的に重要な再輸出貿易を営んでいたからであるということは、ほぼ確実であろう。綿生産が大規模な中継貿易の、いわば副産物として成長したのとまったく同じように、砂糖、茶などの異常に多い消費もまた、そうであった。それは、貿易収支における赤字の大部分を説明している」、と〔邦訳、一七三～一七四頁。訳文一部変更〕。

この説明は、いかにもきれいすぎると思われる。茶とコーヒーの消費の動向は、一八世紀のうちにまったく別々の方向にむかい、いったんそうなってしまうと、二度と逆転はしなかった。コーヒーの再輸出が維持されたといっても、イギリスにおいては茶がコーヒーを圧倒した。かなりの程度までそれは、茶が帝国内の産物だったからである。コーヒーはそうでなかったし、一度もそうはならなかった。砂糖についても、まったく同じことがいえる。イギリス領の植民地で生産がはじまったとき、その消費が確立したのであり、二度と変わらなかったのである。

＊84　Sheridan 1974: 19–21.　傍点はミンツ。

＊85　Coleman 1977: 118.

＊86　Deerr 1950: 2, 532.　Davis 1979: 43–44 は、雄弁にも次のように要約している。「砂糖は、一八二〇年に原棉にとって代わられるまでの一世紀半のあいだ、イギリスにとって最大の輸入品であった。砂糖は、全面的にアメリカ、アジア、アフリカから輸入された。イギリスではまったく採れず、ヨーロッパ産のものもほとんど輸入されなかったのである。中世ヨーロッパにはなかったのだが、一七世紀になって安

い、豊富な供給が可能になると、いっきょに慣習的な必需品となった。それは、ほかのものでは代替が利かないものであった。一八世紀には、英領のカリブ海植民地の奴隷制プランテーションが、事実上、ほとんど唯一の供給地となったが、戦時には、イギリス軍の占領した仏領西インド諸島とオランダ領東インドから、大量の砂糖が流入した。一八二〇年代以降は、モーリシャスとインドが重要な供給源となった。

砂糖というものは、かなり均質なものである。すなわち、西インド諸島のものでも、ジャワのものでも、モーリシャスのそれでも、砂糖は基本的にはあまり違わないのである。ただ、産地によって評価がかなり違ったのは、産地によって輸出する砂糖の精製の段階が異なっていたからである。植民地産の砂糖は、一八四四年まで外国産の砂糖の輸入を阻止するための差別関税によって保護されていた。もっとも、植民地産の砂糖にしたところで、関税は非常に高かったのであり、一八四五年に税率が半減されたあとでさえ、そうであった。したがって、砂糖価格は、イギリス市場への新たな供給源の出現とか、作況とか、輸送コストの変動とかいった供給サイドの要因によって影響されただけでなく、輸入関税の一般的な水準と、そのなかで植民地がどれくらいの特恵待遇を受けたかによっても、変化したのである。イギリスの国内需要のほうは、長期的に強い拡大傾向を示した。というのは、人口が急速に増加しつつあったうえに、砂糖の消費習慣がしっかりと確立していたからである。

輸入の年度別変動は、作況やある程度は商人の意志の反映であったが、ストックはあまり利かない商品であったので、もっとも急場の輸入以外は、消費に調子を合わせるしかなかった。年度別の輸入統計をみると、かなりの価格弾力性があったことがわかる。イギリス市場は、在庫調整を通じてばかりか、価格変動を通じても、作況の変動に対応してきたのである。しかし、長期的には、様子はまったく異なる。一七九一年のサン＝ドマング（ハイチ）の奴隷革命――サン＝ドマングはヨーロッパ大陸への最大の砂糖供給源であった――は、イギリスへの供給の一部をヨーロッパむけに切りかえさせ、価格の急騰を招いた。しかも、続いて戦時下の関税引き上げがはじめて実施されたために、高価格はなお継続した。このために、消費者はちょっと引き戻されたように思われるが、しかしまもなく、価格は引き続き上昇していたにもかかわらず、以前の消費習慣に戻った。戦争中、平均的な消費者たちは、砂糖価格の上昇には、支出をふやすかたちで対応した。戦後、価格が低下すると、やはり消費をむやみにふやすよりは、支出を削ったのである。一九世紀中頃、長期の戦後不況がようやく終わると、収入が急速にふえたが、砂糖消費もまたそれ以上のスピードで増大した。

こうした購買パターンは、むしろ価格に対する非弾力性を示しているともいえるが、それはまた、代替不能商品には予想されうる傾向でもある。砂糖には、人びとはせいぜい週数ペンスしか使わなかったものの、ほんの少しでもよいから、必ず用いなければならない、ほとんど必需品の域にも達していたのである。それはきわめて魅力的であったから、貧困線をこえて上昇すればするほど、ますますそのための支出比を上昇させたくなるほどでもあったのだ。砂糖は、主食以外の輸入食品で断然多く用いられていただけに、きわめて長期にわたってイギリスの輸入品の首位の座を占めていた。その相対的地位が低下したのは、基本食品自体がイギリスの輸入貿易で大きな位置を占めはじめてからのことである」。

＊87　少なくとも一七〇〇年にかんしては、砂糖消費量もイギリスの人口も、ともに推計値であるだけに、このような推算はとうてい厳密なものではありえない。しかし、この頃までには、毎年一万三〇〇〇トンの砂糖がイギリスに輸入されたことは、確実である。かりに、イギリス人口の一〇人に一人だけが、欲しいだけ砂糖を消費できたとして、他の人びとがまったく消費しなかったのだとすれば、その一〇パーセントの人びとは、一人当たり年間四〇ポンド、一日当たり一・七五オンスになったはずである。これくらいの推計なら、まず大過あるまい。

これより以前にも、一人当たり消費量の推計はたしかに存在する。それに、「政治算術への侵入」(Mathias 1979) を果たしたジョゼフ・マシーの小冊子には、一七五九年について階級別の砂糖消費量の推計がある。マシーの目的は、西インド諸島の独占コストは、イギリスの消費者によって負担されてきたと主張することにあり、マシーの意図は十分に果たされている。ただ、筆者としては、「身分・地位・階級」についての計算と、砂糖消費量の推計をつきあわせて、何らかの平均値を出すことはどうしてもできなかった。

＊88 この問題を扱った最初の近代の歴史家といえば、エリック・ウィリアムズで、その著『資本主義と奴隷制 *Capitalism and Slavery*』(1944) においてである。しかし、C・L・R・ジェイムズの『黒いジャコバン党員 *The Black Jacobins*』(1938) を読んだひとなら誰でも、マルクスからジェイムズを経てウィリアムズに至るつながりの糸に気付くはずである。

＊89 Mintz 1979: 215.

＊90 Mintz 1977.

＊91 Mintz 1959: 49.

＊92 Lewis 1978.

＊93 Orr 1937: 23. レヴェリットは次のように書いている。「未開社会で虫歯《デンタル・カリエス》がきわめて少なかったのは、あきらかに食事に醱酵しやすい炭水化物が欠けていたからである。虫歯の原因はむろんいろいろあるが、虫歯のできはじめる最初の段階は、酸によるエナメル質の溶解である。この酸は、数種の微生物――ストレプトコッカス・ミュータンスがもっともよく知られている――が、醱酵可能な炭水化物、ことに糖分を栄養源として、つくるのである。……たとえば、イギリスでは、ローマ人の支配した時代に虫歯がいっきょにひろがったが、紀元後五世紀の初頭にかれらが引きあげると、激減した。その後、社会のあらゆる階層の人びとに砂糖が広く入手できるようになった一九世紀後半までは、目立った増加はなかった」(Leverett 1982: 26–27)。

第三章

＊1　とくに感動的なものとして、ナイジェリアの作家チヌア・アチェベの小説「砂糖《シュガー》ベイビー」（一九七三年）がある。砂糖に憑かれた男の強迫観念が、ナイジェリア内戦のさなか、人格の危機の頂点にまで本人を追いつめる、という話である（C. Achebe 1973）。

＊2　McKendry 1973: 10.

＊3　にもかかわらず、すでに一四世紀から、イギリスは小麦と大麦を若干輸出していた。Cf. Everitt 1967b, *passim*, especially pp. 450 ff.; Bowden 1967: 593 ff.

＊4　Drummond and Wilbraham 1958: 41.

＊5　Appleby 1978: 5.

＊6　*Ibid.*

＊7　Drummond and Wilbraham 1958: 88.

＊8　このような一般的な言い方は、むろんいつも危険だし、例外も多い。しかし、J・F・T・ロジャーズは、一五世紀を「イギリス労働者の黄金時代」と呼び、理由もあげている。すなわち、黒死病で人口が減少し、労働力が不足した結果、多くの地域で賃金が倍増された（Bowden 1967: 594）。また、M・M・ポスタンもいう。「賃金労働者の生活水準がこれほど高い水準にまで回復するのは、やっと一九世紀になってからのことであった」（Postan 1939: 161）。一七世紀には、穀物価格が高くて、とくに貧民は困窮に陥った。エヴェリットとボウデンが『イギリス農業史 *The Agrarian History of England and Wales*』に寄せたデータによれば、一七世紀の「二〇年代、三〇年代、四〇年代は、イギリスではとくに厳しい時代で、この国の歴史では未曽有の状況であった」ことが明らかである（Bowden 1967: 621）。この時代は、すなわち（茶のような）他の商品がイギリスにどっと流入する直前の時代でもあった。

＊9　Drummond and Wilbraham 1958: 68–69.

＊10 *Ibid.*: 51.

＊11 *Ibid.*

＊12 Murphy 1973: 183.

＊13 *Ibid.* 注8をもみよ。

＊14 これらの品目すべてが、熱帯または亜熱帯でしかとれなかったわけではない。たとえば、サフランなどはその例である。とはいえ、そのほとんどはイギリスに輸入されたし、いずれも珍しく、高価なものであった。それらの商品の性質にかんする知識はながいあいだ完全ではなく、夢物語のようなものでさえあった。伝説によれば、はじめてサフランをコーンウォール〔イギリス南西部〕とアイルランドにもたらしたのは、フェニキア商人であったという。Hunt 1963によれば、コーンウォールの菓子《パン》やケーキに「サフラン」の香りをつけたものがあり、伝説を裏書きしているし、サフランで染めたアイルランドのシャツ「レーヌ・カロイチ」は、氏族長たちが着用したもので、タータンの起源になった、という。のちにはイギリスはサフランの生産国になった。

＊15 Joinville 1957 [1309]: 182.

＊16 Mead 1967 [1931]: 77.

＊17 Salzman 1931: 461 に引用。

＊18 *Our English home* 1876: 86.

＊19 *Ibid.*: 85.

＊20 *Ibid.*: 86.

＊21 Salzman 1931: 417.

＊22 *Ibid.*

＊23 *Ibid.*

*24 Labarge 1965: 96.

*25 *Ibid.*: 97.

*26 Crane 1975 and 1976: 473.

*27 Labarge 1965: 96.

*28 Salzman 1931: 231 n.

*29 *Ibid.*: 202.

*30 Hazlitt 1886: 183.

*31 *Ibid.*

*32 Mead 1967: 44.

*33 *Ibid.*: 55.

*34 *Ibid.*: 56.

*35 *Ibid.*

*36 Austin 1888: ix.

*37 R. Warner 1791: pt. I, 7.

*38 *Ibid.*: 9.

*39 Lippmann 1970 [1929]: 352 ff.

*40 *Ibid.*: 224-225. K. J. Watson 1978: 20-26 の情報豊かな論文には、既存のブロンズ像の複製を砂糖でつくる習慣についての記述がある。このやり方は、一五世紀から一七世紀までのイタリアおよび南フランスの大都市で、大貴族の結婚披露宴では、ごくふつうの祝い飾りとなった。ウォトソンによれば、一五世紀より以前にはこの種の彫刻に言及したものはなく、砂糖価格が高すぎて、さすがに大富豪でも、そんなことはできなかったのだと結論せざるをえない、という。しかし、砂糖はすでに八世紀頃からヴ

エネツィアに輸入され、一三世紀には精糖法も改善されたくらいだから、おそらくもっと以前から実験はなされていたはずである。イスラム化した北アフリカでは、砂糖の彫りものは、一一世紀までには普及していた。ウォトソンの説明では、イタリアの砂糖彫刻は「トリンフィ」（勝利《トライアムフ》）と呼ばれることが多く、「宴会、とくに結婚披露宴でいちばんよく飾られる卓上の飾りもので、……ふつう……胃袋をというよりは眼を楽しませるものである。……ときには、宴会の最後に客にプレゼントされることもあった」(Watson 1978: 20)。彫りものの題材は、家紋の図柄、凱旋門、建造物、神・女神などのテーマ、および聖書からとった物語や同時代の文学作品からとったもの、さらに動物などに求められた。この「宮廷芸術」は、一八世紀初頭に固練り陶器製品がつくられはじめたために、多少とも衰えた、とウォトソンはいう。儀礼としての細かい意味づけばかりか、技術そのものも、北アフリカからイタリア、ついでフランスを通じて北ヨーロッパにひろがったようである。

＊41 Le Grand d'Aussy 1815 [1781]: II, 317.

＊42 Drummond and Wilbraham 1958: 57.

＊43 *Our English home* 1876: 70.

＊44 *Ibid.*

＊45 W. Harrison 1968 [1587]: 129. ハリソン『イギリス論 *The Description of England*』は、エリザベス時代のイギリスの社会生活を詳細に記述した最初の著書というのが、一般の評価である。「ホリンシェッド年代記の序文にあたる作品」(Edelen 1968: XV) として書かれたといわれ、イギリス社会のあらゆる側面を扱っているが、とくに日常生活について詳しい説明がなされている。ところが、この書物で砂糖のことは二度しか出てこない。一度は、(砂糖を含む) ありとあらゆる香料が、再輸出されているために、いずれも価格が急騰していることを嘆いている箇所で、いまひとつは、豊かな特権階級の食べ物を論じている箇所である。

*46 Warton 1824: 1, clix. 枢機卿ウルジー（一四七五〜一五三〇年）の伝記作家ジョージ・キャヴェンディシュは、枢機卿の叙任記念祝宴の食卓に飾られた「細工もの」について、狂喜しつつ語っている。「間もなく第二コースがはじまったが、これは非常に多くの料理、「細工もの」その他いろいろの珍しいものから構成されており、その数およそ一〇〇以上、見ばえがし、豪華なことといえば、フランスにはこのようなものはあるまいと思われるほどである／その素晴らしさたるや、じっさい、目を見張るものがある／実物どおりの比率で縮小された教会や教会の尖塔があり、まるで画家がキャンバスや壁に描いたもののようである／動物あり、小鳥あり、家禽《かきん》などいろいろあり、人間もまた、じつに生き生きと皿の上につくられている／ある者は刀（らしきもの）をもって闘っており／またある者は鉄砲や石弓をもって闘っている／跳躍する者あり／女性と組んでダンスする者あり／鎧・甲に身を固め、長槍かき抱く者もある／その他、とても書ききれないほどの、多彩な品々が出たが／なかでも驚いたのは／香料のプレートでつくられたチェス盤で／それに興じる人間もつくってあり／かのフランス人たちは、この遊びがいたって得意なだけに、この趣向は素晴らしく、わが主人はこれをフランス人の一紳士に贈られた／全力を傾けて、故国にもちかえる途中で壊れないように注意せよ、と命じつつ」（Cavendish 1959 [1641]: 70–71）。「香料のプレート」というのは、固めた砂糖のことで、これからいろいろなモノや人間の形を彫るのである。以下の文献をもみよ。Intronizatio Wilhelmi Warham, Archiepiscopi Cantuar. Dominica in Passione. Anno Henrici 7. vicesimo, & anno Domini. 1504. Nono die Marcij, in Warner 1791: 107–124.

*47 Partridge 1584: cap. 9（ページなし）。

*48 *Ibid.*, cap. 13（ページなし）。

*49 Platt 1675: nos. 73–79.

*50 McKendry 1973: 62–63.

＊51　Glasse 1747: 56.

＊52　Warner 1791: 136.　ここには、これまで書かれたなかでもっとも興味深い「細工もの」についての記述がみられる、といってよい。「それから特別の飾りものが流行り、英・仏両国でかなり長いあいだ用いられた。パイの類や砂糖でつくった男・女の性器が客のまえにおかれたりしたのは、ジョークや会話の種を提供するためであった。今日、われわれが同様の目的のために、ペーストのなかにちょっとした言葉などを書いたものを仕込んでおくのとよく似ている。……こういうワイセツなシンボルは、ひとが身につける装飾品、食卓上の飾りなどにみられただけでなく、古くは、荘厳きわまりない宗教儀式にさえ現われたものである。聖餐式のパン《コンシークレイテド・ウエイファー》といえば、敬虔な信者がイースター・サンデイに、牧師の手から拝領するものだが、ひどくつつしみを欠いた、不適当なものになっている」。ウォーナーによれば、イギリス国教会が、聖餐式用のパン《コミューニオン・ウエイファー》〔聖餅〕を人間の睾丸の形に焼くという、きわめて一般化した習慣を禁止したのは、やっと一二六三年のことであったという。「各教区司祭に命じる。復活祭の日に、各自の教区民に対して、「睾丸《テスティース》」という聖餅《ホスティア》を聖別されたパンであるかのように扱わないこと。また、〔正しく〕聖別されたパンで聖務を行なうこと、もしくは、それを保持することを避けて、ひんしゅくを買うことのないように。むしろ、主の日にほんらいあるべきように、〔正しく〕聖別されたパンを用いよ」。ウォーナーは続けていう。「ドゥ・フレスネは、次のように補足している。「この指令は、〔悪習の〕〝回避〟・〝根絶〟をめざしたものであったと思われる。すなわち、小さなパン、つまり『睾丸』の形に焼かれた聖餅は、この復活祭の祝日に、聖別されたパンとして与えられがちだからである」と」(Gloss. Tom. III, p. 1109)。現代のアメリカでも、ときとしてこうした奇妙な慣習の復活が――むろん、宗教とは何の関係もなくなっているのだが――、新聞の紙面を賑わせることがある。たとえば、ボルテイモアの「イヴニング・サン」紙は一九八二年一月、「大人の」ジンジャーブレッド・クッキーや「エロティック・チョコレート」が大いに売れている、と報じた。あきれかえったある菓子屋の弁によれば、

「人びとは店に入ってきてこういうのです。「例の婦人科医用特別菓子《ザ・ジネコロジスト・スペシャル》」をみせて下さい、と。なかには、こうしたキャンディを本当に医師のところへ持って行って、検診が済むとこのキャンディを医師にわたす御婦人さえあるのですよ」。この種のいささか風変りなものについては、いずれ別の書物で人類学的な考察を加えたい。

*53 Wallerstein 1974.

*54 Schneider 1977: 23.

*55 Pellat 1954. Hunt 1963 をもみよ。

*56 Levey 1973: 74. ガレノスの四体液説を、Henning 1916 が味覚の相互関係を示すために提唱した「味の四面体」と結びつけてみるのは、興味深いことであろう。ガレノス自身は、四つ以上の味覚を数えあげている。しかし、四体液説にもとづく医学は、じっさいの身体の組織自体が四つの要素からなっているという考え方からきているのだし、もっとも頻繁に言及されている味覚は、やはり四種類なのである。自然界を構成する四つの要素は、空気と火と水と土である。土は乾燥しており、水は湿っている。火は熱く、空気は冷たい。これらのうちどの二つの要素でも混ぜると、別のひとつの体質が生まれる。そうした例が四つあり、それぞれに固有の体液をもつことになる。

体質	構成要素	体液
多血質	熱くて湿っぽい	血液
粘液質	冷たくて湿っぽい	粘液
胆汁質	熱くて乾燥	胆汁
憂鬱質	冷たくて乾燥	黒胆汁

あらゆる食品も、同様の要素によって構成されている。それが食品として適当か否かも、これらの要素と、消費者の性格との関係で決まる。したがって、湿っぽくて粘液質と考えられた仔羊《ラム》の肉は、老人には不適当だということになる。というのは、老人の胃袋はすでに粘液質になりすぎていると考えられたからである。粘液質の子供たちは、いくらか熱くて湿気のある肉を食べるべきであるし、大きくなるにつれて、多血質や胆汁質になると、冷たいサラダやより冷たい——むろん「冷たい」というのは温度のことではない——種類の肉を食べ、老齢になると、熱い、湿気のある肉に戻るべきだ、とされた。食欲もまた、熱さと乾燥の関数だと信じられていた。消化のよしあしは、熱さと湿気の、便秘《リテンション》は冷たさと乾燥の、下痢《エクスパルション》は湿気と冷たさの、それぞれ関数とされた。それぞれに応じた食餌療法が勧められたことは、いうまでもない。それに、程度の概念が加えられて、このシステムはいっそう精巧になった。たとえば、レタスは冷たくて湿気のある食品だが、キャベツは一度の熱さと二度の乾燥性をもつ食品、という具合である。

ここでいう「熱い」「冷たい」の区別は、——温度とは関係のない概念であることはいうまでもなく、世界各地の民間医学に、かなり修正されたかたちで出現する考え方であるが——、ガレノスの体液説にあらわれた（Kremers and Urdang 1963: 16-17）。七世紀以降はイスラムの学者たちによってこの説が維持、洗練されていった。この半科学的洗練と（さらに続く数世紀間、西洋医学界でこの学説が生き続けたこと）にかんして重要なのは、バグダードのカリフ、マームーンとムータシムに仕えた医師アルキンドゥス（アブー・ユースフ・ヤクーブ・ブン・イシャーク・アルキンディー）であった。かれアルキンドゥスは「ガレノスの学説を質と程度をミックスして複雑に修正したものに、等比級数の考え方を適用した処方を厳密に確立しようとしたが、いささか時期尚早にすぎた。かれの幾何級数式処方は、音楽の和音の理論とも結びついているのだが、次のような図式でうまく表わすことができる〔W＝あたたかさ、C＝冷たさ、M＝湿気、D＝乾燥〕。

カルダモンは	1′W	½′C	½′M	1′D
砂糖は	2′W	1′C	1′M	2′D
インディゴは	½′W	1′C	½′M	1′D
エンブリカは	1′W	2′C	1′M	2′D
合計すると	4½′W	4½′C	3′M	6′D

この表は、アルキンドゥスによれば、最終合成物は一度の乾燥性であることを意味するという」(D. Campbell 1926: 64)。

蜂蜜と砂糖は、体液説的にはまったく違うものであったように思われる。しかし、砂糖の体液説的性格は、イスラム世界で言われはじめ、のちにヨーロッパにひろがったものである。したがって、二つの物質はその用法が重なる部分があるにせよ、完全に相互交換可能というわけではない。砂糖はしだいしだいに蜂蜜にとって代わったのである。甘い味のする食品は、一般に熱いと考えられ、他の三つの「性質」ないし味は冷たいとみなされたようである。

これは熱くて活気があり、
塩辛さ、苦味、鋭い酸味の三つは冷たいものである。
かくして、これらによって、豊かな風味と味気なさ、甘さなどの性格が与えられる。(Harrington, n.d. [1607]: 50)

しかし、関係史料を一瞥すれば、甘みそのものが、甘い感じを出している食物そのものから切り離されて、診断のためのひとつの「性質」として扱われたという証拠はない。筆者自身、四つの味を四つの体液に単純に置いてみようとした――四つの体液、四つの体質、四つの構成要素等々に置いてみようとした――のだが、うまくゆかなかった。しかし、砂糖がヨーロッパ世界の病理学に組み込まれていった過程をもっと本格的に研究すると、それがとくに蜂蜜とは正反対のものと捉えられていたことがわかろう。

＊57 Levey 1973.

＊58 *Ibid.*

＊59 西洋の水薬と飲料にかんする概念には、アラブ人の影響がみられるということは、同時代の辞書にもいくらか表われている。たとえば、シャーベットとか〔レモン・砂糖などの飲料〕シュラブ、シロップ、ジュレプなどという言葉が英語に入ったのは、そういう影響があったからこそである。こうしたアラビア語（およびアラビア語を経由してのペルシア語）の影響が認められるのは、主として砂糖使用の流布が原因となっていたように思われる。

＊60 Pittenger 1947. ほとんどすべての材料が白色であることに注意。純粋さと白い色との連想は、すでに古代ヨーロッパでみられる。白砂糖はふつう薬品として処方され、白い食品の組み合わせは、その治療効果とは不釣合いに、つねに非常に人気があったようだ。たとえば、チキン、クリーム、米粉、アーモンド等々である。

＊61 Lippmann 1970 [1929]: 368.

＊62 砂糖はその色のゆえに純粋であり無であるというような類の議論もなされたが、一概に馬鹿馬鹿しいと決めてかかるわけにもゆかない。注60を参照。「純粋白砂糖」は、なおまったく異なる二つの意味をもっていたのだが、製造業者はそれをひとつのものとして扱おうとした。

＊63 Pittenger 1947: 8.

＊64 Lippmann 1970 [1929]: 395.

＊65 Pittenger 1947は、次のようなものをあげている。(1)保存料　(2)酸化防止剤　(3)溶剤　(4)人体の体液濃度を一定に保つ　(5)安定剤　(6)苦い薬・飲みづらい薬を飲みやすくする　(7)シロップの原料　(8)鎮痛剤　(9)食品として　(10)グリセリンの代用　(11)錬金薬として使われたエリクシル　(12)錠剤の結合剤　(13)薬品の賦形剤　(14)糖衣　(15)希釈剤　(16)砂糖漬け菓子ベース　(17)油入り砂糖ベース　(18)芳香剤の砂糖ベース　(19)同種療法の球剤ベース　(20)同種療法のコーン・ベース　(21)咳止めドロップのベース　(22)試験食品のベース　(23)カルシウム・サッカレート　(24)薬物そのものとして。これらのうち、(1)(3)(4)(5)(6)(7)(8)(9)(11)(13)(14)(15)(16)(18)(21)(24)は、一一四〇年頃までにはじまったラテン語訳でヨーロッパにひろまった薬学ですでに採用されていた、と考えられる。(2)(12)(17)(19)(20)も実践されていたかもしれない。したがって、(10)(22)(23)だけがヨーロッパ起源であり、比較的新しいものということになろう。このリストにかんして薬学史の専門家に意見を徴したことはないが、こうした用法のほとんどが、七世紀から一二世紀までのあいだにイスラム世界で開発ないし発明されたと考えて、大過あるまい。

＊66 Lippmann 1970 [1929]: 456–466. セルベートのシロップ類についての一論は、より深い哲学的含意には無知な者にとっても——そうした含意は、カトリックのもっと基本的な諸概念との関連で考えなければならない——害にはならない。Pittenger 1947: 9は、セルベートが砂糖を使った薬品の使用に反対したために命を失ったのではないかと推測しているが、あまり関係がないだろう。『シロップ類について *On Syrups*』は、医学という言葉をいかに拡大解釈するにしても、医学書とはいえない。

＊67 Pittenger 1947: 10.

＊68 *Ibid.*

＊69 Lippmann 1970 [1929]: 478. Pittenger 1947: 10–11による訳は抄訳である。

＊70 Vaughan 1600: 24.

＊71 *Ibid.*: 28.

＊72 Vaughan 1633: 44.

＊73 Venner 1620: 103–106.

＊74 Hart 1633: 96–97.

＊75 Slare 1715. トマス・ウィリスは王政復古期のロンドンでもっとも成功した内科医のひとりであった。かれは、多くの病気について当時としては際立って完璧な説明を残しており、とくに真性糖尿病——「尿病《ピシング・シックネス》」——ないし尿糖症の詳細な研究で知られている。この研究でかれは、糖尿病患者の尿がひどく甘くなることを明らかにし、この病気のこうした症状がとくに重要な意味をもっているかもしれない、と考えた。かれは、一般に真性糖尿病の最初の発見者のひとりとされている (cf. Major 1945: 238–242)。ウィリスは、当時、砂糖と健康について真面目な問題を提起した最初の医学関係者で、そのために、フレデリック・スレアの激怒を買うことになった。

＊76 *Ibid.*: E4.

＊77 *Ibid.*

＊78 *Ibid.*: 3.

＊79 *Ibid.*: 7.

＊80 *Ibid.*: 8.

＊81 *Ibid.*: 16.

＊82 Oldmixon 1708: II, 159.

＊83 Anderson 1952: 154; Rosengarten 1973: 75.

＊84 Moseley 1800: 34.

＊85 Chamberlayn 1685. 「中国人なら、茶にミルクと砂糖を入れるなんて、野蛮なことだと思うだろう」

とDodd 1856: 411はいう。「同様に、熱帯諸国のコーヒーを飲む国民も、かれらの大好きな豆を香りよく煎じたものに、こともあろうにそのようなものを加えることは、野蛮そのものと思うはずである。ウェルステッド大尉はこのことについて、おもしろい説明をしている。「ベドウィン族の一隊が、ヘスター・スタナップ夫人の気が確かかどうかについて論争をした。一方の側は、こんなに慈悲深く、気前のよい女性がまったくの正気ではないなどということはありえない、と強硬に主張した。これに対して反対派は、行動そのものが、それとは逆のことを物語っていると言い張ったのである。白いヒゲをたくわえた老人が、静かにするように求め——アラブ人のあいだでは、老人のこういう求めが無視されることはまずない——、声をひそめて、次のように言った。伝統的に確立している習慣を踏みにじるようなことが、外部にまでひろがってゆくことを恐れるかのように、こうささやいたのである。〝あのお方は、気が狂っているのじゃ。なんとならば、あの女はコーヒーに砂糖を入れるのだぞ！〟と」。この一言は、まさに決定打だったのである」。

＊86 Strickland 1878, quoted in Ukers 1935: I, 43.

＊87 Ukers 1935: I, 38–39.

＊88 *Ibid.*: I, 41.

＊89 Drummond and Wilbraham 1958: 116.

＊90 Heeren 1846 [1809]: 172–173.

＊91 e.g.Drummond and Wilbraham 1958: 116.

＊92 Ukers 1935: I, 67. ジョン・カンパニー〔イギリス東インド会社〕の記録をみると、一六六四年に二ポンド二オンスの「良質の茶」の買付けが重役会議から指示されたことがわかる。国王が「会社にまったく無視されている」と思わないように、これを国王に贈りたいというのである（Ukers 1935: I, 72）。一六六六年には、二二ポンド四分の三の茶が国王に献上された——一重量ポンド五〇シリングで買い取

られたのである。記録による限り、一〇〇ポンド以上の中国産茶の商業目的での発注があったのは、やっと一六六八年のこと。一六八四年に、イギリス人はオランダ人によってジャワから追い出されたが、それ以降、ようやく会社は常時、茶の買付け指令を出すようになる。

＊93 Drummond and Wilbraham 1958: 203.

＊94 Ukers 1935: I, 133-147.

＊95 D. Forbes 1744: 7.

＊96 MacPherson 1812: 132.

＊97 D. Davies 1795: 37.

＊98 *Ibid.*: 39.

＊99 Eden 1797: III, 770.

＊100 Hanway 1767. 著者名なしの一論文――ハンウェイの作品であることは明白だが――で、茶と砂糖を罵倒しているものがあり、こんなことを言っている。「こういうものを全部ひとまとめにして、その出費を計算してごらんなさい。皿をこわしたり、洗ったりする時間の無駄、茶に砂糖を入れ、パンにバターを塗ったりする時間、他人に対する中傷と悪意に満ちたティー・テーブルでの馬鹿話に要する暇、これらをあつめると、冬場にはほとんど半日を浪費してしまうことになる。それもただ無為にすごすより悪いこと――はるかに悪いこと――をしてこんなに時間を浪費するのである」。茶と砂糖は、それがない場合に比べて、人びとにより多くのことができるようにするのではないか、という発想は、こうした批判者の頭には浮かばなかったようである。

Dorothy George 1925: 14は、ハンウェイが代表していた考え方を推進した人びとについて、気の利いたコメントをしている。彼女によれば、一八世紀後半には、「世の中が堕落してきたという声が全国的にひろがった。これには、主として二つの考え方が前提になっていた。ひとつは、たとえば〔インド帰りの大富豪である」ネイボッブたちにみられるような奢侈の進行から恐るべき影響が生じるという考え方である。街灯の点灯夫が絹のストッキングをはいていたり、労働者の家族が茶と砂糖を消費していたりするのも同じ、というわけである。いまひとつは、デフォーのいう服従の大原則——むろん、フランス革命によってかきたてられたジャコバン主義の恐怖によって促進された理論——が、無視されるというものである。思想界の敵対勢力と結びついてではあったが、二つの考え方があらわれた。たとえば、立派な身なりをした点灯夫というのは、堕落の二大原因のひとつを象徴しているといえなくもないが、同時代人の奢侈と不服従に対する非難には、多少とも批判的な目をもって対応することも必要である。それらはむしろ、生活水準の上昇と教育水準の多少の改善を意味していたかもしれないのである。一七五〇年以降、立派な衣服とか、上等の食事とか、たえず茶を飲む習慣とかに対する批判が非常に多くなるが、これらの現象は世紀前半のジンの大量消費とコントラストをなしている。一七七三年にプライス博士が次のように嘆いているが、ここにはいささかの矛盾がある。いわく、「下層民衆の生活環境は、あらゆる点で悪化しつつある。というのは、これまでかれらには知られていなかった茶、白パン、その他のおいしい食品がいまや必需品となりつつあるからだ」、と。

しかし、今日からみれば、消費の増大や拡大がもたらす倫理的・政治的帰結を怖れた人びとが、産業革命が近づき、帝国が拡大し、また、商人、プランター、製造業者の各階級が、なお相互に牽制しあいながらも、急速に成長しはじめるにつれて、しだいに勢力を失う運命にあったことは、まったく明らかである。

＊101 Burnett 1966: 37-38.

＊102 Drummond and Wilbraham 1958: 329.

＊103 *Ibid.*: 209.

＊104 Trevelyan 1945: 410; George 1925: 26.

＊105　Fay 1948: 147.

＊106　Botsford 1924: 27 に引用。

＊107　Drummond and Wilbraham 1958: 112.

＊108　Ayrton 1974: 429-430.

＊109　Pittenger 1947: 13.

＊110　Drummond and Wilbraham 1958: 58.

＊111　*Ibid.*: 54.

＊112　Salzman 1931: 413.

＊113　Mead 1967 [1931]: 155.

＊114　*Our English home* 1876: 73.

＊115　Salzman 1931: 417; Lopez and Raymond 1955 をもみよ。Balducci Pegolotti 1936: 434-435 の、一三世紀にかんする説明は、主として東地中海からヴェネツィアに来た――そこから再輸出されるものを含めて――各種の砂糖について詳しく言及している。ここには、一度「調理」（つまり精製）された砂糖、二度のもの、三度されたものの各段階の砂糖があり、かたまりもいろいろ――ムチェラ、カフェティーノ、バンビローニア、ムスキアト、ドマスチーノ――あって、形も質も違っている。粉砂糖――ポルヴェーレ・ディ・ズッチェロあるいはたんにポルヴェーレという――もあり、そのほか精製が十分でない各種の砂糖、糖蜜があまり分離されていない粗糖類――ズッチェロ・ロサート、ズッチェロ・ヴィオラート――などがあった。糖蜜についての記述もあるが、あまり十分ではない。Heyd 1959 [1879]: II, 690-693 によれば、蜂蜜に似た液体は、少なくとも名前だけは知られていた――砂糖の蜜《メル・ズカラエ》、蜂蜜状の砂糖《ズカラ・メリタ》、ミエル・ディ・カラメーレ、メイル・スクレなど――という。これらの砂糖の比定とその用法の違いを特定することは可能だが――じっさい、Lippmann 1970 [1929]: 339 ff. は、それらの分類を試みている

──、なおこれからの仕事である。砂糖の使用法の拡大とイギリスでの選好性についてなら、筆者にも多少とも発言が可能である。

*116 Pomet 1748: 58-59 には、一頁大の西インド諸島の砂糖プランテーションの図があって、搾汁機や煮沸鍋も描かれている。さらに、四頁以上の記述テキストも与えられている。各種ないし各タイプの砂糖──カッソナード、ロイヤル、半ロイヤル、褐色、白、赤キャンディ、大麦糖、コンペイ糖《シュガー・プラム》など──も詳しく記述され、その医薬としての用法も書かれている。

*117 Torode 1966.

*118 Drummond and Wilbraham 1958: 332.

*119 Burnett 1966: 70.

*120 R. H. Campbell 1966: 54.

*121 *Ibid.*: 56.

*122 Paton, Dunlop, and Inglis 1902: 79.

*123 R. H. Campbell 1966: 58–59.

*124 Burnett 1966: 62–63.

*125 Torode 1966: 122–123.

*126 Austin 1888.

*127 Mead 1967 [1931]: 159.

*128 *Ibid.*: 160.

*129 この問題は、次の二つの著作で論じられている。Taylor 1975 および Burnett 1966.

*130 一二七二年から一三〇七年まで在位した国王エドワード一世の病気がちの息子、ヘンリ王子の短くも不幸な人生は、宮廷医の処方によって──時あたかも、砂糖の医薬品としての用法が認められはじめた

頃でもあったので――バラの砂糖漬け、スミレの砂糖漬け、ペニディア（ペネット）、シロップ、甘草などを投与され、甘いもの漬けになったが、何の効果もなかった。それらは、有名な神殿で「かれのために灯されたロウソク」や、かれの回復を願って夜通し祈りをささげた一三人の未亡人たちと、五十歩百歩でしかなかったのである。Labarge 1965: 97 をみよ。

*131 Hentzner 1757 [1598]: 109.

*132 Rye 1865: 190.

*133 Nef 1950: 76.

*134 Lippmann 1970 [1929]: 288.

*135 Renner 1944: 117–118.

*136 Crane 1975 and 1976: 475. エヴァ・クレインの蜂蜜についてのすぐれた研究は、イギリスでは、公式にはあまりそれに注目されなかったことを指摘している。英語で書かれた最初の蜂蜜の本は、ジョン・ヒルの『蜂蜜の効用 *The Virtue of Honey*』であったが、その刊行はようやく一七五九年のことである。この本では、蜂蜜は主として医薬品として扱われている。クレインの著作がとくに重要なのは、彼女が、蜂蜜は甘味料ではなく、食品であり、医薬品であり、アルコール原料であったと執拗に主張しているからである。彼女はまた、イギリス人はおそらく一三世紀以前には、甘味料をあまり高く評価はしなかったとも言っているが、説得力がある。

*137 Hentzner 1757 [1598]: 110.

*138 Rye 1865: 190. 中世イギリスにおける虫歯の諸相を扱ったSass 1981の興味深い論文がみつかったが、本書の議論に組み込むには、時間の余裕がなかった。サスは、甘み好みについての歴史研究がいかに必要かを力説している。

*139 Drummond and Wilbraham 1958: 116.

＊140 *Ibid.*

＊141 Sheridan 1974: 347-348.

＊142 Mathias 1967.

＊143 これらの新たな飲料は、それにまつわる文学作品の洪水を惹き起こしたが、そのほとんどは出来がよくない。この詩の作者は確定できないが、アレン・ラムゼイも、ロバート・ファーガソンも、ハートリ・コールリッジも、さらにはシェリーも、他の詩人たちと同じように、茶にかんしては賛歌を献じている。もっとも初期の献身的賛美者は、ネイハム・テイトで、「パナケア――茶の詩 Panacea: A Poem upon Tea」は、一七〇〇年に書かれた彼の代表作である。その詩には次のような一節がある。

口には出さね、互いの顔に、輝やく喜悦の色うかべ、
歌人《バード》たち、魔女《キルケー》の酒宴の怖れもものかは、〔茶こそ〕健康の飲料、魂の飲料、〔と歌う〕。

これこそ徳の飲み物、恩寵の飲み物、神酒《ネクタール》のごとくほがらかに、憂さばらし薬《ネペンザス》の如く安全なり。

酒の神《バッカス》がまず育てしは、かかる植物にはあらず、神の恩寵の、人の手によりて、のろわしきものに転化されたり。

嗚呼、破滅に至る人魚《サイレン》の喜びはくつがえされたり。

嗚呼、嘆かわしき乱痴気騒ぎ、永久に葬られけり。


この手の「文学」作品が激増したことにはいささかとまどうが、こういうものがむやみにつくられたという事実そのものが、社会史の興味深い問題である。サトウキビ自体も、同様の過剰な称賛の的となった。ジェイムズ・グレインジャーの砂糖にかんする、果てしない長詩（「サトウキビ――四連詩」）について、サミュエル・ジョンソンは、かれならパセリの菜園かキャベツ畑の詩でも書けよう、と嘲笑し

た。しかし、いわゆる教訓詩人がこれらの商品に対する見方に与えた影響には、馬鹿にできないものがある。

*144 Burnett 1969: 275.

*145 Sombart 1967 [1919]: 99.

*146 Shand 1927: 39.

*147 *Ibid.*

*148 *Ibid.*

*149 *Ibid.*: 43.

*150 Dodd 1856: 429.

*151 Simmonds 1854: 138.

*152 もっとも、プロレタリアの食習慣の非社交的性格を強調しているオディは、第一次大戦前に質問を受けたリヴァプール・ドック労働者の妻の例を引用している。この妻は、「女のひとはお茶一杯では有難く思ってくれない」からというので、自分の友人には、茶は出さないという（Oddy 1976: 218）。

*153 Drummond and Wilbraham 1958: 299.

*154 Taylor 1975: xxix–xxxi.

*155 Oddy 1976: 219.

*156 *Ibid.*: 219–220.

*157 Reeves 1913: 97.

*158 Drummond and Wilbraham 1958: 299.

*159 Reeves 1913: 103.

*160 Oddy 1976: 216.

＊161 Rowntree 1922: 135.
＊162 Reeves 1913: 98.
＊163 Oddy 1976: 217.
＊164 *Ibid.*: 13.
＊165 「砂糖の消費は、一人当たり二〇重量ポンドであった。いまやそれは五倍になっている。一八三六年には、マンチェスターの上層工業労働者は、週一人当たり約二分の一オンスの紅茶と、七オンスの砂糖を消費した。いまでは、これに対応する階層の労働者なら、紅茶三オンスといろいろな種類の砂糖をおよそ三五オンスは消費している。この砂糖消費の五倍増というのが、過去一〇〇年間のこの国の食生活史上、もっとも顕著な変化なのである。もちろん、こんなことが可能になったのは、価格が大幅に低下したからである。一〇〇年前には、砂糖一重量ポンドはおよそ六ペンスしたが、いまではその半額もしない」(Orr 1937: 23)。
＊166 忘れえぬデザート。マーガレット・ドラブルの『氷河時代 *The Ice Age*』の主人公レンは、次のように回想する。「カスタード、貧民のクリーム。同世代の多くの人間と同じようにレンは、大人になるまで生クリームを口にしたことがなかった。一年以上にわたって、かれはひそかにコンデンスミルクを愛していたのだが、やがてようやく、乳離れして本物のほうに転向したのである」(Drabble 1977: 97)。
＊167 Burnett 1969: 190.
＊168 Klein, Habicht, and Yarborough 1971.

第四章

＊1 Ragatz 1928: 50.
＊2 Ellis 1905: 66–67.

＊3 *Ibid.*: 78.
＊4 Rogers 1963 [1866]: 463.
＊5 Pares 1960: 40.
＊6 K. G. Davies 1974: 89.
＊7 Davis 1973: 251-252.
＊8 De Vries 1976: 177より引用。
＊9 *Ibid.*
＊10 *Ibid.*: 179. エリザベス・ギルボイは、「この手の引用は無限に可能である」と断わりつつも、サー・ウィリアム・テンプルを引きつつ、次のように述べている。「……かれら［労働者］を落ち着かせ、勤勉にさせる唯一の方法は、生活の糧を得るべく、寝食以外のすべての時間を、働かざるをえないようにしてしまうことである」(Gilboy 1932: 630)。De Vries の引用は、一七六四年出版の著者不詳のパンフレット『租税についての考察 *Considerations on Taxes*』からのもの。
＊11 *Ibid.*
＊12 *Ibid.*
＊13 Hobsbawm 1968: 74.
＊14 植民地主義の唱導者エドワード・ギボン・ウェイクフィールド――カール・マルクスは声を大にしてかれを非難した――は、市場の拡大がもたらす様々な利点について、威勢のよい意見をもっていた。とくにおもしろいのは、砂糖が、他の何物にもまして、本国における農業生産コストを減らすという、かれの含意である。「イギリスの洗濯女が、砂糖入り紅茶なしでは朝食のテーブルにつけないから世界周航がなされたのではなく、世界周航がなされたからこそ、イギリスの洗濯女は、朝食に砂糖入り紅茶を飲むようになったのである。交換能力に応じて、個々人や社会の欲望は存在しているのである（象徴人

類学については、これくらいにしておこう）。しかしながら、欲望・欲求の絶えざる拡大は、同時に、それを満足させる手段をもたらすという傾向をもっている。西インド諸島の黒人たちが、もし解放されたならば、ただちに賃金労働者として労働に従事するであろうと考えられる唯一の根拠は、かれらがよい身なりをしたがっているという一点なのである。かれらは、アクセサリーや、よい服を買うために砂糖をつくるだろうと言われているのである。……個人について真理であることは、国民全体についても真理である。イギリスにおいては、植民地の拡大が、たえずイギリス国民のあいだに新たな欲望を生みだし、また、それを購入するための新しい市場をつくり出すようになって以来、偉大な改革が次つぎに行なわれている。新大陸での砂糖と煙草の生産は、イギリスにおいて、よりいっそう熟練した穀物生産を生ぜしめた。イギリスで砂糖が食され、煙草が飲まれるようになったからこそ、穀物はより少ない労働力でつくられ、より多くのイギリス人が、食事を楽しむようになったのである」（Wakefield 1968 [1833]: 509. 傍点ミンツ）。

＊15 Williams 1944: 37.

＊16 Pares 1950.

＊17 Pares 1960: 39–40.

＊18 Williams 1944: 96.

＊19 *Ibid.*

＊20 Drummond and Wilbraham 1958: 111.

＊21 Young 1771: II, 180–181.

＊22 Porter 1851: 541.

＊23 *Ibid.*

＊24 *Ibid.*: 546. 奴隷解放の代償として支払われる二〇〇〇万ポンドもの大金が、すべて、奴隷を所有し

ていたプランターや、その債権者に行ってしまい、労働力を搾取された奴隷自身には、びた一文渡らないことに対して、イギリスでは、誰も奇妙に思わなかった。ポーターは、解放奴隷に対する「過剰報酬」への恐れを表明することで、当時の人びとの考え方を、われわれに如実に示している。

＊25 Lloyd 1936: 114-115. George Orwell 1984 [1937]: 85-86 は、この問題をじかに観察し、いつものように鋭いコメントを述べている。生存に必要な最低限の食物をめぐる議論を分析して、一週間に八ポンドの砂糖を消費する鉱夫の家計を引きつつ、かれは次のように書いている。「それゆえ、かれらの食事の基礎は、白パンとマーガリン、コーンビーフ、砂糖入り紅茶、ポテトである――なんとひどい食事だ。かれらは、オレンジや滋養のあるパンのような、健康的な食べ物にもっとお金を使うべきではないか、さらには『ニュー・ステイツマン』への手紙の筆者が言うように、燃料を節約して、生のニンジンを食べるほうがよいのではないか。もちろん、それに越したことはない。しかし、ふつう、まともな人間は、そんなことなどしようとはしないのだ。ふつうの人間ならば、黒パンと生のニンジンを食って暮らすよりも、餓死するほうを選ぶだろう。さらに悪いことには、貧乏人ほど健康食品を買いたがらないのだ。百万長者は、オレンジジュースとリヴィタ・ビスケットの朝食をとるが、失業者はそんなことはしない。失業して、栄養が不足し、疲れ切っており、うんざりして惨めな状態にあるのに、くだらない健康食品など食べたいと思うだろうか。もっと「うまい」ものを食べたいと思うはずだ。一方で、食べて下さいと言わんばかりに誘惑する安くてうまいものは、つねに存在しているのだ。三ペンスでフレンチ・ポテトを食べよう。外へ出て、二ペンスのアイスクリームを買おう。やかんでお湯を沸かして、紅茶を飲もう！……マーガリンを塗った白パンと紅茶では、たいして栄養は取れないだろうが、それでも、肉汁を塗った黒パンと冷水よりはましだ（すくなくとも、多くの人はそう考えるだろう）」。

＊26 anonymous, 1752: 5.

＊27 Malinowski 1950 [1922], Firth 1937, Richards 1939.

＊28 Mintz 1979. われわれがここで興味を抱いているのは、イギリスの支配階級が投資から利潤を得る際、かれらの内面で生じる、葛藤を孕んだ意図なのであって、たんにかれらの意図なのではない。自由市場では、労働者やプロレタリアは、自らの労働力を資本家に売却するが、奴隷制のもとでは、奴隷や自分自身の労働力すら所有できないプロレタリアたちは、強制労働を余儀なくされるのである。前者の場合、資本家によって賃金を支払われる賃金労働力であるが、後者の場合は、賃金の支払われない奴隷労働であり、余剰は、奴隷所有者に帰属する。「労働力の価値は、生存手段の一定量の価値に還元される。ゆえに、それは、これら諸手段の価値や、その生産に必要な労働力の量によって変化する」(Marx 1939 [1867]: 172)。イギリスの労働者たちは、煙草や紅茶、砂糖などが入手可能になるとたちまちそれに飛びついた。とくに価格低下には敏感で、そうなると消費をふやしたのである。つまり、より多くのこれらの商品と、よりわずかな収入とを交換したのだといえよう。そして、その食事上・生理学上の諸結果は互いに融合しているというのが、著者の主張である。しかし、これらの諸結果が、すべて労働者の利益に叶っているかどうかについては、疑問の余地があろう。この問題に側面から光をあてる興味深い例として、次のものがあげられよう。すなわち、物質と人間の労力とを共に同じカロリーのタームで測るという、正確で互換性のきく測定法の開発である。これは、マルクスの労働力の概念に、新たなる意味を付け加えることになろう。具体的にいえば、労働の単位は、砂糖の単位(カロリーのターム)で正確に表現され、逆もまた可能なのである。これは、労働力の「重さ」や「かさ」の正確な表示となるものであり、世紀転換期の栄養学の一部として出てきたものだが、ここで引用しているような、かなり早い時期の砂糖擁護論者は誰ひとりとしてこのことを理解していなかったとするのは、当たらないように思える。栄養と、訓練された労働力の関係は、カリブの砂糖プランテーションにおいて学びとられたもののようで、(労働強制の他の側面もそうだが)、それが、ヨーロッパの自由労働力市場において洗練されるのは、もっとのちのことである。

ターナーは、次のように述べている。「宗教的・医学的な摂生によって、身体の訓練をするという食事の「天賦の役割《コーリング》」は、資本主義の精神と両立しうるはずのものであったと信ずるとしても、いちおうは許されよう」（Turner 1982: 27）。ターナーは、食事と資本主義の勃興とのあいだに一種の「選択親和力」が働くと仮定しているが、ここでの筆者の議論の筋道から想定されるもっと抽象的で、まったく異なった何物かをもすでに考慮に入れている。

*29 Forster 1767: 41.

*30 たとえば、Gilboy 1932; McKendrick, Brewer, and Plumb 1982.

*31 Dowell 1884: 32-33.

第五章

*1 これはとくに、不思議なことではない。発展途上国において、砂糖が占める食物摂取量全体のなかでの比重は、金持ちよりも貧しい人のほうがはるかに大きい。統計的裏付けは弱いが、とくに異論をとなえる者もいないようである。欧米において砂糖は、戦時中、しばしば配給制となったが、それは砂糖が通常、輸入品であり（いくつかの国ではテンサイ糖という例外があったが）、その輸入の流れが断ち切られたせいであり、また、国民全員に在庫量の少なくとも幾分かを保証するほうが、政治的判断として利口だからである。しかし、砂糖が全カロリー摂取量の三〇パーセント程度にも上る人びと（Stare 1975）にとって、砂糖が市場から消えるということは、アルコールや煙草、刺激性飲料が不足するのと同様の反応を惹き起こすのである。

*2 ジョン・アダムスは、一七七五年に次のように書いている。「アメリカ独立に糖蜜が不可欠な要素となったことを、なぜ、われわれは赤面しつつ告白しなければならないのか、私にはわからない。そもそも、多くの偉大な出来事というものは、ずっと小さな諸原因から生ずるものなのだ」。一三植民地は、

糖蜜や、その加工品たるラム酒を大量に消費していたが、独立革命後になってようやく、徐々に糖蜜、ラム酒、紅茶に代わって、メイプル・シロップ、コーン・シロップ、ウイスキー、コーヒーを大量に消費するようになった。砂糖消費は、一九世紀には急激な伸びを示した。イギリス帝国内貿易におけるラム酒と糖蜜については、Sheridan 1974: 339–359 を参照。

*3 Bannister 1890: 974.

*4 これにかんしては、多くの書物が出版されているが、これこそというものはない。ロバート・F・スミス『アメリカとキューバ——経済と外交、一九一七～一九六〇年 *The United States and Cuba: Business and Diplomacy, 1917–1960*』は、アメリカの権力についての数多くの貴重な研究成果のひとつであり、合衆国外交の展開に砂糖が占めた位置について触れている。砂糖と合衆国議会の活動については、より一般的な書物が書かれるべきである。

*5 Sheridan 1974: 24–25.

*6 Shand 1927: 45. この文句は、Brillat-Savarin 1970［1825］: 101 の翻訳のなかに見える。

*7 もちろん、このような推測からは、多くの解答不可能な疑問点がでてこよう。しかしながら、欧米でもっとも洗練された人たちなら、たぶん、フランス料理と中国料理を高く評価し、両者を砂糖の使用という点——量や、一連の料理のなかでの位置づけ、使用形態——において、英・米、独などの料理の対極に置くであろう。さらに不確かではあるが、推測を推し進めれば、次のようにも言えよう。他のどの国の料理よりも、中国料理とフランス料理では、甘さは「期待されていない」。まったく欠如している場合もある。中国料理の甘辛い味付けや、フランス料理の焼き菓子に騙されてはいけない。両国の砂糖消費の数値は、他国に急速に接近しつつあるとはいえ、かなり低いのである。

*8 「五〇年以上にわたって、砂糖は、合衆国の平均的食事の全カロリー中、一五ないし二〇パーセントを提供し続けてきた。砂糖のかたちで摂取されるカロリーの割合は、エネルギーを大量に必要とする成

長期・青春期ほど高く、成年期・老年期では低くなることが、個人の次元での、じっさいの摂取量にかんする研究でわかっている。……それゆえ、通常の砂糖摂取の範囲は、全カロリー量の一〇ないし三〇パーセント、平均にして一五ないし二〇パーセントである。この推計に対する有効な反証はでてきておらず、ほぼ適当と考えられている。若干、多めに見積もられていることがあっても、ひどく見当はずれということはない」(Stare 1975: 240. 傍点ミンツ)。医学博士フレデリック・J・ステア名誉教授を、この本でもしばしば引用される一八世紀の砂糖の擁護者フレデリック・スレア博士と混同してはならない。

*9 Hagelberg 1974: 10 ff.

*10 *Ibid.*

*11 Stare 1948, 1975. この種の比較は、どうしても不正確になりがちである。穀物生産の数値の変動が激しく、平均値に、重大なゆがみがしばしば生じるからである。にもかかわらず、砂糖は、最適条件下では高いカロリーを生みだし、他のどんな作物にもまして、環境へのエネルギー還元率が高い。つまり、非常に効率的な食物なのである。

*12 ヘイゲルバーグは、遠心分離を施していない砂糖の消費が、世界的に見て低下していないと信じているが、「白砂糖の直接消費」は、世界中の、とくに都市部において上昇していることを認めている。ここでの議論は、まだ、十分に尽くされてはいない。

*13 Timoshenko and Swerling 1957: 235. かれらによれば、西欧のテンサイ糖生産の勃興は、「比較的進歩した国において、近代科学の手法が応用されることによって、重要な熱帯作物の市場が侵食された、そのもっとも初期の例である」(Hagelberg 1976: 13 より引用)。これ以降、他の熱帯作物にも同様の現象が生じた。

*14 Page and Friend 1974: 100–103.

*15 International Sugar Council 1963: 22.

*16 Wretlind 1974: 81; Hagelberg 1976: 26.

*17 Stare 1975. 注8参照。

*18 Wretlind 1974: 84.

*19 Cantor 1978: 122.

*20 Cantor and Cantor 1977: 434.

*21 Page and Friend 1974: 96–98.

*22 これらは、いわゆる、〔供給と在庫等の〕差額、つまり、消費量分の数値であることに留意。この数値は、個人の差異や、経済・社会・地域・人種・年齢による差異については、何ら情報を与えない。もし、この点にかんして信頼できるデータが得られるならば、将来の政策決定に大いに貢献することになろう。

*23 砂糖と脂肪との関係は、多面的である。これについては、将来、別稿を考えている。カンター夫妻の手になるパイオニア的論文（1977）は、これに関連する多くの問題を提起している。

*24 Douglas 1972: 62.

*25 リンダ・デルゼルは、『ミズ *Ms.*』に発表した論文（「いっしょに食卓を囲んでいる家族は……ひょっとしたらそう望んでいないかも」）のなかで、次のように述べている。「ミネアポリスに家族といっしょに住んでいる、とある専業の世帯支配人」は、三年まえから料理を作るのを止めているので、家族の各メンバーは、各々、自分自身の栄養補給に責任を負っている。「一三歳のデイヴィドは、シリアル、ミルク、ピーナッツバター、レーズン、冷凍ピザ、オレンジ、ジュース、マクドナルドのハンバーガー、フライ、シェイクで生きている。ときどき、私は、かれがピザに化けてしまうのではないかと思うくらいだ。だが、かれは、身長五フィート九インチで、とてもたくましいスポーツマンだ」（*Ms.*, October

1980)。デルゼルがいうには、もし家族揃って食事をとろうとすれば、「いろいろと準備がいるし、各々の興味を犠牲にしなければならないし、やたら細かく計画をたてる必要があり、ときには力仕事にもなる。しかも、せっかく私たちが苦労しても、その挙げ句に子どもたちは怒り出すし、夫はプレッシャーを感じるし、私は欲求不満に陥ってしまうのだ。ライフ・スタイルを変えたおかげで、私たちはいっしょに過ごす時間が多くなった――もちろん食事ではないが――し、いままで以上に、リラックスしたのである」。

＊26　現代社会で多くの人びとが抱いている、時間不足という明確な感情を、特定の個人の意図によるものとするのは、ここで、われわれの取る立場ではない。しかしながら、少なくとも次のようにいうことは可能――五分五分くらい――であろう。すなわち、社会を動かしている人たちは、新しい消費の必要性を「発見」しようと躍起になっているが、自らの満足をもたらす時間を見つけ出すことには、ほとんど興味をもたないであろう。

＊27　この例は、若干、乱暴な補足をつけて、Linder 1970から引用。この本は、もっと注意を払われてもいいように思われる。

＊28　このテーマは、砂糖の歴史とあまり関係がないように思われるかもしれないが、時間と砂糖が密接につながっているというのが、私の言いたいことである。これにかんして、エドワード・トムソンの古典的な論文（1967）や、故ハリー・ブレイヴァーマンの著作（1974）が思い当たろう。だが、このような関係に興味をもって、さらに掘り下げようと思うならば、カール・マルクスの商品崇拝と疎外の概念にまで立ち戻らなければならない。

＊29　Page and Friend 1974: 100–103.

＊30　Fischler 1980: 946.

＊31　カンターの一九八〇年五月一日付、私信。Cantor 1975は、これらの問題のいくつかについて論じて

いる。

*32　Pyler 1973.

*33　Sugar Association n.d.（1979?）: 9.

*34　一九八〇年頃から、無カロリー「砂糖」の研究が、新聞紙上をにぎわしていた。しかし、HFCS使用の急速な広がりや、低カロリー「ニュートラ・スウィート」（フェニルアリニン）の商業ベースに乗った開発などが、近年の甘味料の分野では、注目されている。

*35　Cantor 1981は、トウモロコシからつくられる甘味料が、今世紀末までに、市場で大きな伸びを示すだろうと試算している。

	一九六五	一九六七	一九八〇	一九九〇年
テンサイ	二五・五	二二・九	二〇・五	
サトウキビ	五九・六	六一・九	四六・三	
蔗糖　計	八五・二	八四・八	六六・八	（五二・五）
トウモロコシ	一三・三	一四・〇	三二・一	（四七・五）

*36　「味、経済的利点、自らの社会的地位、その他特殊な理由で生じる、ひとつの素材から別の素材への転換は、われわれの開発行動を左右する。……食品産業、食品関連産業は、驚くくらい巨大な（食）文化の転移——転換の別形態——に巻き込まれている」（Cantor 1969）。Cantor 1981は、転換可能性概

念を、今日的なかたちで提示している。

＊37　Cantor 1981: 302.

＊38　この議論は、先述した砂糖と脂肪の組み合わせや、甘さと官能という、一見奇妙だが明らかに現実的な関係に、結びつけて考えることができる。このテーマについては別稿を考えているが、ここで指摘しておきたいのは、これらの宣伝文句は、象徴的傾向――文化的に制度化された男女の差異と関連している――とコントラストをなしているという点である。

＊39　Cantor and Cantor 1977: 430, 441.

＊40　*Ibid.*: 442.

＊41　Barthes 1975: 58. リンゼイ・ヴァン・ゲルダーは、一九八二年一二月、『ミズ Ms.』に発表した論文のなかで、食べ物がいたるところに遍在していることを嘆いている。とくに、都会に住んでいて、ダイエットしつつ、友人と会う場合はなおさらだ、というのである。「ニューヨークでは、午後五時以降、大人でも子どもでも、ちょっと坐ろうと思って店に入ると、たいていどこでも砂糖の容器が置いてあり、ウェイターが辺りを飛び回っている」。彼女の論文のタイトルは「食べ物抜きの儀礼の発明」であるが、デルゼルが家族の食事をつくるのを放棄したのと好対照である（注25参照）。デルゼルは、家族のために料理はできないとして、その結果、自由を満喫しているが、ヴァン・ゲルダーは、食事抜きで、いかに友人と会うかについては、示すことができていない。

＊42　Cantor and Cantor 1977: 442-443.

＊43　Tiger 1979: 606.

＊44　*Ibid.*

＊45　食品の自動販売機が急増したために、砂糖の使用が促進されたが、それは、砂糖が食品の保存期間を長くしたり、サーヴィスの頻度を減らすことができるなどの利点を有していたからである。この文言を

読んだ合衆国の某有名大学に勤めている私の同僚は、次のように書いてきた。「空間確保と資金節約のために、大学当局は、ミルク、ジュース、ヨーグルトなどの大型自動販売機を図書館のスナック・バーから取り払い、空いたスペースを学習ホールにした。学生から文句が出たので、隣の建物に自動販売機を設置することにしたが、それは、キャンディ、バーベキュー味のポテトチップス、チーズピーナッツバターの駄菓子などしか入れていない。つまり、後者のほうは日持ちがするが、前者は毎日入れ替えたり、冷蔵の必要があるという点で異なっている。おそらく、このような際に、砂糖のもつ保存・加工の働きが大いに役立っているのであろう。そして、その結果、ミルクやヨーグルトは、家からもってきたサンドウィッチ（これは私の習慣）といっしょに食べることができるが、後者のお菓子のほうは、食事時にはまったく用がないという、おもしろい事態に至ったのである」。

海外でも、冷たい刺激性飲料による非西欧世界への浸透が生じているが、それは、食事とそのスケジュールに対して様々な妨害となっている。旧イギリス領植民地では、紅茶がコカコーラにとって代わられたのだが、それは興味深く、象徴的な重みをもっている。この地域では、一、二世紀まえ、熱い紅茶を導入したわけだから、再度の「変容」は、アメリカの力を見せつけているのである。ソヴィエトや中華人民共和国でも、冷たい刺激性飲料の成功が、同様の意味合いをもたらしている。ワインバーガーやサファイアのように、飲料水の「セールスマン」が外交・軍事政策の立案者になったり、そうした政策の評論家になった事例には考えさせられる。たとえば、Louis and Yazijian 1980 を参照。

＊46　Ortiz 1947: 267–282.

訳者あとがき

誰でも一度くらいは経験があるだろうが、長い間自分自身が書きたいと思っていたのと同趣旨の本や論文に出会ったときの心境は複雑である。自分の考えてきたことが確認されたという意味では、してやったりと快哉を叫びたいところもあるが、正直なところ、ちょっと残念な気もする。本書は、私にとってそういう類の書物である。

砂糖を素材として、一七・一八世紀世界システムの作用の仕方を描くこと、権力の象徴記号としての甘味ないし砂糖の歴史的意味を解き明かすこと、一九世紀工業化時代の都市労働者の生活を、「砂糖食」とでもいうべき食生活の展開と「ティー・ブレイク」の成立の観点から見なおすこと、砂糖のような商品の消費のあり方が、われわれ自身の自己アイデンティティそのものを変えてしまったことの指摘など、本書でとりあげられているいくつかの論点は、私にとっても、十数年来の課題であったからである。

とりわけ、「砂糖食」(「ティー・コンプレックス」)と「ティー・ブレイク」にかかわる研究は、欧米では若干ある(H. J. Teuteberg und G. Wiegelmann, *Der Wandel der Einfluß der Industrialisierung*, 1972 所収のヴィーゲルマン論文など)が、わが国ではほとんどとりあげられたことがない。砂糖プランテーションを、その作業内容からばかりでなく、職場の規模や時間の厳守を含む労働規律などの観点からも、世界で最初の「工場制度」と見る見方なども、ヨーロッパ中心史観への強烈な批判として、興味深いものがある。

「歴史学は社会人類学になるか、さもなくば無に帰すかの二者択一をせまられている」といったのは、E・E・エヴァンス＝プリチャードである。昨今の歴史人類学流行りからすれば、この言葉はごく自然に受け入れられるかもしれない。しかし、この言葉には、じつは対になるもうひとつの言葉がある。すなわち、「人類学は歴史学になるか、無に帰すかの二者択一を迫られている」というのがそれである。本書の主たる関心が後者の命題に関わっていることはいうまでもない。こうした角度からの本書の位置づけについては、たとえば、Hans Medick, "'Missionaries in the Row Boat'?: Ethnological Ways of Knowing as a Challenge to Social History," *Comparative Studies in Society and History*, vol. 29-1, 1987を参照されたい。

ただし、本書はそのように面倒なことを考えないでも、気楽に読むこともできる。結婚披露宴で用いるウェディング・ケーキには、そもそもどのような意味があるのか。イギリス人が食事の最後にとる「スウィート」は、どこからきたのか。女性は男性より甘いものが好きだという「通説」は、どのような歴史的経緯の産物なのか。コーヒーやスナックの自動販売機やファストフードの店の普及は、家族のあり方にどんな影響を与えているのか。こうした多様な問題に、それぞれ興味深い回答が用意されているからである。

なお、翻訳に際しては、一九八五年の Elisabeth Sifton Books 版を底本としたが、翌年には Penguin Books 版（ペイパーバック）も出ており、数カ所訂正されているところがある。当然、それも参照はしたが、とくに註記はしなかった。また、本書では、「砂糖 sugar」と「蔗糖 sucrose」とが使い分けられている。しかし、かえって混乱を招くと思われる箇所も散見されたので、一部これを無視したところがある。

原著者シドニー・W・ミンツは、一九二二年ニュージャージーの生まれで、イェール大学教授を経て、一九七四年からジョンズ・ホプキンズ大学人類学教授をつとめている。いうまでもなく、アメリカ人類学界の重鎮である。

訳業は、ほんらい川北がひとりで始めたが、およそ七割強にあたる第三章末までを済ませたところで、イギリスへ長期の在外研究に出ることになったために、残り（第四・五章）を植民地時代のアメリカ経済・社会史に詳しい和田君に委ねることにした。ところが、川北の帰国とほとんど入れ違いで、こんどはかれの方がノース・カロライナ大学に留学することになった。このため、あらためて川北が全文にわたって、訳文の再検討にあたることにした。このような経緯からして、翻訳という仕事のつねとして、多数発見されるであろうミスやミスリーディングな箇所は、すべて和田君には責任はない。なお、第四・五章の原稿整理については奈良女子大学大学院生の永島とも子さんにお世話になった。記して感謝の意を表する次第である。

一九八八年十一月十日　長岡京にて

川北　稔

文庫版訳者あとがき　民衆の生活と世界システム——歴史の手法

馬齢を重ねたせいか、ときどき『史学概論』の執筆を勧められる。しかし、理屈だけをむき出しに述べる歴史哲学や史学概論は、自分にはあまり似つかわしくないと思って、今日までそういうものは書いていない。書くなら、具体的な歴史叙述のなかで、そのような課題を果たしたい、と思ってきたからである。

ただ、本書は、他人の著作ながら、私のめざしてきた歴史学のあり方にかなり近い一書だと思っているので、いまも特別の愛着がある。

この一見奇妙な表題の書物に私が出会ったのは、カリブ海域の砂糖プランテーションをめぐる論文の執筆中であった。イギリス近代史を世界的な視野の下においてみたいという希望と、他方では、イギリスやフランスの庶民であれ、プランテーションの黒人奴隷たちであれ、人びとの日常の生活文化の「襞《ひだ》」に分け入るような「生活史」を書きたい、というかねての願望もあった。大げさにいえば、世界システム論と「生活史」をつなぐ歴史というのが、私の畢生の課題だと思ってきた。それだけに、『アナール』学派第三世代（雑誌『アナール——経済・社会・文明』〈現在は副題が変更されている〉に蝟集《いしゅう》したフランスの社会史学派）と、一国発展段階論を排して、第三世界の歴史を世界的視野でみようとした「従属派」の世界観がいかにも魅力的にみえ、この二つの立場の融合に、微力ながら努力してきたつもりである。この点で、本書の方向は、私のそれと軌を一にするものであった。

生活史としての社会史

一九七〇年代以降、「社会史」は多くの人びとの口の端にのぼるようになったが、「理論」を口にする人びとのあいだでは、なぜか「運動史」ばかりが叫ばれて、各地の「庶民生活」の「襞」に分け入りたいという私の気持ちには、しっくりこなかった。じっさい、半世紀を経過したいま振り返ってみれば、「運動史」よりは、「生活史」という方が適切と思われる成果が豊富に出たように思われる。

他方、当初は、「生活史」などというものは、低俗な興味本位の「風俗史」であって、知的堕落だという議論もしばしばみられた。現に世に出まわっている生活史の書物で、この陥穽に落ち込んでいるものも少なくないから、その危険も十分にあった。じっさい、いまも巷には、多くの「物知り博士」本のような、「〇〇の世界史」や「〇〇の社会史」が溢れてもいる。

その意味で、「生活史」がまっとうな歴史学であるためには、徹底的に留意すべき問題がひとつある。庶民生活の一面を描くとして、それがより広い全体史につながっているのかどうかということである。このことが守られているか否かが、「低俗な風俗史」で終わるか否かの分岐点である。

しかも、生活史の個別の課題が全体史につながる方法には、二つのタイプがある。たとえば、アマチュアのものであったフットボールがプロ化するという現象を取り上げるとして、資本主義がある段階に達したので、そうなったのだという説明がひとつありうる。しかし、多くの場合、このような説明は、逆に、フットボールのプロ化が資本主義の展開にどう作用したかは、問題にしない。というより、できないと考えている歴史家が多いように思われる。かつてある学会で、「革命と性」をテーマとするシンポジウムがあったが、「性」の歴史を語った報告者に、「その研究からすれば、「革命」の見方はどう変わるのですか」と質問して、あきれるほど激怒されたことがあった。しかし、私の立場からすれば、全体史のイメージに影響しない「部分史」はあまり魅力的ではない。その意味で、「レジャー」の歴史を扱かったボーゼイの著『レジャーの歴史――一五〇〇年以降のイギリスの経験』(P. Borsay. *A History of Leisure: The British Experience since 1500*, 2006) が、私には興味深い(この著作は、あまり知られていないようでもあるので、時間があれば翻訳したいと思っていたが、果たせなかった。同様に、まったく別の観点から紹介したかったモック『移動するヨーロッパ人』も、もはや時間切れとなった)。「時代」あるいは「資本主義の発展段階」がこうだったから、フットボールもこうなったのだというだけでは、しょせんフットボールは、無限に存在する歴史の個別現象のひとつであるにすぎないことになる。それはそれで楽しいかもしれないが、「スポーツがこうなったから、時代がこうなった」といえることが、本来の「歴史学」としては望ましい。本書の主題についていえば、食生活の構造変化は、全体社会の変化の結果であるだけでなく、その原因でもありうる（四三〜四頁および六五〜六六頁）のである。砂糖入り紅茶の普及は、帝国形成や工業化の結果であると同時に、その原因でもありえたのだ。

「社会史」がひとしきり流行したあと、しばしば聞かれた声に、「歴史学の破裂」という事実があった（竹岡敬温・川北稔編『社会史への途』有斐閣、一九九五年、六七頁）。歴史家の提供する話題が無限に細かい個別事象に分解して、「大きな物語」を語れなくなった状況を危惧した言葉である。上の例でいえば、フットボールのプロ化もあれば、ゴルフのそれも、バスケットボールのそれも、ということになる。都市史の研究で、オクスフォードの研究が出ると、ケンブリッジも、というようなものである。ボーゼイの試みは、レジャー史についてこの弊害をのぞくため、レジャーの展開と経済史とを有機的・相互的に関連づけようとしたものである。

庶民生活の諸局面は、経済の展開と相互に結びついている。経済のあり方が変化したので、われわれの生活はその細部に至るまで、以前とは違っている。しかし、経済構造や政治構造が変わったのは、ある意味でわれわれの生活が変わったからでもある。しかも、近代の経済は世界的な連関のなかにあるから、世界各地の庶民の生活は、世界経済——世界システム——をつうじて、相互につながっている。マンチェスターで人がフットボールに興奮するとき、バングラディシュやパキスタンでは、サッカーボールの生産に児童労働が使われる。

世界経済の動きは、砂糖や綿花や石油をはじめとするモノの動きをつうじて見るのが最もわかりやすい、本書の著者が私に与えてくれた最大のヒントが、ここにあった。ちなみに、綿花については、まだ日本語にはなっていないようだが、ベッカート『綿の帝国——ひとつのグローバル・ヒストリ』(Sven Beckert, *Empire of Cotton: A Global History*, 2014) がすばらしい着眼点を示している。

生活社会史の史料

ところで、歴史を書くには、材料が必要である。「日本でいえば、だいたい信長・秀吉の時代くらいのイギリスの歴史が専門です」というと、そんな昔のことを見てきたように書けるのはなぜですか、と質問されることがある。「史料」があるからです、と答えるしかないが、「史料」とは何か、ということになると、説明が難しい。

まだ駆け出しの教員の頃、ひとりの学生から質問を受けた。「某先生のゼミに出ていたら、「史学科の学生たる者、史料を読むべきである」と言われたが、図書館を探しても、

『史料』という本はなかった」、というのである。「史料」とは、歴史研究者が、研究の素材――証拠、つまりエヴィデンス――とする文献のことで、とくに、研究対象となる時代の同時代人の手になるそれを、「一等史料」(プライマリ・ソース)として重要視する。叙述が「史料」に基づいているかどうか、しかもその「史料」がつくりものなどでないことを厳密に証明されている――「史料批判」という――かどうかこそが、「歴史学」と「歴史小説」の分かれ目なのである。

しかし、歴史家が用いる史料のタイプには、分野によって大きな違いがある。だから、その先生の指導は間違いではなかったのだが、先生が古典的な外交史の専門家であったのに、学生は生活社会史に関心をもっていたから、まるで漫画のような事態が生じたのである。

古典的な外交史であれば、外交交渉の過程を記した「外交記録」でも丹念に読めば、かなりのことは書けるし、そうした記録は、しっかりと取りまとめられ、しばしば出版もされている。むろん、外交史でも、外交官個人の書簡や日記のようなものが参照されることも普通のことであったが、そうしたものも、たいていは刊行されていることが多い。さすがに表紙に「史料」と書いてあるかどうかは、場合によるだろうが、とりあえず、ひとまとまりのものである。

しかし、たとえば衣食住など、庶民生活の話になると、そのようなまとまった「史料」

はなかなか得られない。むしろ、文学作品のなかにヒントがあるかもしれないし、語りつがれた古謡や慣習のなかに、それが見つかるかもしれない。つまりは、歴史人類学の材料と同じということになる。その場合、「史料」は、「史料集」としてあらかじめあるのではない。歴史家が何かを「史料にする」のである。その意味では、生活社会史にあっては、史料とは歴史家がつくるものであるし、何を史料としたかは、歴史家の腕の見せどころなのである。

歴史人類学ともいえる本書でミンツが駆使する史料の多くは、プエルト・リコなどでの現地での生活体験を含めて、そのような意味で歴史学の方法論的にも、興味深いものがある。私自身、はじめての在外研究に出るにあたって、タイプの違う二人の恩師（角山栄先生と越智武臣先生）から、「イギリスでは文書館に入り浸るだけであってはならない」、とまったく同じ忠告をされた。「歴史はフィールドワーク」だからというのが、お二人の共通の主張であった。「人類学は歴史学になるほかないし、歴史学は人類学になるしかない」、というミンツの立場は、いまは亡き両恩師の立場でもあったように思う。

工場制度はどこからきたのか——世界システム論的な歴史

歴史学の立場からみて、本書のなかで最も注目に値する議論のひとつは、第二章におけるサトウキビ・プランテーションの考察である。世界で最初の産業革命はイギリスないし西ヨーロッパに起こったとして、その源流はひとえに前貸し問屋制やいわゆるマニュファクチャー（「プロト工業化」）など、いずれにせよ、「ヨーロッパ内」で展開したものにあるとする「常識」がいまだにはびこっているが、ミンツの考察では、サトウキビのプランテーションもまた、れっきとした、世界史的にみて最も「早咲きの工場制度」であった。生産活動の規模はもちろん、時間規律を含む労働規律――英仏など、西ヨーロッパ諸国を対象とする社会史で、最も重要視された側面のひとつ――からみても、それは明らかに「工場制度」そのものであった。プランテーションの黒人奴隷とイギリスの工場で働くプロレタリア労働者とは、ともに無産者として商品生産に従うべく、世界資本主義によって、同時進行的に生み出されたものである。

こうして、産業革命が砂糖プランテーションや奴隷制度の展開と深いつながりをもって進行したことは、つとにエリック・ウィリアムズが『資本主義と奴隷制』（ちくま学芸文庫）で主唱したことだが、ミンツの本書は、議論をさらに深化させたものといえる。

現代のグローバルな経済世界の歴史像を構築するうえで、ミンツの視角はいまなお、輝きを失っていない。

二〇二一年　長岡京市にて　　　　川北　稔

図版出典

Photo courtesy of Richard and Sally Price　13頁
Bibliothèque Nationale, Paris　120頁
British Library　135頁，148頁上および下
Bonnie Sharpe　30頁
Centre de Documentation du Sucre　204，209頁（C. Gibier/Musée des Arts Décoratifs），213，214，219，223頁（C. Gibier），268頁，275頁上（Laurent Sully Jaulmes/Musée des Arts Décoratifs），275頁下（Philippe Rousselet），297頁（C. Gibier），321，371頁（C. Gibier）．

【邦訳のあるもの】
チャイルド, J. 1694. 杉山忠平訳『新貿易論』, 東京大学出版会, 1967年.
ドラブル, M. 1977. 斎藤数衛訳『氷河時代』, 早川書房, 1979年.
ホブズボーム, E. 1968. 浜林正夫・神武庸四郎・和田一夫訳『産業と帝国』, 未来社, 1984年.
マリノフスキー, B. 1922. 泉靖一責任編集『西太平洋の遠洋航海者』(抄訳), 中央公論社 [世界の名著 71], 1980年.
マルクス, K. 1867. 向坂逸郎訳『資本論』, 12巻, 岩波文庫, 1947–56年. 他, 邦訳多数.
——, 1858. ホブズボーム編, 市川泰治郎訳『共同体の経済構造』, 未来社, 1969年他.
オーウェル, G. 1937. 高木郁朗・土屋宏之訳『ウィガン波止場への道』, ありえす書房, 1978年.
スミス, A. 1776. 大内兵衛・松川七郎訳『諸国民の富』, 5巻, 岩波文庫, 1959–66年.
ゾンバルト, W. 1919. 金森誠也訳『恋愛とぜいたくと資本主義』, 至誠堂, 1969年.
トレヴェリアン, G. M. 1945. 藤原浩・松浦高嶺・今井宏訳『イギリス社会史』, 2巻, みすず書房, 1971, 83年.
ウォーラーステイン, I. 1974. 川北稔訳『近代世界システムⅠ』, 名古屋大学出版会, 2013年.
ウィリアムズ, E. 1942. 中山毅訳『資本主義と奴隷制』, ちくま学芸文庫, 2020年.

430. Glasgow and London: Collins.
Wallerstein, I. 1974. *The modern world-system: capitalist agriculture and the origins of the world-economy in the sixteenth century.* New York: Academic Press.
______. 1980. *The modern world-system: mercantilism and the consolidation of the European world-economy, 1600–1750.* New York: Academic Press.
Warner, J. N. 1962. Sugar cane: an indigenous Papuan cultigen. *Ethnology* 1(4):405–11.
Warner, R. 1791. *Antiquitates culinariae; or curious tracts relating to the culinary affairs of the Old English.* London: Blamire.
Warton, T. 1824. *The history of English poetry from the close of the eleventh to the commencement of the eighteenth century.* Vol. 1. London: T. Tegg.
Watson, A. M. 1974. The Arab agricultural revolution and its diffusion, 700–1100. *Journal of Economic History* 34(1):8–35.
Watson, K. J. 1978. Sugar sculpture for grand ducal weddings from the Giambologna workshop. *Connoisseur* 199(799):20–26.
Williams, E. 1942. *The Negro in the Caribbean.* Bronze Booklet No. 8. Washington, D.C.: The Associates in Negro Folk Education.
______. 1944. *Capitalism and slavery.* Chapel Hill, N.C.: University of North Carolina Press.
Williamson, J. A. 1931. *A short history of British expansion.* 2nd ed. New York: Macmillan.
Wolf, E. R. 1982. *Europe and the people without history.* Berkeley, Calif.: University of California Press.
Wretlind, A. 1974. World sugar production and usage in Europe. In *Sugars in nutrition*, ed. H. L. Sipple and K. W. McNutt, pp. 81–92. New York: Academic Press.
Wright, I. A. 1916. *The early history of Cuba.* New York: Macmillan.
Young, A. 1771. *The farmer's tour through the east of England.* 4 vols. London: W. Strahan.

Sugar Association, Inc.
Symons, D. 1979. *The evolution of human sexuality*. New York: Oxford University Press.
Taylor, A. J. 1975. Introduction. In *The standard of living in Britain in the Industrial Revolution*, ed. A. J. Taylor, pp. xi–lv. London: Methuen.
Thomas, R. P. 1968. The sugar colonies of the old empire: profit or loss for Great Britain? *Economic History Review* 21(1):30–45.
Thomas, R. P., and McCloskey, D. 1981. Overseas trade and empire, 1700–1860. In *The economic history of Britain since 1700*, ed. R. Floud and D. McCloskey, pp. 87–102. Cambridge: Cambridge University Press.
Thompson, E. P. 1967. Time, work discipline and industrial capitalism. *Past and Present* 38:56–97.
Tiger, L. 1979. Anthropological concepts. *Preventive Medicine* 8:600–7.
Timoshenko, V. P., and Swerling, B. C. 1957. *The world's sugar: progress and policy*. Stanford, Calif.: Stanford University Press.
Torode, A. 1966. Trends in fruit consumption. In *Our changing fare*, ed. T. C. Barker, J. C. McKenzie, and J. Yudkin, pp. 115–34. London: MacGibbon and Kee.
Trevelyan, G. M. 1945. *English social history*. London: Longmans, Green.
Tryon, T. [Physiologus Philotheus]. 1700. *Friendly advice to gentlemen-planters of the East and West Indies*. London.
Turner, B. S. 1982. The discourse of diet. *Theory, Culture and Society* 1(1):23–32.
Ukers, W. H. 1935. *All about tea*. 2 vols. New York: The Tea and Coffee Trade Journal Co.
Van Gelder, L. See Gelder, L. van.
Vaughan, W. 1600. *Natural and artificial directions for health*. London.
______. 1633. *Directions for health*. 7th ed. London.
Venner, T. 1620. *Via recta ad vitam longam, or a plaine philosophical discourse*. London.
Wakefield, E. G. 1968 [1833]. England and America. In *The collected works of Edward Gibbon Wakefield*, ed. M. F. L. Prichard, pp. 317–

American Geographical Society.
______. 1966. *The early Spanish Main.* Berkeley and Los Angeles: University of California.
Schneider, J. 1977. Was there a precapitalist world system? *Peasant Studies* 6(1):20–29.
Shand, P. M. 1927. *A book of food.* London: Jonathan Cape.
Shapiro, N. 1957. Sugar and cane sugar in Hebrew literature. *Hebrew Medical Journal* 2:89–94, 128–30 (numbered in reverse; bilingual publication).
Sheridan, R. 1974. *Sugar and slavery.* Lodge Hill, Barbados: Caribbean Universities Press.
Simmonds, P. L. 1854. *The commercial products of the vegetable kingdom.* London: T. F. A. Day.
Slare, F. 1715. *Observations upon Bezoar-stones. With a vindication of sugars against the charge of Dr. Willis, other physicians, and common prejudices.* London: Tim Goodwin.
Smith, Adam. 1776. *An inquiry into the nature and causes of the wealth of nations.* Dublin: printed for Whitestone, Chamberlaine, W. Watson [etc.].
Smith, R. F. 1960. *The United States and Cuba: business and diplomacy, 1917–1960.* New Haven: College and University Press.
Smith, W. Robertson. See Robertson Smith, W.
Soares Pereira, M. 1955. *A origem dos cilindros na moagem da cana.* Rio de Janeiro: Instituto do Açúcar e do Álcool.
Sombart, W. 1967 [1919]. *Luxury and capitalism.* Ann Arbor: University of Michigan Press.
Stare, F. J. 1948. Fiasco in food. *Atlantic Monthly* 181:21–22.
______. 1975. Role of sugar in modern nutrition. *World Review of Nutrition and Dietetics* 22:239–47.
Steinhart, J. S., and Steinhart, C. E. 1974. Energy use in the U.S. food system. *Science* 184(4134):307–16.
Strickland, A. 1878. *Lives of the queens of England.* 6 vols. London: G. Bell & Sons.
Sugar Association, Inc. n.d. [1979?]. *Why sugar?* Washington, D.C.: The

in die neue Welt. *Abhandlungen der Königlichen Akademie der Wissenschaften zu Berlin, aus dem Jahre 1839*, pp. 306–412.

Robertson Smith, W. 1889. *Lectures on the religion of the Semites*. New York: D. Appleton.

Rogers, J. E. T. 1963 [1866]. *History of agriculture and prices in England*. 4 vols. Oxford: Oxford University Press.

Roseberry, W. 1982. Balinese cockfights and the seduction of anthropology. *Social Research* 49(4):1013–28.

Rosengarten, F. 1973. *The book of spices*. New York: Pyramid.

Rowntree, B. S. 1922. *Poverty: a study of town life*. New ed. New York: Longmans, Green.

Rozin, E. 1973. *The flavor-principle workbook*. New York: Hawthorn.

Rozin, E., and Rozin, P. 1981. Culinary themes and variations. *Natural History* 90(2):6–14.

Rozin, P. 1976a. Psychobiological and cultural determinants of food-choice. In *Appetite and food intake*. Life Sciences Research Report 2. Dahlem Workshop on Appetite and Food Intake, ed. T. Silverstone, pp. 285–312. Berlin: Dahlem Conferenzen.

______. 1976b. The use of characteristic flavorings in human culinary practice. In *Flavor: its chemical, behavioral and commercial aspects*, ed. C. M. Apt, pp. 101–27. Boulder, Col.: Westview.

Rye, W. B. 1865. *England as seen by foreigners*. London: John Russell.

Salmasius, C. 1977 [1633]. *Bericht von 1663 aus Paris: Über den Zucker*. Manuskript-fragment aus dem Nachlass des Claudius Salmasius. Berlin: Institut für Zuckerindustrie.

Salmi-Bianchi, J.-M. 1969. Les anciennes sucreries du Maroc. *Annales: Economies, Sociétés, Civilisations* 24:1176–80.

Salzman, L. F. 1931. *English trade in the Middle Ages*. Oxford: Clarendon Press.

Sass, Lorna J. The preference for sweets, spices, and almond milk in late medieval English cuisine. In *Food in perspective*. Ed. Alexander Fenton and Trefor Owen, pp. 253–60. Edinburgh: John Donald Publishers.

Sauer, C. O. 1952. *Agricultural origins and dispersals*. New York:

crisis. *Science* 182 (4111):443–49.
Pittenger, P. S. 1947. *Sugars and sugar derivatives in pharmacy.* Scientific Report Series No. 5. New York: Sugar Research Foundation, Inc.
Platt, Sir H. 1596. *Delightes for ladies.* London.
______. 1675. *Delightes for ladies.* 11th ed. London.
Pollexfen, J. 1697. *A discourse of trade, coyn and paper credit.* To which is added the argument of a Learned Counsel [Sir Henry Pollexfen]. London.
Pomet, P. 1748. *A complete history of drugs.* 4th ed. London.
Popovic, A. 1965. Ali Ben Muhammad et la révolte des esclaves à Basra. Ph.D. diss., Université de Paris.
Porter, G. R. 1831. *The nature and properties of the sugar cane.* Philadelphia: Carey and Lea.
______. 1851. *The progress of the nation.* London: John Murray.
Postan, M. M. 1939. The fifteenth century. *Economic History Review* 9:160–67.
Pyler, E. J. 1973. *Baking science and technology.* 2nd ed. Chicago: Siebel Publishing Co.
Ragatz, L. J. 1928. *The fall of the planter class in the British Caribbean, 1763–1833.* New York: Century.
Ratekin, M. 1954. The early sugar industry in Española. *Hispanic American Historical Review* 34:1–19.
Reed, W. 1866. *The history of sugar and sugar-yielding plants.* London: Longmans, Green.
Reeves, Mrs. M. S. P. 1913. *Round about a pound a week.* London: G. Bell.
Renner, H. D. 1944. *The origin of food habits.* London: Faber and Faber.
Richards, Audrey I. 1932. *Hunger and work in a savage tribe.* London: Geo. Routledge and Sons Ltd.
______. 1939. *Land, labour and diet in Northern Rhodesia.* London: Oxford University Press.
Ritter, K. 1841. Uber die geographische Verbreitung des Zuckerrohrs (*Saccharum officinarum*) in der altem Welt vor dessen Verpflanzung

Oddy, D. 1976. A nutritional analysis of historical evidence: the working-class diet 1880–1914. In *The making of the modern British diet*, ed. D. Oddy and D. Miller, pp. 214–31. London: Croom and Helm.

Oldmixon, J. 1708. *The British Empire in America*. 2 vols. London.

Orr, J. B. (Lord). 1937. *Food, health and income*. London: Macmillan.

Ortiz, F. 1947. *Cuban counterpoint*. New York: Knopf.

Orwell, G. 1984 [1937]. *The road to Wigan Pier*. Penguin: Harmondsworth.

Our English home: its early history and progress. 3rd ed. 1876. Oxford and London: James Parker.

Page, L., and Friend, B. 1974. Level of use of sugars in the United States. In *Sugars in nutrition*, ed. H. L. Sipple and K. W. McNutt, pp. 93–107. New York: Academic Press.

Pares, R. 1950. *A West-India fortune*. London: Longmans, Green.

______. 1960. *Merchants and planters*. Economic History Review Supplements 4, Economic History Society. Cambridge: Cambridge University Press.

Partridge, R. 1584. *The treasurie of commodious conceits, and hidden secrets, commonly called the good huswives closet of provision for the health of her houshold*. London.

Paton, D. N.; Dunlop, J. C.; and Inglis, E. M. 1902. *A study of the diet of the labouring classes in Edinburgh*. Edinburgh: Otto Schulze and Co.

Pegolotti, F. di Balducci. See Balducci Pegolotti, F. di.

Pellat, C. 1954. Ğāhiẓiana, I. Le *Kitāb al-Tabaṣṣur bi-l-Tiğāra* attribué à Ğāhiz. *Arabica. Revue d'Etudes Arabes* 1(2):153–65.

Pereira, M. Soares. See Soares Pereira, M.

Pfaffman, C.; Bartoshuk, L. M.; and McBurney, D. H. 1971. Taste psychophysics. In *Handbook of sensory physiology*. Vol. 4, *Chemical senses*, Part 2, ed. L. Beidler, pp. 82–102. Berlin: Springer.

Phillips, W. D., Jr. n.d. [1982?]. Sugar production and trade in the Mediterranean at the time of the Crusades. Manuscript (photocopy). 24 pp.

Pimentel, D.; Hurd, L. E.; Bellotti, A. C.; Forster, M. J.; Oka, I. N.; Sholes, O. D.; and Whitman, R. J. 1973. Food production and the energy

Cambridge: Cambridge University Press.
Mathias, P. 1967. *Retailing revolution.* London: Longmans.
______. 1979. *The transformation of England: essays in the economic and social history of England in the eighteenth century.* New York: Columbia University Press.
Mathieson, W. L. 1926. *British slavery and its abolition.* London: Longmans, Green.
Mauro, F. 1960. *Le Portugal et l'Atlantique au XVIIe siècle.* Paris: Ecole Pratique des Hautes Etudes.
Mead, W. E. 1967 [1931]. *The English medieval feast.* London: George Allen and Unwin.
Mill, J. S. 1876 [1848]. *Principles of political economy.* New York: D. Appleton.
Mintz, S. W. 1959. The plantation as a sociocultural type. In *Plantation systems of the New World.* Social Science Monographs 7, pp. 42–50. Washington, D.C.: Pan American Union.
______. 1977. The so-called world system: local initiative and local response. *Dialectical Anthropology* 2:253–70.
______. 1979. Slavery and the rise of the peasantry. *Historical Reflections* 6(1):215–42.
Moseley, B. 1800. *A treatise on sugar with miscellaneous medical observations.* 2nd ed. London: John Nichols.
Moskowitz, H. 1974. The psychology of sweetness. In *Sugars in nutrition,* ed. H. L. Sipple and K. W. McNutt, pp. 37–64. New York: Academic Press.
Mount, J. L. 1975. *The food and health of western man.* New York: Wiley.
Murphy, B. 1973. *A history of the British economy, 1086–1970.* London: Longman.
Nef, J. V. 1950. *War and human progress.* Cambridge, Mass.: Harvard University Press.
Oberg, K. 1973. *The social economy of the Tlingit Indians.* American Ethnological Society Monograph 55. Seattle: University of Washington Press.

world. New York: Columbia University Press.
Louis, J. C., and Yazijian, H. C. 1980. *The cola wars*. New York: Everest House.
McKendrick, N.; Brewer, J.; and Plumb, J. H. 1982. *The birth of a consumer society*. Bloomington, Ind.: Indiana University Press.
McKendry, M. 1973. *Seven centuries of English cooking*. London: Weidenfeld and Nicolson.
MacPherson, D. 1812. *The history of the European commerce with India*. London: Longman, Hurst, Rees, Orme & Brown.
Major, R. 1945. Thomas Willis. In *Classic descriptions of disease*, ed. R. Major, pp. 238–42. Springfield: Charles C Thomas.
Malinowski, B. 1950 [1922]. *Argonauts of the Western Pacific*. London: George Routledge and Son.
______. 1935. *Coral gardens and their magic*. 2 vols. London: Geo. Allen and Unwin.
Maller, O., and Desor, J. A. 1973. Effect of taste on ingestion by human newborns. In *Fourth symposium on oral sensation and perception*, ed. J. F. Bosma, pp. 279–91. Washington, D.C.: Government Printing Office.
Malowist, M. 1969. Les débuts du système de plantations dans la période des grandes découvertes. *Africana Bulletin* 10:9–30.
Marshall, L. 1961. Sharing, talking and giving: relief of social tensions among !Kung Bushmen. *Africa* 31:231–49.
Marx, K. 1939 [1867]. *Capital*. Vol. 1. New York: International Publishers.
______. 1965 [1858]. *Pre-capitalist economic formations*. New York: International Publishers.
______. 1968 [1846]. Letter to P. V. Annenkov, Dec. 28, 1846. In *Karl Marx and Frederick Engels, Selected Works*. New York: International Publishers.
______. 1969. [Ms.] *Theories of surplus-value* (Vol. 4 of *Capital*), Part 2. London: Lawrence and Wishart.
Masefield, G. B. 1967. Crops and livestock. In *Cambridge Economic History of Europe*. Vol. 4, ed. E. E. Rich and C. H. Wilson, pp. 275–80.

James, C. L. R. 1938. *The black Jacobins*. London: Secker and Warburg.

Jerome, N. W. 1977. Taste experience and the development of a dietary preference for sweet in humans: ethnic and cultural variations in early taste experience. In *Taste and development: the genesis of sweet preference*. Fogarty International Center Proceedings. No. 32, ed. J. M. Weiffenbach, pp. 235–48. Bethesda, Md.: U.S. Department of Health, Education, and Welfare.

Joinville, J. de. 1957 [1309]. Chronicle. In *Memoirs of the Crusades*, trans. F. T. Marzials. New York: E. P. Dutton.

Kare, M. 1975. Monellin. In *Sweeteners: issues and uncertainties*. National Academy of Sciences Academy Forum, Fourth of a Series, pp. 196–206. Washington, D.C.: National Academy of Sciences.

Klein, R. E.; Habicht, J. P.; and Yarborough, C. 1971. Effects of protein-calorie malnutrition on mental development. *Advances in Pediatrics* 18:75–87.

Kremers, E., and Urdang, G. 1963. *History of pharmacy*. Revised by Glenn Sonnedecker. Philadelphia: J. B. Lippincott.

Labarge, M. W. 1965. *A baronial household of the thirteenth century*. London: Eyre and Spottiswoode.

Le Grand d'Aussy, P. J. B. 1815 [1781]. *Histoire de la vie privée des Français*. 3 vols. Paris: Laurent-Beaupré.

Leverett, D. H. 1982. Fluorides and the changing prevalence of dental caries. *Science* 217:26–30.

Levey, M. 1973. *Early Arabic pharmacology*. Leiden: E. J. Brill.

Lewis, Sir W. A. 1978. *The evolution of the international economic order*. Princeton, N.J.: Princeton University Press.

Linder, S. 1970. *The harried leisure class*. New York: Columbia University Press.

Lippmann, E. von. 1970 [1929]. *Geschichte des Zuckers*. Niederwalluf bei Wiesbaden: Dr. Martin Sandig.

Lloyd, E. M. H. 1936. Food supplies and consumption at different economic levels. *Journal of the Proceedings of the Agricultural Society* 4(2):89–110 ff.

Lopez, R. S., and Raymond, I. 1955. *Medieval trade in the Mediterranean*

the labouring part of our fellow-subjects. 2 vols. London.
Harington, Sir J. n.d. [1607]. *The Englishmans doctor or the school of Salernum.* London: John Helme and John Press.
Harlow, V. T. 1926. *A history of Barbados, 1625–1685.* London: Clarendon.
Harris, D. R. 1969. Agricultural systems, ecosystems and the origins of agriculture. In *The domestication and exploitation of plants and animals*, ed. P. J. Ucko and G. W. Dimbleby, pp. 3–15. Chicago: Aldine.
Harrison, S. G. 1950. Manna and its sources. *Kew Royal Botanical Garden Bulletin* 3:407–17.
Harrison, W. 1968 [1587]. *The description of England*, ed. Georges Edelen. Ithaca, N.Y.: Cornell University Press.
Hart, J. 1633. *Klinike or the diet of the diseases.* London: John Beale.
Hazlitt, W. C. 1886. *Old English cookery books and ancient cuisine.* London: E. Stock.
Heeren, A. 1846 [1809]. *A manual of the history of the political system of Europe and its colonies.* London: Henry G. Bohn.
Henning, H. 1916. *Der Geruch.* Leipzig: Johann Ambrosius Barth.
Hentzner, P. 1757 [1598]. *A journey into England.* Strawberry Hill, England.
Heyd, W. von. 1959 [1879]. *Histoire du commerce du Levant.* 2 vols. Amsterdam: Adolf M. Hakkert.
Hobsbawm, E. 1968. *Industry and empire.* The Pelican Economic History of Europe. Vol. 4. Harmondsworth: Penguin.
Hugill, A. 1978. *Sugar and all that...a history of Tate & Lyle.* London: Gentry.
Hunt, S. R. 1963. Sugar and spice. *Pharmaceutical Journal* 191:632–35.
Huntingford, G. W. B. 1953. The Masai group. In *Ethnographic Survey of Africa, East Central Africa.* Part VIII, *The Southern Nilo-Hamites*, ed. D. Forde, pp. 102–26. London: International African Institute.
International Sugar Council. 1963. *The world sugar economy: structure and policies.* Vol. 2, *The world picture.* London: Brown, Wright and Truscott.

______. 1980. Food habits, social change and the nature/culture dilemma. *Social Science Information* 19(6):937–53.
Forbes, D. 1744. *Some considerations on the present state of Scotland*. Edinburgh: W. Sands, A. Murray, and J. Cochran.
Forbes, R. J. 1966. *Studies in ancient technology*. Vol. 5. Leiden: E. J. Brill.
Forster, T. 1767. *An enquiry into the causes of the present high prices of provisions*. London.
Galloway, J. H. 1977. The Mediterranean sugar industry. *Geographical Review* 67(2):177–92.
Gelder, L. van. 1982. Inventing food-free rituals. *Ms*. 11:25–26.
Genovese, E. D. 1965. *The political economy of slavery*. New York: Pantheon.
______. 1974. *Roll, Jordan roll: the world the slaveholders made*. New York: Pantheon.
George, M. D. 1925. *London life in the eighteenth century*. London: Kegan Paul, Trench, and Trübner.
Gilboy, E. B. 1932. Demand as a factor in the Industrial Revolution. In *Facts and factors in economic history: articles by former students of Edwin Frances Gay*, pp. 620–39. New York: Russell and Russell.
Gillespie, J. E. 1920. *The influence of overseas expansion on England to 1700*. Columbia University Studies in History, Economics and Public Laws, Vol. 91. New York: Columbia University Press.
Glasse, H. 1747. *The art of cookery made plain and easy*. London.
______. 1760. *The compleat confectioner: or, the whole art of confectionery*. Dublin: John Exshaw.
Greenfield, S. 1979. Plantations, sugar cane and slavery. In *Roots and branches*, ed. M. Craton. Toronto: Pergamon.
Hagelberg, G. B. 1974. *The Caribbean sugar industries: constraints and opportunities*. Antilles Research Program, Yale University. Occasional Papers 3. New Haven: Antilles Research Program.
______. 1976. *Outline of the world sugar economy*. Forschungsbericht 3. Berlin: Institut für Zuckerindustrie.
Hanway, J. 1767. *Letters on the importance of the rising generation of*

Dowell, S. 1884. *A history of taxation and taxes in England*. London: Longmans, Green.

Drabble, M. 1977. *The ice age*. New York: Popular Library.

Drummond, J. C., and Wilbraham, A. 1958. *The Englishman's food: a history of five centuries of English diet*. London: Jonathan Cape.

Dunn, R. S. 1972. *Sugar and slaves*. Chapel Hill: University of North Carolina Press.

Edelen, G. 1968. Introduction. In *The description of England*, by William Harrison, ed. Georges Edelen. Ithaca, N.Y.: Cornell University Press.

Edelman, J. 1971. The role of sucrose in green plants. In *Sugar: chemical, biological and nutritional aspects of sucrose*, ed. J. Yudkin, J. Edelman, and L. Hough, pp. 95–102. London: Butterworth.

Eden, Sir F. M. 1797. *The state of the poor*. 3 vols. London: J. Davis, for B. and J. White.

Ellis, E. 1905. *An introduction to the history of sugar as a commodity*. Philadelphia: J. C. Winston.

Evans, A. 1936. See Pegolotti.

Everitt, A. 1967a. Farm labourers. In *The agrarian history of England and Wales*. Vol. 4. *1500–1640*, ed. Joan Thirsk, pp. 396–465. Cambridge: Cambridge University Press.

______. 1967b. The marketing of agricultural produce. In *The agrarian history of England and Wales*. Vol. 4, *1500–1640*, ed. Joan Thirsk, pp. 466–592. Cambridge: Cambridge University Press.

Falconer, W. 1796. Sketch of the history of sugar in the early times, and through the Middle Ages. *Memoirs of the Literary and Philosophical Society of Manchester* 4(2):291–301.

Fay, C. R. 1948. *English economic history mainly since 1700*. Cambridge: Cambridge University Press.

Fernández-Armesto, F. 1982. *The Canary Islands after the conquest*. Oxford: Clarendon.

Firth, R. 1937. *We the Tikopia*. London: George Allen and Unwin.

Fischler, C. 1979. Gastro-nomie et gastro-anomie. *Communications* 31:189–210.

Chrispeels, M. J., and Sadava, D. 1977. *Plants, food and people*. San Francisco: W. H. Freeman.

Cohen, M. N. 1977. *The food crisis in prehistory*. New Haven: Yale University Press.

Coleman, D. C. 1977. *The economy of England, 1450–1750*. London and New York: Oxford University Press.

Crane, E. 1975 and 1976. *Honey*. London: Heinemann.

Crane, F. 1762. Treacle. *Notes and Queries*, 3rd ser., 21–22 February 1762, pp. 145–46.

Curtin, P. 1969. *The Atlantic slave trade*. Madison, Wis.: University of Wisconsin Press.

Davies, D. 1795. *The case of labourers in husbandry*. London: G. G. and J. Robinson.

Davies, K. G. 1974. *The North Atlantic world in the seventeenth century*. Europe and the world in the age of expansion. Vol. 4, ed. B. C. Shafer. Minneapolis: University of Minnesota Press.

Davis, R. J. 1954. English foreign trade, 1660–1700. *Economic History Review* 7:150–66.

______. 1973. *The rise of the Atlantic economies*. Ithaca, N.Y.: Cornell University Press.

______. 1979. *The Industrial Revolution and British overseas trade*. Leicester, England: Leicester University Press.

Deerr, N. 1949. *The history of sugar*. Vol. 1. London: Chapman and Hall.

______. 1950. *The history of sugar*. Vol. 2. London: Chapman and Hall.

Delzell, L. E. 1980. The family that eats together...might prefer not to. *Ms.* 8:56–57.

De Snoo, K. 1937. Das trinkende Kind im Uterus. *Monatschrift für Geburtshilfe und Gynäkologie* 105:88.

De Vries, J. 1976. *Economy of Europe in an age of crisis, 1600–1750*. Cambridge: Cambridge University Press.

Dodd, G. 1856. *The food of London*. London: Longman, Brown, Green, and Longmans.

Dorveaux, P. 1911. *Le sucre au moyen âge*. Paris: Honoré Champion.

Douglas, M. 1972. Deciphering a meal. *Daedalus* 101:61–82.

Brillat-Savarin, J.-A. 1970 [1825]. *The philosopher in the kitchen.* Harmondsworth: Penguin.
Burnett, J. 1966. *Plenty and want.* London: Thomas Nelson.
______. 1969. *A history of the cost of living.* Harmondsworth: Penguin.
Campbell, D. 1926. *Arabian medicine and its influence on the Middle Ages.* Vol 1. London: Kegan Paul, Trench, Trübner and Co.
Campbell, R. H. 1966. Diet in Scotland, an example of regional variation. In *Our changing fare*, ed. T. C. Barker, J. C. McKenzie, and J. Yudkin, pp. 47–60. London: MacGibbon and Kee.
Cantor, S. 1969. Carbohydrates and their roles in foods: introduction to the symposium. In *Carbohydrates and their roles*, ed. H. W. Schultz, R. F. Cain, and R. W. Wrolstad, pp. 1–11. Westport, Conn.: Avi.
______. 1975. Patterns of use. In *Sweeteners: issues and uncertainties.* National Academy of Sciences Academy Forum, Fourth of a Series, pp. 19–35. Washington, D.C.: National Academy of Sciences.
______. 1978. Patterns of use of sweeteners. In *Sweeteners and dental caries*, ed. J. H. Shaw and G. G. Roussos. Special Supplement Feeding, Weight and Obesity Abstracts, pp. 111–28. Washington, D.C.: Information Retrieval Inc.
______. 1981. Sweeteners from cereals: the interconversion function. In *Cereals: a renewable resource*, ed. W. Pomerantz and L. Munck, pp. 291–305. St. Paul, Minn.: American Association of Cereal Chemists.
Cantor, S., and Cantor, M. 1977. Socioeconomic factors in fat and sugar consumption. In *The chemical senses and nutrition*, ed. M. Kare and O. Maller, pp. 429–46. New York: Academic Press.
Castro, A. Barros de. 1980. Brasil, 1610: mudanças técnicas e conflitos sociais. *Pesquisa e Planejamento Econômico* 10(3):679–712.
Cavendish, G. 1959 [1641]. *The life and death of Cardinal Wolsey.* Oxford: Oxford University Press.
Chamberlayn, J. 1685. *The manner of making coffee, tea and chocolate.* London.
Child, Sir J. 1694. *A new discourse of trade.* 2nd ed. London: Sam. Crouch.
Childe, V. G. 1936. *Man makes himself.* London: Watts.

Barnes, A. C. 1974. *The sugar cane*. New York: John Wiley.

Barthes, R. 1975 [1961]. Toward a psychosociology of contemporary food consumption. In *European diet from preindustrial to modern times*, ed. Elborg and Robert Forster, pp. 47–59. New York: Harper and Row.

Baxa, J., and Bruhns, G. 1967. *Zucker im Leben der Völker*. Berlin: Dr. Albert Bartens.

Beauchamp, G. K.; Maller, O.; and Rogers, J. G., Jr. 1977. Flavor preferences in cats (*Felis catus* and *Panthera* sp.). *Journal of Comparative and Physiological Psychology* 91(5):1118–27.

Beer, G. L. 1948 [1893]. *The commercial policy of England toward the American colonies*. Columbia University Studies in History, Economics and Public Laws. Vol. 3, No. 2. New York: Peter Smith.

Beidler, L. M. 1975. The biological and cultural role of sweeteners. In *Sweeteners: issues and uncertainties*. National Academy of Sciences Academy Forum, Fourth of a Series, pp. 11–18. Washington, D.C.: National Academy of Sciences.

Benveniste, M. 1970. *The crusaders in the Holy Land*. Jerusalem: Hebrew University Press.

Berthier, P. 1966. *Les anciennes sucreries du Maroc et leurs reseaux hydrauliques*. Rabat, Morocco: Imprimeries Françaises et Marocaines.

Bolens, L. 1972. L'eau et l'irrigation d'après les traités d'agronomie andalous au Moyen-Age (XIe–XIIe siècles). *Options Méditerranées* 16:65–77.

Botsford, J. B. 1924. *English society in the eighteenth century as influenced from overseas*. New York: Macmillan.

Bowden, W. 1967. Agricultural prices, farm profits, and rents. In *The agrarian history of England and Wales*. Vol. 4, *1500–1640*, ed. Joan Thirsk, pp. 593–695. Cambridge: Cambridge University Press.

Braudel, F. 1973. *Capitalism and material life, 1400–1800*. New York: Harper and Row.

Braverman, H. 1974. *Labor and monopoly capital*. New York: Monthly Review Press.

参考文献

Achebe, C. 1973. *Girls at war and other stories*. Garden City, N.Y.: Doubleday.

Adams, John. 1819. *Novanglus, or political essays published in…the years 1774 and 1775….* Boston: Hewe and Goss.

Adams, R. M. 1977. World picture, anthropological frame. *American Anthropologist* 79(2):265–79.

Anderson, E. 1952. *Plants, man and life*. Boston: Little, Brown.

Andrews, K. R. 1978. *The Spanish Caribbean*. New Haven: Yale University Press.

Anonymous. 1752. *An essay on sugar*. London: E. Comyns.

Anonymous. 1777. *An essay on tea, sugar, white bread…and other modern luxuries*. Salisbury, England: J. Hodson.

Appleby, A. 1978. *Famine in Tudor and Stuart England*. Stanford, Calif.: Stanford University Press.

Artschwager, E., and Brandes, E. W. 1958. *Sugar cane: origin, classification characteristics, and descriptions of representative clones*. U.S. Department of Agriculture Handbook No. 122. Washington, D.C.: Government Printing Office.

Austin, T., ed. 1888. *Two fifteenth-century cookery-books*. London: N. Trübner.

Aykroyd, W. R. 1967. *Sweet malefactor*. London: Heinemann.

Ayrton, E. 1974. *The cookery of England*. Harmondsworth: Penguin.

Balducci Pegolotti, F. di. 1936. *La pratica della mercatura*, ed. A. Evans. Mediaeval Academy of America Publication No. 24. Cambridge, Mass.: The Mediaeval Academy of America.

Balikci, A. 1970. *The Netsilik Eskimo*. New York: Natural History Press.

Banaji, J. 1979. Modes of production in a materialist conception of history. *Capital and Class* 7:1–44.

Bannister, R. 1890. Sugar, coffee, tea and cocoa: their origin, preparation and uses. *Journal of the Society of Arts* 38:972–96, 997–1014, 1017–36, 1038–52.

ちくま学芸文庫

甘《あま》さと権力《けんりょく》　砂糖《さとう》が語《かた》る近代史《きんだいし》

二〇二一年五月十日　第一刷発行

著　者　シドニー・W・ミンツ
訳　者　川北稔（かわきた・みのる）
　　　　和田光弘（わだ・みつひろ）
発行者　喜入冬子
発行所　株式会社　筑摩書房
　　　　東京都台東区蔵前二―五―三　〒一一一―八七五五
　　　　電話番号　〇三―五六八七―二六〇一（代表）
装幀者　安野光雅
印刷所　明和印刷株式会社
製本所　株式会社積信堂

ISBN978-4-480-51048-8 C0120